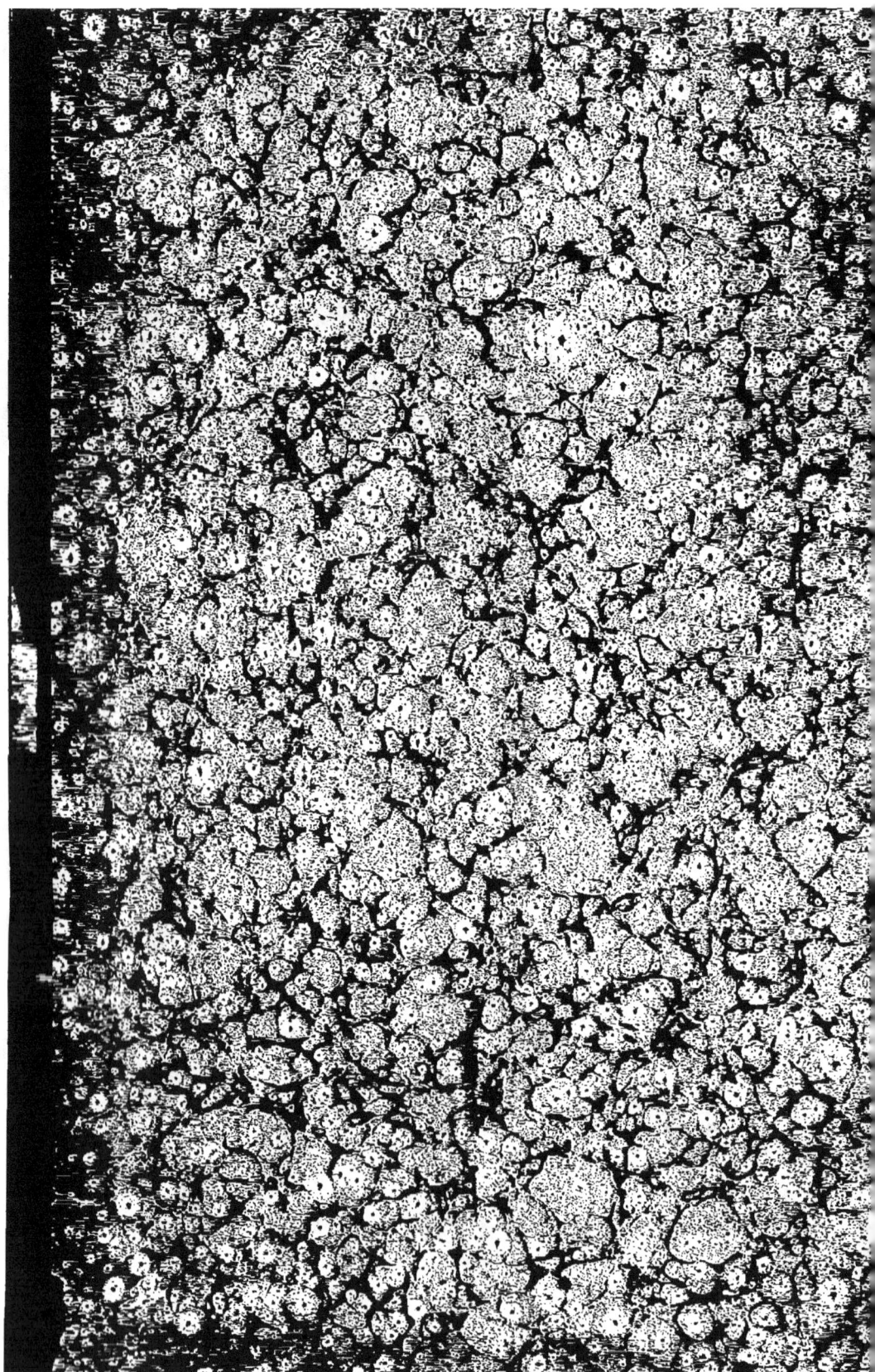

$\mathcal{S}$

TRAITÉ

SUR LES

VINS DU MÉDOC

Tous les exemplaires de la présente édition, mise sous la sauvegarde des lois, sont revêtus de la signature de l'Éditeur, propriétaire de l'ouvrage.

Bordeaux. — Imp. de J. DELMAS, rue Sainte-Catherine, 139.

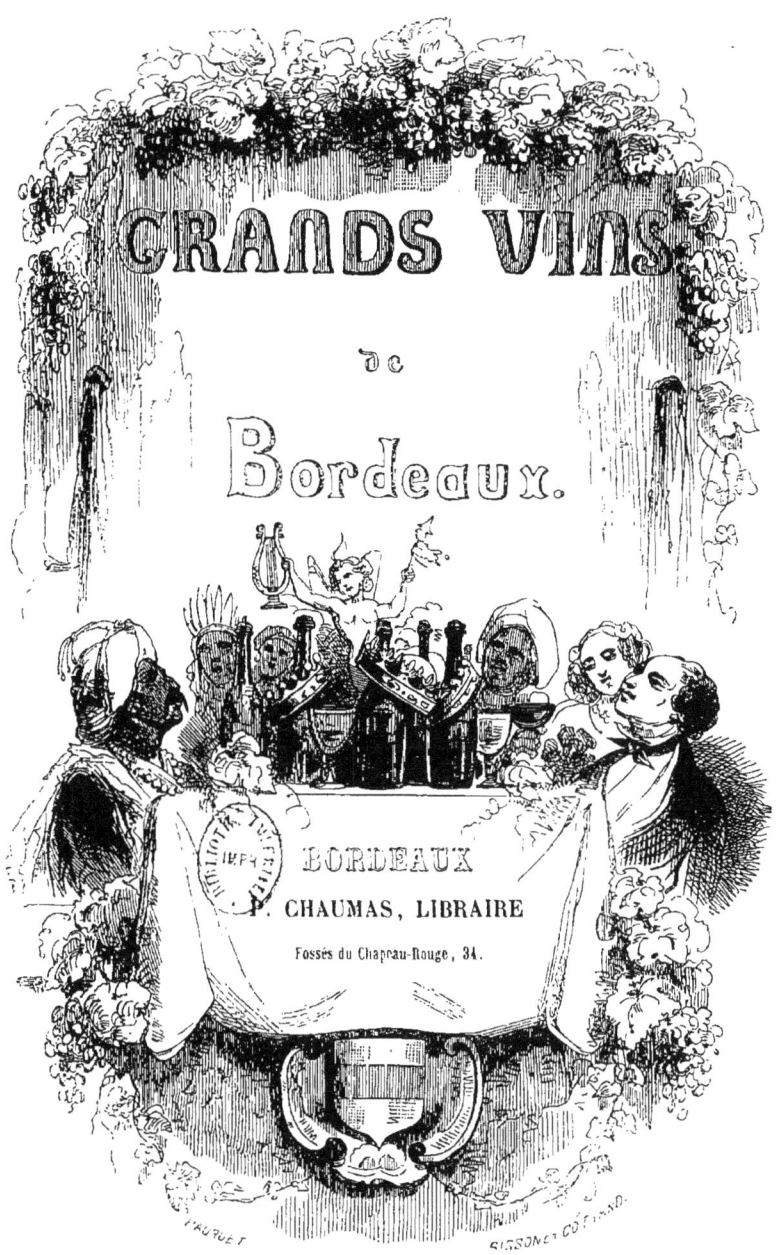

GRANDS VINS

De

Bordeaux.

BORDEAUX

P. CHAUMAS, LIBRAIRE

Fossés du Chapeau-Rouge, 34.

1853

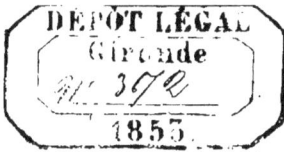

TRAITÉ

SUR LES

VINS DU MÉDOC

ET LES AUTRES

VINS ROUGES ET BLANCS

DU DÉPARTEMENT DE LA GIRONDE

Par Wm FRANCK

3e ÉDITION

REVUE, AUGMENTÉE ET ACCOMPAGNÉE
DE VINGT-DEUX VUES DE DIVERS CHATEAUX DES PRINCIPAUX CRUS DU MÉDOC,
D'UNE CARTE DE LA GIRONDE ET DE TABLEAUX.

BORDEAUX

P. CHAUMAS, LIBRAIRE-ÉDITEUR,
Fossés du Chapeau-Rouge, 34.

1853

AVIS DE L'ÉDITEUR.

La première édition de cet ouvrage vit le jour en 1824, elle fut accueillie avec un vif empressement ; une seconde la suivit en 1845, et celle-ci s'est écoulée avec rapidité. Elle manque aujourd'hui dans le commerce, et l'on me demande souvent de la faire réimprimer, en tenant compte de tous les changements survenus depuis l'apparition de ce livre.

M. Franck est en ce moment en Allemagne, mais il m'a donné, de la meilleure grâce, son consentement et son concours pour que son ouvrage fût de nouveau offert au public, de façon à mériter de plus en plus l'approbation des juges compétents. J'ai été mis en possession d'une foule de renseignements que j'ai fait contrôler par des personnes en relations intimes et continuelles avec les propriétaires et les commerçants. Des juges d'une autorité imposante et d'une expérience consommée m'ont aidé de leurs lumières, chacun pour la partie qui lui est la plus familière. En utilisant ces communications obligeantes, il est devenu facile de faire, dans les listes de noms de propriétaires, les changements qu'entraîne le cours d'une série d'années ; il y a eu moyen de joindre aux éditions précédentes de nombreuses additions d'une utilité réelle.

Parmi ces développements, qui donnent à l'édition actuelle une étendue à peu près double de celle qu'offrait la première, je signalerai le chapitre relatif aux vignobles qui produisent les vins blancs, l'appréciation raisonnée du mérite des diverses récoltes qui se sont succédées à partir de 1815, et ce qui concerne les prix payés, lors de telle ou telle année, pour les vins des principaux domaines du Médoc. J'appellerai aussi l'attention de nos lecteurs sur les chapitres concernant les expéditions des vins de la Gironde à l'époque de la domination anglaise, au xviiime siècle et durant les années qui se sont écoulées de 1814 à 1852.

Les tableaux détaillés des exportations forment aussi un travail entièrement neuf et digne d'un examen sérieux.

Il ne faut pas se flatter de venir à bout d'un livre tel que celui-ci en évitant toute erreur de commission ou d'omission. Quelques soins que nous ayons mis à être exacts, nous ne sommes pas certains qu'il ne se soit glissé quelques légères méprises dans l'énumération, commune par commune, des propriétaires actuels, dans l'énonciation des quantités de vins récoltées, année moyenne, sur chaque domaine. Ce sont choses que le temps modifie, et, plusieurs fois, entre des appréciations contradictoires, nous avons dû prendre un moyen terme. Peut-être aussi, l'essai de classement des crûs du Médoc soulèvera-t-il quelques observations; sur ce terrain se montrent bien des prétentions ambitieuses que le commerce n'écoute point. Nous ne prétendons pas donner notre essai comme une loi sans appel; mais nous dirons qu'il a passé sous les yeux de quelques personnes parfaitement au fait de l'état des choses, et qu'il a obtenu leur sanction.

Un travail tel que celui que nous avons entrepris est basé, en grande partie, sur des éléments qui subissent sans cesse l'influence des années; il a donc besoin d'être rajeuni ou complété après un certain temps; c'est dans le but de porter notre travail au point le plus rapproché de la perfection qu'il nous sera donné d'atteindre, que nous prions tous ceux de nos lecteurs qui jugeront quelque point de ce livre susceptible d'être complété ou modifié, de vouloir bien nous transmettre leurs observations (fossés du Chapeau-Rouge, n° 34); elles seront reçues avec gratitude. Nous n'avons d'autre but que celui de répandre la vérité et de servir à la fois les intérêts de la propriété et ceux du commerce.

Nous avons mis à profit, en quelques circonstances, des renseignements puisés dans des travaux dignes d'estime ; nous avons fait, en les citant, quelques emprunts à un Mémoire d'un agronome des plus expérimentés, M. Joubert ; à la *Statistique de la Gironde*, de M. Jouannet ; à un journal, dont la cessation est regrettable, le *Producteur*, qu'a rédigé durant quatre ans M. Lecoutre de Beauvais. M. Petit-Lafitte, l'habile et zélé rédacteur du journal l'*Agriculture*, a bien voulu nous communiquer des notes d'un vif intérêt.

Une observation est ici nécessaire.

Les prix et les quantités des vins, dans le département, s'énoncent par tonneaux ; c'est la mesure qu'emploie le commerce, c'est d'après elle que se concluent les transactions ; elle brave jusqu'ici le système décimal.

Il convient donc, en faveur des étrangers, d'énoncer bien exactement ce que c'est qu'un tonneau bordelais.

Il se compose de quatre barriques de 228 litres chaque. Il est donc égal à 912 litres.

La barrique bordelaise doit contenir, suivant deux arrêts du Parlement de Bordeaux, des 28 août 1772 et 21 avril 1773, environ 100 pots si elle est forte, et 108 si elle est faite de bois mince ou de bois refendu. Le jaugeage des barriques se fait sur la mesure de la velte. La velte contenant à peu de chose près 3 pots un tiers, une barrique est dite marchande, quand elle contient au moins de 29 à 30 veltes.

Il n'est pas inutile d'indiquer ici les dimensions de la barrique bordelaise, conformément aux arrêts précités.

1° Elle doit se composer au moins de 17 douves.

2° Sa hauteur doit être de 34 pouces 3 lignes ou 0,927 millimètres.

3° Sa circonférence extérieure au bouge doit être de 6 pieds 8 pouces 3 lignes ou 2 mètres 172 millimètres.

4° Sa circonférence extérieure aux deux bouts doit être de 6 pieds ou 1 mètre 949 millimètres.

5° Le fisteau ou intervalle entre le bout de la douve et le jable (rainure) doit être de 2 pouces 3 lignes ou 0,061 millimètres.

6° La fonçaille doit avoir 22 pouces 6 lignes de diamètre ou 0,604 millimètres.

La barrique bordelaise de 100 pots anciens, contenant 228 litres, et 2 litres faisant le pot nouveau, il s'ensuit que le pot nouveau est d'un huitième plus petit que l'ancien.

TRAITÉ

SUR

LES VINS DU MÉDOC

ET LES AUTRES

VINS ROUGES & VINS BLANCS

DU DÉPARTEMENT DE LA GIRONDE.

———————⟨◦⟩———————

CHAPITRE PREMIER.

État politique. — Topographie — Rivières. — Étangs. — Marais. —
Coup-d'œil général sur l'agriculture du département. — Terres
labourables. — Prés. — Bois taillis , Châtaigneraies,
Oseraies et Aubarèdes. — Landes.

————————

ÉTAT POLITIQUE

DU DÉPARTEMENT DE LA GIRONDE (1).

Le département de la Gironde fait partie de la région
sud-ouest de la France. Il s'étend du nord au sud entre
le 45° 9' 35" et le 44° 9' 48" de latitude septentrionale,
et de l'est à l'ouest entre le 2° 2' 9" et le 3° 35' de longitude occidentale, méridien de Paris. Il est divisé en six
arrondissements de sous-préfecture et en quarante-huit

————————

(1) Ce département tire son nom du fleuve qui reçoit les eaux de la
Garonne et de la Dordogne.

justices-de-paix. Il fait partie du 7ᵉ archevêché de France, de la 14ᵉ division militaire, et il est du ressort de la Cour impériale de Bordeaux. Il fournit cinq membres au Corps-Législatif.

Il est formé de la portion de l'ancienne Guienne, plus particulièrement dénommée Bordelais; il a pour limites : au nord, le département de la Charente-Inférieure; au sud, celui des Landes; à l'est, ceux de la Dordogne et de Lot-et-Garonne; à l'ouest, l'Océan-Atlantique. Son territoire constitue, dans sa presque totalité, la portion la plus importante du bassin d'un des grands fleuves de l'empire, la Garonne, qui le traverse de part en part en suivant la direction nord-ouest; tous les cours d'eau qui l'arrosent deviennent autant d'affluents du fleuve principal, qui, réuni au plus considérable de ces affluents, la Dordogne, devient alors un vaste estuaire d'environ 9 myriamètres de long et de 1 à 1 et demi-myriamètre de large, auquel on donne le nom de Gironde, qu'il laisse au département. La pente générale des terrains est aussi uniformément déterminée par le cours de la Garonne, c'est-à-dire que le sol incline généralement au sud-ouest; cette pente n'est interrompue que dans la partie occidentale du territoire contigu au département des Landes, et qui rentre dans le bassin de l'Adour.

La Garonne a 177,000 mètres de développement dans le département de la Gironde; la Dordogne, que la Garonne reçoit par sa droite, dans un point appelé Bec-d'Ambès, après avoir formé avec elle une presqu'île, qui prend la dénomination locale d'Entre-deux-Mers, a 109,000 mètres de cours, depuis la limite du département jusqu'au confluent.

—

TOPOGRAPHIE DU DÉPARTEMENT.

La surface du département de la Gironde varie dans presque tous les arrondissements et dans toutes les parties. Triste, sombre et presque unie dans celle qui avoisine la mer, et qui est connue sous le nom de *landes*, elle offre, dans les parties opposées, les sites les plus romantiques et les plus variés (1).

La plus grande longueur de ce département, mesurée sur une ligne en partant de la *Pointe-de-Graves*, et faisant un angle de 25 degrés vers le nord, est de 165,700 mètres (30 lieues).

Sa plus grande largeur, depuis le bord de la mer, vers l'étang de Cazeau jusqu'à St-Pierre-d'Eyrand, vers les limites du département de la Dordogne, sur une ligne faisant, avec le méridien, un angle vers l'est de 71 degrés 30 minutes, et avec la première ligne de plus grande lon-

---

(1) On ne saurait en donner un aperçu plus vrai, qu'en copiant ce peu de lignes, destinées à peindre d'un seul trait le département de la Gironde, et extraites d'un Mémoire de M. le sénateur JOURNU-AUBER : «De nombreux » vignobles, plus ou moins précieux dans toutes sortes de positions, et » cultivés par une multitude de procédés différents; des fonds cailloureux » connus sous le nom de *graves*; des coteaux argileux et pierreux ; des » plaines d'une très-grande fertilité le long de deux beaux fleuves ; des » marais dangereux pour la santé ; des mers de sable nu, dont les dunes » ondoyantes représentent les vagues affermies; des forêts de pins n'of- » frant aucune pâture aux brebis affamées ; enfin, des landes ou déserts » arides, souvent submergées en hiver et brûlées en été, parsemées de » bruyères, où l'œil, fatigué de leur monotonie, trouve à peine, de loin en » loin, des points de repos dans un horizon sans bornes : là, sur une » lieue carrée, on trouve à peine trente habitants, tandis qu'à peu de » distance, une autre lieue en nourrit quinze cents et deux mille. Tel est » l'aspect général de notre département. »

gueur, un angle de 96 degrés 30 minutes, est de 129,500 mètres. L'intersection de ces deux lignes se fait sur la ville même de Bordeaux, qui, par conséquent, est à peu près située au centre de surface du département.

L'extrémité nord du département est formée par le Cap, vulgairement appelé la *Pointe-de-Graves*, qui termine la rive gauche de la Gironde à son embouchure. Dans cette partie, le département est borné par l'Océan, qui, coupant le méridien sur un angle de 4 à 5 degrés environ de l'est à l'ouest, forme à peu près une ligne droite. Cette ligne, depuis le Cap-de-Graves jusqu'au département des Landes, a 12 myriamètres et demi de longueur.

L'extrémité du département, vers le sud, est à l'angle littoral et frontière au-dessous de La Teste; la partie la plus avancée vers l'est, se trouve dans la commune de St-Pierre-d'Eyrand, sur le bord de la Dordogne. La Gironde, prise en ligne droite de Lesparre jusqu'à la Pointe-de-Graves, sépare le département de la Gironde de celui de la Charente-Inférieure.

La superficie du département, d'après un tableau officiel publié en 1834, est de 975,101 hectares. Sa population, constatée par le dernier recensement, est de 614,892 habitants.

Le département n'est coupé par aucune chaîne, et le sol est généralement peu montueux : aussi les produits minéralogiques y sont-ils sans importance; nulle mine n'y est en exploitation; mais de nombreuses carrières, notamment pour l'extraction des matériaux de construction, y sont ouvertes. On y trouve aussi des sables facilement vitrifiables et des terres à poteries, qui deviennent aujourd'hui l'objet d'une exploitation intéressante.

Le climat est généralement doux et tempéré; rarement,

en hiver, le thermomètre descend ou se soutient au-dessous de zéro ; dans l'été, il s'élève à 20 et 25° ; les vents soufflent le plus ordinairement du sud-ouest et du nord-ouest. Les orages sont fréquents ; mais ils ne changent que rarement la température. Les miasmes qui s'exhalent des parties marécageuses, exposées à un soleil ardent, altèrent seuls, quoique d'une manière locale, la salubrité de cette contrée, l'une des plus favorisées de la France, et qui, du moins d'après de récentes recherches statistiques, figure parmi celles où se trouvent le plus de longévité.

Le département de la Gironde, considéré avec raison comme un des plus riches, d'après la réputation de ses vins et l'étendue du commerce de ses villes principales, est, peut-être, celui qui présente la plus grande quantité de terres arides et impropres à toute espèce de culture. En effet, la moitié environ de sa surface est occupée par des landes, qui présentent l'aspect le plus inculte et le plus sauvage. Avant de donner des renseignements sur l'agriculture, il est nécessaire de parler des rivières qui l'arrosent et des avantages qu'il en retire, avantages si grands que, sans eux, cette portion de la France serait, peut-être, la plus misérable.

RIVIÈRES.

Les portions fertiles de ce département doivent principalement leur beauté aux eaux qui l'arrosent et le parcourent en tout sens. En effet, peu de départements sont favorisés d'un aussi grand nombre de rivières : la nature, si avare pour quelques-unes des parties qui le composent, semble avoir voulu le dédommager sur cet article. Nous avons déjà dit qu'après la réunion de la Gironde et la Dor-

dogne au Bec-d'Ambès, à 2 myriamètres et demi au-
dessous de Bordeaux, le fleuve prenait le nom de la Gironde ; son embouchure est éclairée par le phare de Cordouan (1). Depuis le Bec-d'Ambès, la direction du fleuve
se porte au nord-ouest, et sa longueur, depuis le Bec-
d'Ambès jusqu'à la Tour de Cordouan, est de 8 myriamètres.

La Garonne partage la superficie du département en
deux parties à peu près égales. Elle est navigable dans
toute l'étendue du département, et elle communique à la
Méditerranée par le canal du Midi. Elle réunit dans son
cours depuis les Pyrénées, le Lot, le Tarn, l'Aveyron et
l'Arriège.

---

(1) L'embouchure de la Gironde est obstruée par plusieurs bancs de
sable et plusieurs rochers qui en rendent l'entrée très-difficile. Lorsque
la mer est irritée, les pilotes de Royan ne peuvent point aller au secours
des navires qui se présentent pour entrer ; ainsi, lorsqu'ils sont engagés
au milieu de ces écueils pendant une tempête, ils demeurent exposés aux
plus grands périls. Au milieu de tous ces écueils est le phare ou *Tour de
Cordouan*, établi sur un plateau de rocher à 5,500 mètres de la côte du
Médoc, et à 8,000 mètres de la côte de la Charente-Inférieure. En 1584,
Louis de Foix, architecte et ingénieur du roi, commença à jeter les fon-
dements de cette tour, auprès d'une plus ancienne qui tombait en ruines.
Cette construction se fit aux frais de la province de Guienne. La Tour de
Cordouan est située à 7 myriamètres et demi de Blaye et 11 myriamètres et demi de Bordeaux ; elle fut construite sous le règne de Henri III et
réparée sous celui de Henri IV ; elle le fut aussi sous Louis XIV et sous
Louis XVI, qui la fit exhausser de 20 mètres. Pendant le jour, étant dans
une chaloupe, à 1 mètre au-dessus de la surface de la mer, on aperçoit le
sommet de Cordouan dans l'horizon, d'une distance de 5 lieues mari-
nes. La nuit, le feu se reconnaît à une distance de 37 à 38 kilomètres. Un
appareil, formé de verres lenticulaires de la plus puissante dimension,
présente huit éclats et huit éclipses pendant une révolution dont la durée
est de huit minutes.

La Dordogne prend sa source au Mont-d'Or; elle traverse les départements du Cantal, de la Corrèze et de la Dordogne; sa largeur est de 200 mètres à son entrée dans le département, de 280 devant Libourne et de 1,000 à son embouchure.

Après ce fleuve et ces deux rivières, on doit compter :

1° L'Ille, qui prend sa source dans le département de la Haute-Vienne; d'importants travaux l'ont rendue navigable depuis Périgueux jusqu'à Libourne, où elle se réunit à la Dordogne. Elle parcourt dans le département près de 32,000 mètres;

2° La Drôme, qui a son confluent avec l'Ille, à Coutras, et qui, venant de la Haute-Vienne, traverse les départements de la Charente et de la Dordogne. Elle a été rendue navigable jusqu'à la Roche-Chalais, département de la Dordogne;

3° Le Drot, qui prend sa source dans le département de la Dordogne, entre dans le Lot-et-Garonne, traverse tout l'espace renfermé dans l'angle formé par la Dordogne et la Garonne, et se réunit à cette dernière, entre Gironde et Casseuil, après un cours de 27,000 mètres dans le département. Un système ingénieux d'écluses l'a rendu navigable depuis son embouchure jusqu'à Eymet, sur un parcours de 88,000 mètres;

4° Le Ciron, qui a sa source dans le Condomois, et qui se réunit à la Garonne, entre Preignac et Barsac, après avoir traversé une partie des landes et après un cours de 70,000 mètres;

5° Le Moron, qui prend sa source près des confins du département, et qui se jette dans la Dordogne, commune de Marcamps, après un cours d'environ 2 myriamètres et demi;

6° Enfin, la petite rivière de Leyre ; elle reçoit les eaux
des landes et les porte dans le bassin d'Arcachon, qui
forme un détroit vers la partie ouest du département et qui
communique à la mer. Ce détroit, mesuré de l'est à l'ouest,
a 2 myriamètres environ d'étendue dans les terres. Sa plus
grande longueur du sud au nord est de 12 kilomètres. Cette
dimension est prise sur la superficie du bassin, à mer haute.
A mer basse, une grande partie de cette baie demeure à
découvert. Sans les eaux que fournissent les landes, le
bassin serait indubitablement comblé par les sables que la
mer jette sur ces côtes à chaque reflux ; mais lorsqu'elle
s'est retirée, les courants que ces eaux occasionnent entraînent avec eux les dépôts que la mer a laissés, et réta-
blissent ainsi les dégradations que les sables y feraient.

Le bassin d'Arcachon est le seul refuge que le naviga -
teur, poussé par des tempêtes, trouve sur ces côtes inhos-
pitalières. Le détroit, qui le met en communication avec
l'Océan, est partagé en deux passes par l'île du Matoc.
Cette île était autrefois assez élevée pour qu'on y bâtit des
habitations, et que l'on y formât des pâturages. Depuis
quelques années les grandes marées ont tout détruit, et
cette île ne présente plus que l'aspect d'un banc de sable
aride et désert, que la mer couvre et abandonne à chaque
reflux. Des deux passes que forme l'île du Matoc, celle
du nord est bornée : d'un côté, par cette île ; et de l'autre,
par le Cap-Ferret. La passe du sud est appuyée à l'est sur
les dunes, vis-à-vis le fort Cantin, que l'on a construit pour
défendre le passage contre les ennemis en temps de guerre.

L'entrée du bassin, toujours difficile, devient extrêmement dangereuse dans les gros temps.

ÉTANGS.

Les étangs qui se trouvent dans le département sont en petit nombre. Les seuls qui méritent d'être cités, sont ceux qui terminent les landes du côté des dunes.

Le plus considérable est l'étang d'Hourtin et de Carcans; son extrémité nord est à 4 myriamètres de distance de la Pointe-de-Graves; sa longueur, de 15 à 16 kilomètres sur 4 et demi de largeur. Il est situé dans l'arrondissement de Lesparre.

Le deuxième est l'étang de Lacanaux, à 6 kilomètres environ de la Pointe-de-Graves, au sud du premier. Il a 9 kilomètres de longueur sur 3 de longueur. La commune où il est situé lui a donné son nom. Il fait partie de l'arrondissement de Bordeaux. Il y a encore entre lui et le bassin d'Arcachon une chaîne de petits étangs, qui ont à peu près 1 kilomètre de surface.

Ces étangs sont le réceptacle des eaux des landes, qui s'y jettent naturellement en suivant la pente du terrain, et qui ne peuvent se rendre directement à la mer à cause des dunes qui les en séparent, et dont l'élévation nuit à l'écoulement des eaux. Ils communiquent tous ensemble par des fossés ou ruisseaux, que l'abondance et les cours naturels des eaux ont creusés; et un chenal, fort important pour l'assainissement du pays, les relie au bassin d'Arcachon, seul passage par où les eaux s'écoulent lorsqu'elles sont arrivées à un certain degré d'élévation.

MARAIS.

La Gironde, comme toutes les rivières, et principalement celles qui se jettent dans l'Océan, est bordée des deux côtés par des marais dont le sol se trouve plus ou moins au-dessous des hautes marées. Leur superficie est si considérable, qu'ils s'étendent depuis le côté ouest de Bordeaux jusqu'à l'embouchure de la Gironde. On évalue à 42,000 hectares la superficie des marais du département qui bordent les rivières de Garonne, Dordogne et Gironde jusqu'à la mer; plusieurs de ces marais s'étendent à 9 et 10 kilomètres dans les terres. La ville de Bordeaux fut jadis entourée de bassins à fonds tourbeux, dont les exhalaisons causèrent à maintes reprises des épidémies meurtrières; ils ont été desséchés ou assainis.

—

COUP-D'OEIL GÉNÉRAL SUR L'AGRICULTURE
DU DÉPARTEMENT.

Si le département de la Gironde doit au grand nombre de rivières qui le parcourent sa plus grande prospérité; si les relations qu'elles lui procurent sont la source de ses richesses, il leur doit aussi sa principale beauté.

Les bords de ses principales rivières forment le tableau le plus agréable et le plus champêtre. La portion du département, située entre la Garonne et la Dordogne, est appelée *Entre-deux-Mers*. C'est la partie la plus fertile, et celle dont un mode d'agriculture bien dirigé pourrait tirer un plus grand parti.

D'après les renseignements contenus dans la *Statistique agricole de la France,* publiée par M. le Ministre de l'agriculture et du commerce (1841), l'étendue des cultures, dans le département, embrasse 910,283 hectares; nous allons en faire connaître la répartition et en spécifier les produits :

	Hectares.	Produits.	Consommation.	Prix moyen.
Froment.................	71,462	735,358 h.	1,208,621 h.	17f 05c
Seigle.....................	36,611	365,490	371,193	11 85
Orge.......................	297	3,115	28,155	9 55
Avoine....................	5,456	71,118	114,999	7 45
Maïs et millet...........	17,948	143,501	137,207	9 55
Vignes { Vins...........	103,512	2,020,236	950,902	18 45
{ Eaux-de-vie	»	22,221	4,660	60 »
Pommes de terre........	14,436	569,475	528,581	2 10
Légumes secs............	7,188	63,805	98,340	15 35
Jardins....................	5,367	»	»	» »
Jachères..................	72,408	»	»	» »
Landes, dunes, bruyè- res.....................	366,814	»	»	» »
Prairies naturelles.......	54,112	1,259,481 qx m.	»	» »
— artificielles......	5,944	140,688	»	» »
Bois de l'État.............	4,184	14,825 stères	»	» »
— des communes et des particuliers...........	124,823	549,768	»	» »
Châtaigneraies..........	27,466	»	»	» »
Vergers, pépinières, oseraies................	13,723	»	»	» »

On voit ainsi que plus du dixième du département est planté en vignes (1).

---

(1) D'après les tableaux statistiques mis au jour par le ministère, les récoltes en vins, année commune, s'élèvent :

				Consommé sur les lieux :
DANS l'arrondissement { de Blaye........	à 281,170 hect.	ou 32,000 tonn.		54,789 hect.
Libourne...	555,154 »	63,000 »		268,988 »
La Réole....	200,945 »	23,000 »		148,281 »
Bazas........	55,651 »	10,000 »		36,118 »
Bordeaux...	798,427 »	92,000 »		397,824 »
Lesparre....	128,889 »	16,000 »		44,904 »
	2,020,236 h.	faist 236,000 tonn.		950,902 hect.

Ces 2 millions d'hectolitres, par le tirage, l'ouillage, l'évaporation et les autres accidents, peuvent se réduire d'un cinquième ; il reste donc

Le département possédait :

112,892 têtes de bêtes à cornes (2,169 taureaux, 36,566 bœufs, 51,661 vaches, 22,496 veaux).

419,257 têtes de bêtes à laine (7,229 béliers, 53,821 moutons, 273,682 brebis, 83,825 agneaux).

15,408 chevaux, 7,643 juments, 2,226 poulains.

2,048 mules et mulets, 9,433 ânes et ânesses.

64,000 porcs, 6,660 chèvres.

La réputation des vins que produit le département de la Gironde, donnerait lieu de croire que cette partie de l'agriculture est des mieux entendues. Elle l'est, sans doute; cependant, elle est encore bien éloignée du point où elle devrait être portée. Le Médoc, les Graves et quelques autres crûs, produisent, en effet, des vins qui peuvent entrer en concurrence avec les meilleurs vins du monde; mais l'étendue de ces premiers crûs n'a aucune proportion avec les autres surfaces où la vigne est cultivée, et qui produisent des boissons très-inférieures.

La culture des vignes, dans le département, est tellement importante, qu'il est à propos de faire connaître le nombre de bras employés à leur culture, et celui des pro-

---

environ 1,600,000 hectolitres, toutes déductions faites. Les frais de culture de ces 2,000,000 hectolitres, récoltés sur une surface de 103,000 hectares, montent à la somme de 45 millions, et quelquefois à beaucoup plus. Dans cette proportion, les frais de culture s'élèveraient à 437 fr. par hectare et à 149 fr. 85 c. par journal bordelais de 32 ares. Ces 32 ares produisent 584 litres (deux barriques 56 pots). Les 912 litres (un tonneau) coûtent 174 fr., frais de culture.

Il va s'en dire que nous ne présentons ici que des résultats généraux donnés par les moyennes d'un grand nombre d'années diverses et de localités variées.

priétaires : on compte douze à quatorze mille familles propriétaires de vignes.

Avant la Révolution, le nombre de celles qu'on employait à leur culture s'élevait à huit mille. Les besoins de la guerre et la conscription, avaient, durant des époques désastreuses pour le commerce girondin, réduit ce nombre à cinq mille.

—

TERRES LABOURABLES.

Si la culture de la vigne, malgré l'importance dont elle est pour ce département, n'est pas aussi bien dirigée qu'on devrait l'espérer, celle des terres labourables l'est infiniment moins.

Sur 140,000 hectares de terres labourables, il n'y a guère que 35,000 hectares de terres fortes, situées dans cette partie du précieux terrain qu'on appelle *palus;* le reste est en terres légères, maigres ou sablonneuses. On évalue les produits, distraction faite du grain nécessaire pour la semence, à 950,000 hectolitres, tant en blé-froment que seigle. Cette quantité suffit tout au plus à la moitié de la population. On peut estimer les importations qui se font dans le département à 800,000 hectolitres; cet énorme déficit doit être attribué à la destination qu'on a donnée à la plus grande partie des palus.

Si ce sol, profond, inépuisable, et dont la qualité l'emporte, peut-être, sur les meilleures terres de France, était un jour entièrement consacré à la culture du blé, il serait, sans doute, nécessaire de faire des saignées au terrain, de donner de la pente aux eaux, d'entretenir avec soin les fossés et les canaux; mais aussi on obtiendrait des récoltes doubles, peut-être, puisque le produit des grains dans les

2

palus est de neuf à dix pour un, tandis que dans les autres terres il ne s'élève guère qu'à quatre.

Les terres sont données, à moitié fruits, à des métayers généralement pauvres. Le propriétaire fournit, à l'estimation, les bœufs de labour et quelques troupeaux de bêtes à laine, qui occasionnent souvent plus de dégâts qu'elles ne produisent d'engrais.

Les métayers de ce département ne connaissent presque pas l'usage des prairies artificielles; ils ne sèment que très-peu de légumes et de blé d'Espagne. Un préjugé, dont on ignore l'origine, les a empêchés, pendant longtemps, de cultiver la pomme de terre ou patate, à laquelle ils attribuaient la propriété d'occasioner des attaques d'épilepsie. Ce n'est que depuis la Révolution qu'ils ont commencé à connaître le prix de cette plante. Ils n'ont aucune idée de la marne et des autres engrais; ils ne connaissent que l'usage du fumier, dont la quantité est des deux tiers au-dessous de ce qu'il faudrait pour tenir les terres dans un bon état.

Les laboureurs se servent d'une charrue, aussi simple dans sa composition que parfaite dans ses résultats; ils la conduisent assez bien et ouvrent assez profondément le sein de la terre; mais tenant à leurs anciens principes, qu'ils ont même négligés, économes de leur temps et de leurs peines, ils connaissent peu l'art d'engraisser la terre par des plantes particulières, et de l'alimenter de sels végétaux en lui arrachant d'utiles produits.

Le labourage des terres à blé se fait par des bœufs (1).

_____

(1) Dans quelques parties de la lande, où le sable a peu de consistance et où l'on sème du seigle, on se sert de chevaux, de vaches et même d'ânes. Le travail qu'ils font est si peu considérable, qu'il mérite à peine d'être compté.

On porte le nombre de ces animaux à cinquante mille environ ; il ne faut pas comprendre, dans cette quantité, ceux destinés à la culture des vignes du Médoc, principalement aux charrois, et ceux qui servent aux traîneaux dans la capitale du département.

On va voir, dans l'article des prairies, que le département est encore grevé d'une importation considérable en fourrages, et qu'il ne produit pas, à beaucoup près, la quantité nécessaire à la consommation des animaux que l'agriculture, le commerce ou le luxe emploient.

—

PRÉS.

La partie de l'agriculture, qui a rapport au labourage en général, n'a pas encore fait assez de progrès dans ce département pour que les prairies ne se ressentent pas de l'indifférence qu'il a trop longtemps éprouvée pour les produits de la terre. Le génie des habitants, entièrement tourné vers les spéculations commerciales, semblait dédaigner les résultats moins brillants, mais plus certains, de l'agriculture. Aussi, lorsque la guerre vint arrêter les sources de cette ambition inquiète et presque générale, le vice de distribution dans l'emploi des terres, et la négligence qu'on avait mise dans leur entretien, ont-ils été plus vivement sentis.

Dans les pays où l'on néglige l'art de créer des prairies artificielles, et celui des arrosements et des desséchements, où l'on ne nourrit le bétail qu'avec du foin, les prairies doivent être estimées plus que toutes les autres terres ; leur entretien si simple et moins coûteux, leurs produits moins éventuels en sont la cause. Cependant leur bonification est négligée, et l'on abandonne volontiers à la Providence le soin de les améliorer ou de les détruire. Les soins, les travaux, les dépenses se dirigent vers les vignobles, et il n'y a qu'un nombre extrêmement restreint de propriétaires du Médoc qui aient voulu prendre la peine de faire niveler leurs prés.

Leur contenance est de 60,000 hectares. Chaque hectare ne donne proportionnellement que 23 à 24 quintaux de foin, qui font un total de 1,400,000 quintaux. Chaque bœuf consommant annuellement 30 quintaux de foin, les cinquante mille bœufs employés au labour consomment 1,500,000 quintaux de foin. Si l'on ajoute à cette consommation celle des bœufs qu'occupent la culture des vignes et le commerce, celle des vaches, des chevaux, etc., etc., on aura la preuve que le département est obligé de s'approvisionner dans les départements limitrophes. Celui de la Charente-Inférieure fournit la plus grande partie du déficit.

—

BOIS TAILLIS,

CHATAIGNERAIES, OSERAIES ET AUBARÈDES.

Il n'y a presque plus que des bois taillis et de pins dans le département. On a détruit pendant la Révolution la plus grande partie des bois de haute-futaie. Les beaux chênes qui ombrageaient notre sol ont été abattus, et la plupart se sont pourris sur les lieux même où ils avaient pris naissance. On évalue les coupes annuelles à 8,000 hectares de taillis de chêne; chaque hectare donnant à peu près mille fagots (appelés *faissonnats*) de bois propre à brûler, il en résulte donc huit millions à peu près de fagots par an. La plus grande partie des bûches de chêne se tire des départements environnants. Le bois, vulgairement appelé *bois de tonneau*, se forme du tronc des arbres, dont la nécessité ou la cupidité des propriétaires amène la coupe, et des racines qu'on arrache dans les défrichements.

La culture des taillis de châtaigniers est mieux entendue qu'aucune autre dans le département ; leur étendue est portée à 28,000 hectares. Le sol où on les trouve est généralement léger et sablonneux ; mais ce n'est pas le meilleur. On coupe les châtaigniers tous les cinq ans. On façonne leurs branches en cercles pour les barriques.

Il serait difficile de fixer d'une manière bien précise la contenance des oseraies ou vimières sur la surface des aubarèdes. Elles se trouvent principalement sur les bords des fleuves et des îles ou îlots. L'usage et le débit du produit de ces deux parties de l'agriculture sont très-considérables. Le grand osier sert à lier les cercles des barriques ; le petit, à attacher la vigne à l'échalas. La coupe des vimières se fait tous les ans.

Les aubarèdes produisent ces grands échalas dont on se sert pour soutenir les rejetons de la vigne. On les emploie principalement dans les palus, où les jets sont plus longs et plus multipliés. Dans quelques départements, on s'en sert pour les cercles de barriques ; mais dans celui de la Gironde, on préfère, avec raison, le châtaignier. Le produit des aubarèdes du département est insuffisant pour la consommation ; aussi on en importe une très-grande quantité des départements voisins.

Le prix de l'échalas de saule (ou aubier), et celui du vime, est monté à un taux si considérable, que beaucoup de propriétaires ont dirigé leurs spéculations vers cette partie. Leur culture exige peu de frais ; les produits en sont très-lucratifs, et ils le seraient davantage si l'intempérie des saisons et certains insectes, tels que la larve du hanneton et une espèce de charençon, n'en rendaient la récolte quelquefois précaire.

—

LANDES.

Cette partie du département, si on voulait la traiter à fond, ferait seule le sujet d'un ouvrage étendu. Elle a donné lieu à des travaux fort remarquables ; nous nous bornerons à rappeler le volume mis au jour par le vicomte de Métivier, *du Défrichement des Landes,* in-8°, Bordeaux, 1839, et *les Études administratives sur les Landes ,* 1 vol. in-8°, par M. le baron d'Haussez. (Ces ouvrages se trouvent chez Chaumas, libraire, à Bordeaux).

Ces solitudes arides méritent de fixer l'attention de l'observateur. En certains endroits, ce sont des forêts de pins d'une étendue prodigieuse ; plus loin, des plaines dont l'œil n'aperçoit point les bornes, et que couvrent des sables brûlants aussi mobiles que les flots de la mer. Le voyageur qui s'enfonce dans ces solitudes austères et sauvages ne rencontre de loin en loin qu'une ou deux charrettes attelées de bœufs, qui marchent avec une mortelle lenteur ; il ne voit que quelques chétifs troupeaux de moutons éparpillés dans des pacages sans limites, cherchant une maigre nourriture et que surveillent des pasteurs aux visages hâves, aux longs cheveux, montés sur de gigantesques échasses, hôtes silencieux de ces lugubres déserts.

Le chêne noir en taillis et le pin maritime prospèrent dans le sable des landes, mais il se refuse à la culture de toute espèce de grains, si ce n'est à celle du seigle et de quelques espèces de millet.

La première idée qui se présente à l'esprit du voyageur est que ce pays fut autrefois couvert par la mer, qui chaque jour semble faire de nouveaux efforts pour reprendre son domaine.

Le sable fin qui les couvre en est la preuve la plus forte; et l'on assure qu'autrefois le cours de la Garonne, depuis Langon jusqu'à son embouchure, était, dans sa partie occidentale, plus rapproché de l'Océan.

Autant la nature de cette portion du département diffère des autres, autant le caractère, les mœurs et les usages des habitants des landes présentent d'opposition avec ceux des autres habitants. On voit, au premier coup-d'œil, que c'est un peuple particulier.

L'habitant des landes est généralement d'un tempérament maigre et sec, quoique d'ailleurs assez vigoureux (1). Il se couvre de peaux de brebis; il ne met presque jamais de bas; des sabots sont sa chaussure ordinaire; grâce à ses échasses, il traverse sans peine les marais et autres dépôts que forment les eaux pluviales, retenues sur la surface des landes, par l'argile ou par l'alios, jusqu'au milieu du printemps.

Le Landais est ignorant et superstitieux; sa croyance aux sorciers est tout aussi tenace, tout aussi sincère qu'au xvime siècle. Il montre à l'étranger les endroits où tous les magiciens et magiciennes du pays se réunissent pour tenir le sabbat. Ces lieux réprouvés sont de vastes plaines d'un sable fin et blanc; on n'y aperçoit pas le plus petit

(1) Nous parlons ici en thèse générale; les cultivateurs des landes qui sont aux environs de Bordeaux présentent des exceptions; mais si l'on s'enfonçait dans celles qui, depuis la Pointe-de-Graves s'étendent jusqu'à Bayonne, on serait convaincu de cette vérité.

brin d'herbe ; la bruyère elle-même n'y croît pas ; gardez-vous bien que la nuit ne vous surprenne dans ces parages, domaines, tant que dure l'obscurité, des lutins et des esprits malfaisants.

Plus l'habitant des landes s'éloigne des villes, plus il se montre triste, taciturne, apathique ; mais il conserve du moins la vertu de l'hospitalité. Malgré sa profonde misère, il ne ferme jamais sa porte au voyageur égaré ; il partage avec lui son pain noir et dur, son eau saumâtre et sa *cruchade,* détestable bouillie dont le maïs est la base.

CHAPITRE II.

DU SOL CONSACRÉ A LA CULTURE

DE LA VIGNE.

A l'égard de ce qui concerne les terrains de la Gironde, voués à la culture de la vigne, nous ne pouvons prendre de meilleur guide qu'un Mémoire fort remarquable adressé en 1842, par la Société d'agriculture du département, à M. le Ministre de l'agriculture et du commerce :

Le sol de la Gironde, consacré à la vigne, doit être rangé dans trois classes tout-à-fait distinctes, en se basant pour cela : 1° sur son origine géologique ; 2° sur sa nature particulière ; 3° sur la qualité du vin qu'on en retire.

Ces trois classes de terrain ont été dès longtemps constatées, ainsi que le prouve la dénomination particulière imposée à chacune d'elles; ce sont :

1° Les *Coteaux*.

2° Les *Graves*.

3° Les *Palus*.

1° *Les Coteaux*. Ces terrains, les plus anciens dans le département, selon leur ordre de formation, puisqu'ils appartiennent à la formation tertiaire, offrent, ainsi que l'indique leur nom, des pentes plus ou moins rapides, et telles bien souvent, qu'il suffirait de cette seule circonstance pour en éloigner toute autre culture que celle de la vigne.

La formation tertiaire étant principalement constituée dans le bassin de la Gironde par des alternances diverses d'argiles, de calcaires, de marnes et de sables, il est clair que ce sont ces quatre natures de terre que l'on doit rencontrer dans les localités dont nous parlons ; avec cette remarque essentielle, pour le sujet qui nous occupe, que chacune d'elles s'y montre d'autant plus exempte de mélanges, et par suite d'autant plus rebelle aux cultures annuelles, que, partant du pied des coteaux, on s'avance davantage vers leurs sommets.

Là, le sol livré à l'industrie de l'homme, joint, presque toujours, à son peu d'épaisseur, à l'impénétrabilité, à l'homogénéité de sa couche inférieure, des propriétés physiques tellement tranchées, que la végétation spontanée même s'y réduit à un petit nombre d'espèces, et que les travaux qu'il exigerait, pour être amendé et rendu propre aux cultures d'assolement, dépasseraient de beaucoup toutes les chances de bénéfices que pourraient présenter de telles opérations.

Ce sol est le résultat de la décomposition locale de la roche tertiaire sur laquelle il repose immédiatement ; les

caux, par leurs transports, n'ont pu rien y ajouter. Trop
souvent, au contraire, elles lui ont enlevé de précieux éléments de fertilité, pour les précipiter, les entasser dans les
vallées, dans les plaines malheureusement trop restreintes
qui séparent entr'eux ces divers coteaux.

Ainsi, ce sont des terres argilo-marneuses fortes, comme
dans l'Entre-deux-Mers et sur la rive droite de la Dordogne.

Des terres argilo-graveleuses, comme sur les plateaux,
les plaines élevées de ces mêmes localités.

Des terres légères et sablonneuses, comme dans le Ba-
zadais, le Blayais, le Cubzaguais, etc., etc......

Enfin, ce sont quelquefois des argiles presques pures,
fortes, tenaces, surchargées d'oxide de fer et présentant
ainsi les couleurs les plus tranchées : rouge, jaune, blanc,
etc...., comme sur un grand nombre de points de l'Entre-
deux-Mers et du territoire de l'ancienne Benauge.

Tels sont, parmi les terrains complantés en vigne, ceux
que, dans la Gironde, on désigne sous le nom de *côtes*,
de *coteaux*. En vain voudrait-on les utiliser autrement,
et certes de nombreuses tentatives ont été faites; toujours
l'expérience, aussi bien que la théorie, ont démontré le
danger, l'impossibilité de semblables réformes; toujours
elles ont justifié la conduite des hommes qui, les premiers,
y plantèrent de la vigne; toujours elles sont venues à
l'appui de ce fait capital, que, dans toute pratique agricole
que le temps a respectée, il y a une raison émanant de la
nature même et, comme elle, impossible à changer.

2° *Les Graves*. On donne, dans la Gironde, le nom de
graves à ces plaines plus ou moins étendues qui recou-
vrent la formation tertiaire et servent de transition aux
terrains modernes, à ceux que nos fleuves et rivières ac-

tuels ont déposés et qu'ils déposent encore chaque jour.

Ces terrains appartiennent au *diluvium ;* ils sont le résultat du transport des eaux ; mais des eaux impétueuses, s'élevant à un niveau et affectant des directions, des courants, qui n'ont rien de commun avec l'état actuel de notre système hydrographique , et qui constatent l'existence du grand cataclysme dont l'histoire , aussi bien que les faits géologiques, nous a conservé le souvenir.

C'est un mélange plus ou moins complet, et dans des proportions essentiellement variables, quant à la quantité et au volume des parties constituantes, de gravier , de sablon, de sable et d'autres éléments terreux.

C'est un manteau , comme le désigne si bien le savant statisticien de la Gironde, M. Jouannet, recouvrant les plateaux, les collines ondulées entre lesquels serpentent nos vallées, et que l'on remarque plus particulièrement sur la rive gauche des rivières de la Gironde et de la Garonne, où il occupe une zone presque continue depuis Castillon-sur-Gironde jusqu'à Langon—sur-Garonne.

L'épaisseur de cette couche de gravier , continue l'auteur que nous venons de nommer , varie depuis quelques centimètres jusqu'à 2 et 3 mètres au plus. Ce sont, en grande partie, des quartz roulés , ovoïdes , jaunâtres ou blancs, souvent translucides , quelquefois même transparents, d'une très-belle eau et susceptibles de poli, etc.....

Le sous-sol de cette nature de terre est quelquefois, mais trop rarement, de l'argile; dans quelques endroits, du roc, et plus généralement du sable pur, ou la formation ferrugineuse et plus ou moins dure, quoique toujours imperméable, que l'on désigne dans les landes sous le nom d'*alios.*

Ainsi, au défaut d'humidité, de cohésion, dans la saison

surtout, et sous une latitude où ces propriétés seraient si nécessaires, ce terrain joint l'inconvénient grave de retenir tellement la chaleur que lui ont communiquée les rayons solaires, qu'il doit être placé dans la catégorie et au premier rang de ceux que la pratique agricole désigne sous les noms de terrains arides, de terrains brûlants, et qu'elle regarde avec juste raison comme radicalement improductifs.

Il semble que les *graves*, d'ailleurs si peu favorables à la culture en général, tant celles du Médoc que les autres, aient été faites pour la vigne. On dirait même que toutes les circonstances de formation, de constitution, de situation, de voisinage, se sont réunies pour exclure de ces lieux toute autre culture, pour y fixer impérieusement celle dont les produits y sont tellement hors de ligne, qu'ils ne rencontrent de rivaux, ni dans les temps anciens, ni dans les temps actuels.

Ce sable aride, ce sous-sol imperméable, ces particules de fer qu'il renferme, c'est ce qui plaît à la vigne. C'est là que ses racines aiment à s'implanter; c'est là qu'elles puisent ces matériaux précieux que la sève charrie et qui assurent à son fruit ses merveilleuses propriétés. Ce silex à la surface polie, aux couleurs claires, c'est justement ce qu'il faut pour réfléchir les rayons solaires, pour les diriger sur la grappe du raisin et déterminer ainsi sa maturité. Ces douces ondulations, ces sommets arrondis, ces pentes qui échappent à l'œil, tant elles sont ménagées, dissimulées, c'est ce qui permet au soleil d'embrasser, de réchauffer toute la surface; aux vents, de la parcourir dans tous les sens, pour en chasser l'humidité si funeste, alors qu'elle est stagnante; enfin, ce voisinage des grandes masses d'eaux, c'est encore un nouveau bienfait, car il semble établi par des observations déjà bien anciennes, que cette condition

est essentielle à la production du bon vin. C'était le senti-
ment des anciens, dont Pline a été l'organe, dit M. le
comte Odart, et qu'il appuie de la citation d'un fait extraordinaire, quand il nous apprend que le cours de l'Hèbre
s'étant éloigné d'une ville de Thrace, du nom d'Émus, les
vignes des environs perdirent leur réputation. Plusieurs
auteurs modernes, fort judicieux, ont partagé cette manière de voir ; la pratique elle-même y a donné sa sanction,
en reconnaissant, au moins en Touraine, que le vin de
l'arrière-côte ne vaut jamais celui de la côte.

3° *Les Palus*. Ce sont ces terres riches, profondes, fertiles, que les eaux actuelles ont déposées le long de leurs
cours, qu'elles ont composées de tous les débris des trois
règnes ramassés durant le long trajet qu'il leur a fallu faire
pour arriver jusqu'à nous. Si la vigne, dans ce sol privi-
légié, n'est plus, comme dans ceux qui précèdent, une conséquence de leur nature, elle est une nécessité non moins
impérieuse du commerce de Bordeaux, une des conditions,
un des éléments précieux de son activité.

Les vins qui viennent sur cette portion du territoire de
la Gironde (l'expérience l'a dès longtemps prouvé) sont
ceux qui conviennent aux expéditions maritimes de long-
cours. C'est la marchandise d'encombrement qui fait le
fond des cargaisons ; c'est la denrée à laquelle la mer ajoute
des qualités nouvelles ; ce sont les vins des îles et des con-
tinents les plus éloignés, des Antilles, de l'Amérique, de
l'Inde, etc., etc.

M. Petit-Lafitte, professeur d'agriculture, chargé de
l'inspection agricole du département de la Gironde, ayant
bien voulu, sur notre prière, revoir ce chapitre, voici les
observations que nous avons reçues de lui :

« Lorsque j'eus occasion en 1842, comme organe d'une commission spéciale de la Société d'agriculture, de répartir en trois classes principales le sol du département de la Gironde, consacré à la vigne, je n'avais pas assez remarqué qu'une quatrième classe, parfaitement distincte, parfaitement facile à préciser, pouvait également être formée.

» Cette classe, c'est celle qu'on pourrait désigner sous le nom de *hautes-plaines ;* c'est celle qui embrasserait tous les terrains du vaste plateau de l'Entre-deux-Mers, cultivés en vignes.

» Ces terrains ne sont ni calcaires, ni argilo-calcaires, comme les pentes des *coteaux* qui bordent les rives de la Garonne et de la Dordogne ; ni formés de sable et de gravier, comme ceux que l'on désigne sous le nom de *graves ;* ni riches et profonds, comme ceux que l'on appelle *palus.* Ils consistent en une couche, généralement bien peu profonde, reposant sur une argile plus ou moins colorée par l'oxyde de fer, dure, compacte et imperméable. Ils ne sont eux-mêmes qu'un mélange variable d'argile et de sable à grains arrondis et d'une finesse extrême ; ils ne présentent aucune trace de calcaire ; leur couleur est celle de la cendre. Extrêmement communs dans la Gironde et dans le reste de la France, ces terrains prennent parmi nous les noms de *bouvées* ou de *boulbènes.* M. Puvis, dans son *Essai sur la marne,* en parle en ces termes : « La grande » formation argilo-siliceuse, que nous croyons avoir cou- » vert toute la surface de la terre et qui se trouve partout » sous des noms divers : ici, sous le nom de *terrain-* » *blanc ;* là, de *blanche-terre ;* de *boulbène,* dans le Midi ; » de *terre élytre, terre à bois,* dans le Nord ; de *terre de* » *Sologne,* dans le bassin de la Loire, etc... »

« Sur ces terrains, la vigne vient aussi et s'étend chaque

jour davantage. Son mode de culture est celui dit en *joualles*, ou à rangs simples ou doubles, séparés entr'eux par des espaces que l'on travaille à la charrue, que l'on fume et que l'on utilise tous les deux ans, conformément aux règles du système biennal, par la production du blé, par la jachère et quelquefois par des fourrages, tel que le trèfle incarnat surtout.

» La vigne qui vient sur ces terres est tenue à une hauteur de 2 mètres environ, au moyen d'échalas et quelquefois de traverses horizontales; elle est formée de plants blancs, dits *enrageats ;* elle donne abondamment, et son vin sert à la fabrication des eaux-de-vie. »

CHAPITRE III.

Description de la Vigne. — Manière de la planter. — Les meilleures espèces ou variétés de Cépages rouges et blancs cultivées dans le département de la Gironde.

DESCRIPTION DE LA VIGNE.

Vigne. — *Vitis.* Genre de la pentandrie monogynie, et qui a donné son nom à la famille des *Vignes* de *Jussieu.* *Tournefort* le comptait encore au nombre des *rosacées.* Je ne dois parler ici que de la vigne cultivée : *Vitis vinifera, Lin.,* dont le fruit exprimé donne cette liqueur fermentée, connue sous le nom de *vin.* Ce vin s'est trouvé d'un goût trop général pour qu'on n'ait pas cherché à se procurer la plante qui le fournissait; aussi l'histoire nous apprend que les Phéniciens la transportèrent d'Asie en Grèce, d'où elle

s'est répandue de proche en proche jusqu'en France. « Elle
» occupait déjà, nous dit le célèbre comte de Chaptal, une
» partie des coteaux de nos départements du Var, des
» Bouches-du-Rhône, de l'Hérault et de Vaucluse, du
» Gard et des Hautes et Basses-Alpes, de la Drôme, de
» l'Isère et de la Lozère, quand Domitien, soit par igno-
» rance, soit par faiblesse, comme le dit Montesquieu, or-
» donna, à la suite d'une année où la récolte des vignes
» avait été aussi abondante que celle des blés chétive et
» misérable, d'arracher impitoyablement toutes les vignes
» qui croissaient dans les Gaules : comme s'il y avait quel-
» que chose de commun entre la manière d'être et de croître
» de ces deux familles de végétaux ! Comme si les produits
» de l'une pouvaient jamais être un obstacle à la récolte
» de l'autre ! Comme si, enfin, les terres à vignes n'étaient
» pas alors, comme aujourd'hui, au moins dans le sol
» qu'habitaient les Gaulois, des terres entièrement impro-
» pres à la reproduction des céréales !

» Quoi qu'il en soit, nos pères, par cet édit désastreux,
» se virent condamnés à ne se désaltérer désormais qu'avec
» de la bière, de l'hydromel ou quelques tristes infusions
» de plantes acerbes. Cette privation, qui remonte à l'an-
» née 92 de l'ère ancienne, s'étendit à deux siècles entiers.
» Ce fut le sage et vaillant Probus, qui, après avoir donné
» la paix à l'empire par ses nombreuses victoires, rendit
» aux Gaulois la liberté de replanter la vigne. Le souvenir
» de sa culture et des avantages qu'elle avait produits ne
» s'était point encore effacé de leur mémoire ; la tradition
» avait même conservé parmi eux les détails les plus es-
» sentiels de l'art du vigneron. Les plants apportés de nou-
» veau, par la voie du commerce, de la Sicile, de la Grèce,
» de toutes les parties de l'Archipel et des côtes d'Afrique,

» devinrent le type de ces innombrables variétés de cépages
» qui couvrent encore aujourd'hui les coteaux vignobles
» de la France. »

La culture et les divers climats en ont fait des variétés
infinies. Quelles qu'elles soient, ce sont toujours des ar-
brisseaux à tige tortueuse, d'un bois dur et couvert d'une
écorce peu tenace. Elles poussent aussi des rameaux sar-
menteux, longs, noueux, striés, garnis de feuilles alternes,
souvent opposées à des vrilles au moyen desquelles ils
s'accrochent aux corps environnants. Ces feuilles, grandes, palmées à plusieurs lobes, souvent dentelées, sont
portées par un pétiole long et ferme. Les fleurs qui s'épa-
nouissent en mai sont très-petites, herbacées, odorantes,
disposées en grappes composées ; elles consistent en cinq
pétales à peine visibles, en cinq étamines et un style. Lorsque des temps contraires ne les font point *couler*, c'est-à-
dire avorter, elles deviennent des baies plus ou moins
grosses, plus ou moins serrées sur la grappe, d'un vert
blanchâtre ou d'un rouge plus ou moins foncé, pleines d'un
jus d'abord très-acerbe, mais que la maturité rend doux
et sucré ; il est quelquefois parfumé. Dans cet état, le raisin se met sur les tables ou s'exprime pour faire du vin.
Il mûrit plus ou moins vite selon la variété, le climat ou
l'exposition, et se conserve, moyennant quelques soins,
au-delà de six mois.

La vigne se plaît dans les terrains montueux et pierreux,
aux expositions chaudes du levant et du midi ; ses racines
aiment à pénétrer dans les fentes des rochers. Sans culture,
elle rapporte beaucoup moins, mais elle vit des siècles, et
son tronc peut acquérir un volume prodigieux ; la culture
la féconde en abrégeant sa vie. On la propage de provins,
c'est-à-dire par le couchage fait en automne, et au prin-

3

temps, par des croisettes qui ne sont que des boutures.

« L'usage veut, dit Toussaint-Yves Catros (1), que cha-
» que bouture ait un peu de bois de l'année précédente en
» bas ; cet usage n'est pas nuisible et ne peut que pro-
» duire un bien ; ce bois a plus de consistance et résiste
» mieux à la pourriture, en cas de trop d'humidité au
» fond de la rigole où on plante ; mais il n'est pas rigou-
» reusement nécessaire. J'ai souvent planté des vignes dont
» le pied était rare, d'une jeune branche coupée en plusieurs
» bouts ; j'ai réussi, autant en usant de celui de l'extré-
» mité que de celui du bas où se trouvait le bois de l'an-
» née précédente. Ces boutures ou croisettes sont appelées
» *plants* aux environs de Bordeaux ; la manière de les plan-
» ter est toujours la même.

» Si on veut en faire une pépinière, il faut choisir les
» plants des espèces que l'on veut avoir, les nettoyer de
» toutes les vrilles qui peuvent s'y trouver, et ne prendre
» que les pousses dont le bois soit bien mûr ; on coupe ces
» plants d'environ 15 à 18 pouces de longueur ($0^m 406$ à
» $0^m 487$), et si le temps est sec, il sera à propos de les faire
» tremper dans l'eau quelques heures, cela aide à les faire
» courber ; pour les planter, on ouvre une rigole d'environ
» 1 pied de large ($0^m 325$) sur toute la longueur de la
» pièce qu'on veut planter ; la profondeur doit être pro-
» portionnée à la qualité du terrain : s'il est sec, elle de-
» vra avoir 1 pied ($0^m 325$) ; si c'est une bonne terre, 6
» ou 8 pouces suffiront ($0^m 162$ ou $0^m 216$); et si la pièce
» est trop humide, un peu moins de profondeur. On place

---

(1) Traité raisonné des arbres fruitiers.— Bordeaux, 1810.

» les plants dans cette rigole, à la distance de 5 à 6 pouces
» l'un de l'autre (0ᵐ 135 à 0ᵐ 162). Le bas doit être courbé
» en terre pour faciliter la reprise. Après avoir planté la
» première rigole, on en fait un autre à 1 pied (0ᵐ 325)
» de distance de la première, et ainsi de suite jusqu'à la
» fin ; quand c'est achevé, il faut repasser tous les plants
» pour les rabattre à deux yeux au-dessus de la surface de
» la terre, afin que les autres aient plus de force, et ne pas
» attendre pour cela, ainsi que je l'ai vu souvent, que la
» sève soit montée, ce qui retarde les pousses basses, qui
» sont toujours les meilleures.

» Si on veut planter la vigne en place, ce qu'on appelle,
» dans les environs de Bordeaux, *planter en plants*, après
» avoir bien préparé le terrain destiné à cette plantation,
» c'est-à-dire l'avoir fouillé profondément, tant pour l'a-
» meublir que pour détruire les mauvaises herbes et les
» plantes nuisibles qui peuvent s'y trouver, on trace des
» rangs dans toute la longueur de la pièce, en tâchant,
» autant que le terrain le permet, qu'ils soient du nord au
» sud, ou de l'est à l'ouest ; je dis, s'il est possible, parce
» qu'il existe encore une raison plus forte, qui peut quel-
» quefois s'y opposer, c'est la pente du terrain qu'il est
» essentiel de suivre, afin de laisser l'écoulement aux eaux,
» pour qu'elles ne séjournent pas dans la plantation, ce qui
» serait très-nuisible pour les racines de la vigne et même
» à la qualité du vin.

» Il se trouve des positions où l'on fera bien, au con-
» traire, de planter les rangs à contre-sens de la pente :
» ce sont les plantations faites dans les côtes. Là, il n'y
» a point à craindre le séjour des eaux, mais le dégât
» qu'elles feraient en coulant rapidement le long des rangs
» qui se trouveraient sur la pente. On pourra laisser, s'il

» est nécessaire, quelques allées ou passages pour l'écou-
» lement des eaux, formant, dans ces allées, des bassins
» ou réservoirs qui, en arrêtant leurs cours rapides, rece-
» vront les terres qu'elles entraînent, qu'on peut ensuite
» retirer pour remplir les ravins et réparer les dégâts que
» ces écoulements occasionnent.

» Les rangs doivent être à des distances différentes, se-
» lon la qualité des terres où l'on veut planter.

» Si ce sont des terres maigres et graveleuses, 1 mètre
» est la distance ordinaire (3 pieds) : c'est celle que l'on
» donne à toutes les vignes qui se cultivent à la charrue
» à bœufs, comme on le pratique dans tout le Médoc, ex-
» cepté pour les terres plus fortes, où on travaille à la houe.
» Là, les distances varient, selon que les terres ont une
» qualité différente, depuis 4 pieds jusqu'à 6 (1^m 300 et
» 2 mètres). L'usage de chaque canton sert à peu près de
» guide. »

La plantation se fait depuis le mois de février jusqu'au
mois de mai ; lorsqu'elle est suivie d'un été pluvieux, tel
que le fut celui de 1832, elle prospère presqu'infaillible-
ment.

Il faut cinq ans pour qu'une jeune vigne couvre ses frais ;
à dix ans, elle a acquis la plénitude de sa vigueur ; dans la
région septentrionale du département, elle est un peu plus
tardive, d'un an environ. Les soins dont elle est l'objet, la
nature du terrain, et surtout la taille, décident de sa durée.
Lorsqu'elle est placée dans un sol sablonneux, elle croît
promptement et dépérit de même ; à cinquante ans, quelquefois plutôt, il faut songer à la renouveler. Dans les terrains argileux et forts, elle croît avec plus de lenteur, mais
elle vit davantage ; quand le fonds est rocailleux, elle at-

teint à son plus haut degré de longévité. Il existe, sur certains points du département, des vignes qui ont vécu un siècle et au-delà ; à Pessac, sur une grave mêlée de terre forte, on montre même quelques souches dont la tradition fait remonter l'âge jusqu'au xivme siècle, jusqu'au pontificat de Clément V. Nous ne leur garantissons pas une antiquité aussi vénérable, mais nous avons reconnu qu'elles donnent encore quelques grappes et d'excellent vin. Pour que la vigne soit de longue durée, il faut que le vigneron qui taille n'élève point trop les pieds, et qu'il ne leur donne pas une charge exagérée.

—

LES MEILLEURS CÉPAGES

CULTIVÉS DANS CE DÉPARTEMENT, SONT, EN ROUGE :

Le *Carmenet* ou *Carbenet*, la *Carmenère*, le *Malbeck*, le *Petit-Verdot*, le *Gros-Verdot*, le *Merlot* et le *Massoutet*. Dans les vignobles qui produisent la classe des vins communs, on plante encore : le *Mancin*, le *Teinturier*, la *Pelouille*, la *Petite-Chalosse noire*, le *Cruchinet* et le *Cioutat*.

Le *Carmenet* ou la *Petite-Vidure*. Feuille glabre, un peu dentelée ; le grain moyen, rond, un peu séparé ; la couleur brillante et d'un noir assez foncé ; le goût agréable. Le Carmenet donne un vin fin, léger, agréable, plein de bouquet, mais peu coloré.

La *Carmenère* ou la *Grosse-Vidure* porte aussi les noms de *Grand-Carmenet* ou *Sauvignon*; dans les graves, on lui donne la désignation de *Carbenet*. La grappe de cette espèce est grosse, longue et plus espacée que celle de la précédente ; le grain a plus de grosseur ; la couleur est vive, le goût excellent ; sujet à la coulure. Le vin qui en provient a la même qualité que celui du Carmenet, seulement sa couleur est plus foncée. Ces deux espèces sont à peu près les seules que cultivent certains crûs privilégiés.

Le *Malbeck* ou *Noir de Pressac*. Grappe longue ; grains ovales, espacés, très-noirs ; la grappe et le pédicule rougeâtres ; la feuille glabre et le bois gris cendré ; sujet à la coulure. Le Malbeck produit un vin très-mûr, coloré, faible en esprit, délicat en vieillissant, facile à s'aigrir s'il n'est pas bien soigné et tenu en cellier frais. Son nom lui vient d'un négociant qui l'avait activement propagé dans le Médoc.

Le *Petit-Verdot*. Raisin à grappe courte ; grain menu ; couleur vermeille ; goût délicat ; feuille couleur terne, portant beaucoup de vrilles.

Le *Gros-Verdot*. Mêmes qualités, mais son fruit est plus gros. Le Petit et le Gros-Verdot mûrissent assez difficilement dans ce département ; ils produisent un vin ferme, d'une belle couleur et plein de bouquet ; ce vin est de longue garde. Quand le Gros-Verdot mûrit parfaitement (ce qui est rare, et ce qui n'a lieu que dans les années les mieux réussies, telles que 1815, 1819, 1822, 1825), il fournit un vin très-délicat, plein de bouquet et d'une belle couleur.

Ces quatre cépages sont ceux qu'admettent les grands crûs du Médoc ; mêlés avec une sage intelligence, leur produit est des plus distingués. Quelques crûs renommés n'excluent pas le *Tarney*, cépage qui mûrit avec promptitude, et qui donne un vin couleur de rubis ; sa peau est fine, son grain noir, sa feuille lisse et trilobée, son bois faible et vagabond.

Le *Merlot*. Ce cépage annonce beaucoup de vigueur par la grosseur de son bois. La grappe est ailée, d'un beau noir velouté et composée de grains médiocrement serrés

vers le bas. On a donné le nom de Merlot à cette variété
de vigne, parce que les merles sont très-friands de ce raisin, qui mûrit de bonne heure. Moins délicat que le Malbeck, il exige autant de soins pour sa conservation. Il
donne un vin excellent lorsqu'il est mêlé avec le Verdot ou
le Carmenet.

Le *Mancin* ou la *Soumansingue*. Feuille ronde, très-
grande, se tachetant de rouge en automne; bois brun; grain
rond; grappes assez grosses; il donne beaucoup de vin,
mais d'une qualité inférieure.

Le *Teinturier* ou l'*Alicante*. Ce cépage a des signes caractéristiques; il se distingue non-seulement à la couleur
presque incarnate que contractent ses pampres longtemps
avant que le fruit ait acquis sa maturité, mais encore par
sa feuille glabre et marbrée, au revers blanc et cotonneux.
Son bois est court; le fruit rond; le grain serré; la grappe
courte, extrêmement foncée et d'une saveur très-douce.
Ce raisin donne un vin faible, très-coloré, âpre, qui a un
goût de terroir désagréable. Il n'est propre qu'à donner de
la couleur aux vins de basse qualité qui en manquent, encore faut-il en user modérément, car il communique au
vin avec lequel on le mêle son âpreté et sa tendance à s'aigrir. Il convient pour la fabrication de l'eau-de-vie.

La *Pelouille* ou la *Pelouye*. Grappe et grain gros; couleur pâle; saveur inférieure; feuille blanchâtre portant
beaucoup de bois et de vrilles. Ce raisin donne un vin
commun, mou et sans couleur.

La *Petite-Chalosse noire*. Cette espèce mûrit très-bien
dans ce département. Ses grains oblongs sont très-gros et
composent des grappillons qui forment par leur réunion de
très-grosses grappes. C'est l'espèce qui se garde le mieux
pour l'hiver et qu'on sert au dessert. On peut le conserver

jusqu'au mois de mars ou d'avril, en suspendant les grappes à des cordes, le pied en haut. Les vins que fournit ce cépage sont communs et un peu mous, mais durables et d'une belle couleur.

Le *Cruchinet*. La grappe est d'une belle grosseur ; les grains sont ronds, pulpeux, remplis d'un jus très-agréable au goût. Ils donnent un vin commun, mais de bonne garde.

Le *Cioutat,* nommé dans ce département le *Persillé* ou en patois la *Persillade.* Il est remarquable par ses feuilles palmées et laciniées en cinq pièces ; elles ressemblent assez à la feuille de persil *(apium sativum)* ou d'ache *(apium palustre).*

Le *Pied de Perdrix.* Bois brun, grappes longues, raisins pas trop gros et attachés d'une manière très-lâche, d'un goût fort agréable, mais ne donnant qu'un vin commun.

Le *Balouzat.* Bois rougeâtre ; grain rond et gros, de maturité rapide et d'un goût agréable. Il donne un vin médiocre, mais assez corsé et d'une couleur foncée. Ce cépage produit abondamment ; il a un goût de terroir particulier qui n'est pas absolument désagréable.

—

VIGNES BLANCHES.

La vigne qui produit les grands crûs de vins blancs se plante en petites joualles, et en grandes pour les autres crûs. Ces derniers, en rangs simples ou doubles, sont séparés par un intervalle de cinq ou six sillons, entre lesquels on cultive, quand le terrain le permet, des céréales, des légumes et des fourrages. La hauteur des ceps est en général basse ou moyenne ; il y a quelques vignobles où ils ont toute leur hauteur. Un espace de 1^m à 1^m 30 sépare les ceps entre eux.

On emploie le carasson pour échalasser les vignes basses, et on donne 2 mètres de hauteur aux échalats des vignes hautes. Dans les crûs inférieurs, et par un principe d'économie motivé sur l'infériorité du prix, on laisse venir les vignes basses sans échalats.

Les vignerons qui tiennent à soigner leurs vignes et à les rendre productives, donnent quatre labours de charrue. Les autres vignerons emploient la houe.

Les communes où la vigne blanche réussit le mieux, sont, en général, situées sur les coteaux exposés au midi, surtout si le sol est caillouteux et repose sur un fonds d'argile.

La vigne blanche, dans les grands crûs, se plante en fossés et à la barre, et, comme nous l'avons déjà dit, par rangs doubles ou par rangs simples; quelquefois ces deux modes sont alternés; les ceps acquièrent plus de vigueur par rangs simples; par rangs doubles, il y a économie d'échalats. On laisse 2^m 11 de distance entre les rangs doubles ou simples; les files de chaque rang double sont espacées de 0^m 875, et les ceps de chaque file de 1 mètre.

La culture se fait aux mêmes époques et à peu près de la même manière qu'au Médoc; les labours se font à la charrue, et on repasse avec la bêche. On emploie l'araire pour déchausser, et une charrue plus grande pour rechausser.

C'est à une culture mieux entendue et à un meilleur choix dans les plants de vigne qu'est due la haute réputation des vins de Sauternes, réputation qui ne remonte guère à plus d'un siècle. On trouve encore dans quelques vignobles une culture arriérée et des cépages de mauvais choix;

mais aujourd'hui, dans les bons vignobles, on ne cultive guère que les suivants :

Le *Sauvignon*, d'un bois jaunâtre tirant sur le gris, avec des taches brunes; feuille dentelée d'un vert foncé; la grappe, très-fournie, présente des grains de forme oblongue, d'une couleur ambrée; c'est un des meilleurs raisins de table; le vin qu'il produit a beaucoup de parfum, mais il est capiteux.

Le *Semilion*, d'un bois rougeâtre légèrement aplati; feuille pâle et très-découpée; grappe fournie dont le grain est rond et gros, d'une teinte dorée et d'un goût très-délicat.

Le *Rochalin* a quelque rapport avec le Sauvignon, mais les feuilles en sont plus grandes et le goût moins délicat; mûrissant tard, il craint les gelées.

Le *Verdot*, d'un bois jaunâtre rayé de brun; feuille grande, épaisse, de couleur vert foncé; la grappe est de grandeur moyenne; le grain petit et d'un goût très-fin. Ce raisin est long à mûrir.

Le *Blanc-Doux*. Son nom indique la délicatesse de son fruit; il a le bois grisâtre, la feuille peu dentelée et d'un beau vert; sa grappe est moyenne et son grain est transparant, coloré et tacheté de brun.

Le *Prueras*. Les grains sont gros, savoureux et mûrissent bien; ce raisin donne beaucoup de vin. On le reconnaît à sa feuille épaisse et d'un vert mat.

Les cépages qui donnent des vins communs sont :

La *Grosse-Chalosse blanche*. Grappes grosses et longues, fruits oblongs et détachés; vin mou et de peu de corps, mais de belle couleur.

Le *Pique-Poux* ou l'*Enrageat*. Ce nom lui vient de ce qu'il produit considérablement. Grappes très-fortes et très-longues, raisins serrés et gros. Vin d'une couleur brillante; il est souvent converti en eau-de-vie.

La *Blanquette*. Grappes très-longues ; raisin petit et lâche ; ce cépage produit beaucoup, mais il ne donne qu'un vin mou et commun.

Le *Blayais* diffère peu de la Blanquette ; son produit est encore plus commun.

CHAPITRE IV.

DE LA CULTURE DE LA VIGNE

DANS LES MEILLEURS CRUS DU MÉDOC.

Nous ne saurions mieux faire, en traitant le sujet plein d'intérêt auquel est consacré ce chapitre, que de reproduire en grande partie les détails empreints d'une si lucide exactitude, qu'un agronome distingué, M. A. Joubert, a consignés dans ses réponses à des questions proposées par l'Académie de Bordeaux, réponses dictées par l'expérience la plus consommée. Ces détails ne s'appliquent rigoureusement qu'aux meilleures communes du canton de Pauillac : trois d'entre elles, Pauillac, St-Julien et St-Estèphe, sont célèbres par la supériorité de leurs produits.

Tous les terrains du canton produisent généralement des vins de bonne qualité ; il n'y a point de préférence pour l'exposition. La seule préférence accordée, l'est à la nature du sol. On reconnaît que les terrains qui contiennent le plus de grave, et qui reposent sur l'alios, produisent les meilleures qualités de vin. Le terrain ne reçoit aucune préparation s'il a déjà été planté ; s'il était en landes, il est défriché, fumé et employé pendant deux ou trois ans en céréales et en pommes de terre.

On ne cultive qu'en plein, jamais en joualles ; le terrain est divisé par sillons.

L'espace laissé entre chaque rang, dans les vignes en plein, est de 1 mètre ; la distance d'un cep à l'autre est de 40 pouces (1^m 12).

Le mode de plantation dans le canton est uniforme ; il consiste à tourner le terrain sens dessus dessous ; on appelle cette méthode renverser le terrain. On n'emploie que très-rarement des plants enracinés ; il n'y a d'autre différence dans le mode de plantation, que dans le plus ou le moins de profondeur à donner au défrichement. C'est-à-dire, que si l'alios est trop près de la surface du sol pour bien opérer, on défonce ce poudingue qui serait impénétrable et qui arrêterait l'essor si nécessaire à la végétation de la vigne. Quelques propriétaires font défoncer entièrement à la pioche, et c'est la meilleure méthode ; d'autres, après avoir fait creuser le fossé nécessaire pour planter, font percer un trou à la barre et y mettent le plant ou *crossette*. On nomme crossette un bois de deux ans, muni d'un talon ; dans ce dernier cas, le trou traverse toute l'épaisseur du poudingue. Voici le mode de plantation le plus usité dans le canton, c'est celui qui se pratique à St-Julien : on transporte sur chaque journal de terrain à planter environ quarante tombereaux de fumier et quatre-vingts tombereaux de bonne terre provenant d'écurages de fossés ; les ouvriers commencent par faire un fossé de 18 pouces de profondeur et de 3 pieds de largeur ; ce fossé, tiré au cordeau, prend toute la longueur de la pièce à planter ; le fossé fait, on marque la place que doit occuper chaque plant, en observant une distance de 40 pouces entre chacun ; les hommes s'arment alors de barres de fer, et font un trou d'environ 1 pied pour chaque plant, qui se trouve ainsi enfoncé de 30 pouces; tous les plans sont mis en place et soutenus par un carasson. Aussitôt on met à chaque plant trois ou quatre jointées de bonne terre, en observant de bien garnir le trou fait à la barre. Après cette opération, l'on met à ces mêmes plants du fumier, et immédiatement sur le fumier la terre qui a été transportée d'avance sur le terrain à planter; on en met à chaque plant un quart de bayart. Ces diverses opérations terminées, on fait un nouveau fossé, dont la terre sert à remplir le premier, en observant de mettre la terre du dessus au fond du fossé, et de renverser parfaitement le terrain. La plantation terminée, on redresse le plant; et après l'avoir coupé à trois nœuds au-dessus de terre, on l'attache avec du vime au carasson. On ne taille le plant qu'après avoir *couvert* la vigne, c'est-à-dire après la façon donnée par le bouvier, et qui a pour but de faire un sillon au milieu duquel se trouve la vigne. Les plantations se font le plus ordinairement dans les mois de janvier, février et mars, et peuvent se prolonger, sans de graves inconvénients, jusqu'en avril.

Souvent les propriétaires ne font transporter que du fumier sur le terrain à planter; dans ce cas, on paie 12 c. par brasse. Le plus grand soin à apporter dans une plantation de vigne, c'est de faciliter l'écoulement des eaux; on ne doit rien négliger pour cela : l'eau est le plus grand ennemi de la vigne. A cet effet, il faut faire des fossés ou aqueducs; si les aqueducs sont pratiqués à une assez grande profondeur, on peut les exécuter en bois de pin; ils dureront fort longtemps; près de la surface, le bois s'échaufferait, et les aqueducs deviendraient très-dispendieux par leur peu de durée; il est préférable, dans ce cas, de faire la dépense d'aqueducs en moellons.

Pendant deux, et quelquefois trois ans, les jeunes plants reçoivent six labours par an, c'est-à-dire trois labours pour ouvrir le sillon et trois pour le fermer. Il faut autant que possible détruire les herbes, qui ne manqueraient pas d'étouffer le jeune plant si l'on n'y apportait le plus grand soin.

La vigne entre en produit à cinq ans. A douze, elle est dans sa force.

Il serait beaucoup trop long de suivre toutes les différences du terrain et toutes les causes qui influent sur la plus ou moins longue durée d'un vignoble. Dans le canton de Pauillac, il est des vignes qui ont, peut-être, deux cents ans, et qui sont encore bonnes ; il en est qui n'ont pas cinquante ans, et qui dépérissent. Dans un terrain dont le fond sera graveleux, où la vigne pourra pivoter sans rencontrer une trop grande humidité, elle sera de longue durée. Il en est de même dans un sable vif. Mais dans les terrains dont le fond est impénétrable à la vigne et imperméable, les racines de la vigne, se trouvant à la surface, sont fatiguées par les eaux, par le froid, par les grandes chaleurs ; sa durée est alors très-courte. Il est aussi du sable, que l'on désigne dans le canton sous le nom de *sable mort*, dans lequel la vigne ne peut durer au-delà de vingt à trente ans; encore y est-elle toujours chétive.

Dans les terrains ordinaires, et que l'on peut citer comme vraiment propres à la culture de la vigne, sa durée moyenne est de cent à cent cinquante ans ; mais pour cela, il faut, lorsque la vigne a atteint six ou sept ans, époque où sa végétation est très-active, faire un bon fumage approprié à la nature du terrain, c'est-à-dire que si le terrain est froid ou un peu argileux, il faut du fumier chaud et par-dessus un peu de terre légère ; tandis que pour un terrain

léger et naturellement brûlant, il faut du fumier bien consommé, et mettre pardessus de la terre forte qui conserve
l'humidité. Le fumage se fait ainsi : on ouvre la vigne avec
la charrue, on déchausse le pied jusqu'aux premières racines, on y met quatre à cinq jointées de fumier et environ
le quart d'un bayart de terre ; ces opérations faites, on
recouvre la vigne à la charrue. La meilleure saison pour
le fumage est le mois de novembre. En répétant ce fumage
tous les dix ans, si les façons sont bien faites et en temps
utile, la vigne donnera des produits abondants, de bonne
qualité, et sa durée sera au moins de cent cinquante ans.

On commence ordinairement à tailler la vigne à la fin
d'octobre; aussitôt que le bois est mûr et que la chute
des feuilles commence, on peut tailler. Il est très-avantageux de terminer la taille avant les gelées, afin que le bois
ait le temps d'être cicatrisé avant le grand froid. La façon
de la taille est, sans contredit, la plus difficile et celle qui
exige de l'ouvrier le plus de discernement. La plus grande
observation à faire en taillant est de supprimer avec un
très-grand soin tout le bois inutile, toutes ces petites branches qui peuvent donner naissance à des *gourmands* qui
épuisent la vigne et l'empêchent de produire.

La vigne reçoit quatre façons, toutes à la charrue. La
première façon commence immédiatement après les gelées, ce qui est assez ordinairement vers le 20 février.
Cette première façon s'appelle *ouvrir la vigne ;* elle est
faite avec la charrue appelée *cabat.* Elle a pour but d'ouvrir le sillon au milieu duquel est le pied de la vigne, et
de porter ce sillon entre les rangs de vigne. Pour cela,
le bouvier laboure des deux côtés des rangs de vigne de
manière que l'oreille de la charrue puisse faire aller la
terre entre les rangs et y former un sillon. Comme le bou-

vier ne peut dans ce labour enlever la terre qui se trouve
entre les pieds de vigne, il reste entre ces mêmes pieds
une certaine quantité de terre qu'on appelle dans le pays
cavaillons ; mais, à mesure que la charrue avance, des
hommes ou des femmes tirent à la bêche les *cavaillons*,
et déversent la terre sur les sillons. Cette première façon
doit être terminée vers la fin du mois de mars, et en avril
commence la seconde, qui est également faite à la charrue ; mais ce n'est pas avec la même charrue : celle-ci,
nommée *courbe*, diffère de la première par la courbure de
la perche. Le *cabat*, ayant pour but de déchausser la vigne,
a sa perche courbée de manière à ce que le soc approche
le plus possible des pieds de vigne. La *courbe*, au contraire, devant rechausser la vigne, a sa perche courbée
de manière à ce que le soc fende le nouveau sillon formé
par la première façon, et à ce que la terre soit reportée
au pied de la vigne ; dans cette seconde façon, une femme,
armée d'une pelle, doit suivre le laboureur, en se plaçant
de manière à voir les provins qui ont été faits, et à les
garantir avec sa pelle, pour que la terre ne les couvre pas.
Pour cela, elle interpose la pelle entre le provin et l'o-
reille de la charrue au moment du passage. Dans les premiers jours de mai, on commence la troisième façon, qui
se fait exactement comme la première, avec le *cabat*. La
quatrième doit être commencée aussitôt la troisième terminée, et poursuivie activement ; elle se pratique, comme
la deuxième, avec la *courbe ;* je dis que cette dernière
façon doit être poursuivie activement, bien qu'il ne faille
pas la continuer pendant la floraison. En effet, si l'on ne
se hâtait de la terminer, comme elle a pour objet de re-
couvrir les racines de la vigne, s'il survenait de fortes
chaleurs, la vigne souffrirait, et son fruit serait fortement

altéré : il arrive même souvent que beaucoup de pieds périssent. On objectera, peut-être, que si la vigne était couverte trop tôt et que l'été fût pluvieux, les herbes la fatigueraient ; la chose est vraie, mais il est facile d'arracher les herbes qui nuiraient à la maturité du raisin, et, par suite, à la qualité du vin : de deux maux, il faut éviter le pire ; et bien certainement, couvrir trop tard peut occasioner des dommages irréparables.

Nous avons déjà dit que le séjour de l'eau dans un vignoble était extrêmement pernicieux. Pour faciliter l'écoulement des eaux, il faut, tous les deux ou trois ans, enlever la terre portée par la charrue dans les allées appelées dans le pays *capvirades,* qui sont au bout des plantiers de vigne et qui servent de tournée aux bœufs. Ces allées, qui doivent être toujours disposées de manière à ce que l'eau s'écoule sans difficulté, doivent être tenues légèrement plus basses que le plantier. La terre enlevée de ces allées est portée dans les endroits les plus bas du vignoble, pour les relever et faciliter, par ce moyen, l'écoulement des eaux; s'il n'y a point de bas-fond, on met cette terre au pied de la vigne, en suivant toute la longueur de la rège si le transport est assez considérable. Les transports des allées, comme tous les autres, doivent être faits autant que possible avant que la végétation ait commencé à se manifester. Une autre façon à donner tous les quatre à cinq ans, mais dont peu de propriétaires s'occupent, bien qu'elle soit très-utile, c'est d'ôter la mousse ; la mousse a le grave inconvénient de receler une grande quantité d'œufs ou de larves d'insectes funestes à la vigne; il ne faut ôter la mousse qu'après les gelées.

On épampre au mois de juillet, et l'on raccourcit les branches de la vigne, afin que l'air circule mieux, et sur-

4

tout afin que le verjus reçoive davantage l'influence des
rayons du soleil. Outre cela, comme la vigne est très-basse
dans le canton, il arrive toujours qu'en faisant le dernier
labour on couvre de terre quelques verjus ; pour remédier
à cet inconvénient, des femmes et des enfants suivent exactement tous les pieds de vigne, relèvent le verjus et l'ex-
posent autant que possible à l'action du soleil.

Dans le canton, toutes les vignes sont échalassées ; la
hauteur moyenne à laquelle on les maintient est de 40
centimètres. On échalasse avec de la carassonne et de la
latte ; la carassonne a une longueur moyenne de 66 centimètres, et la latte une longueur moyenne de 3ᵐ 50. L'é-
chalassement des vignes est un espalier continu d'un bout
de rège à l'autre auquel on attache la vigne, en lui donnant toujours la forme la plus avantageuse, tant pour
maintenir le pied et ses bras, que pour exposer le fruit à
l'action du soleil. La vigne est attachée avec du vime ; on
le fend pour les *astes* (1) et les jeunes bras ; tout ce qui
offre une forte résistance est attaché avec du petit vime
rond.

La carassonne est en châtaignier, et la latte en pin.
L'œuvre d'aubier et d'acacia est en trop petite quantité
pour mériter une mention spéciale. La carassonne est entièrement tirée du Périgord ; la latte provient en grande
partie du Haut-Pays. Les propriétaires commencent à en-
semencer leurs landes en pins, et ils cesseront avant longtemps d'être tributaires du Haut-Pays pour cet objet. Le
vime est en majeure partie tiré de l'arrondissement de Bor-

---

(1) *Aste*, branche élevée, assez bien disposée pour être pliée en arc,
'étendue, attachée le long de la latte.

deaux; le canton produit tout au plus un dixième de ce qui lui est nécessaire. La carassonne coûte, rendue au vignoble, de 6 fr. 50 c. à 7 fr. le millier. La latte de pin, venant du Haut-Pays, coûte 80 c. le fagot composé de cinquante lattes, ou 16 fr. le millier; la latte de pin du pays coûte 15 fr. le millier; elle est moins estimée. Le vime de belle qualité coûte 3 fr.

Presque tous les propriétaires sentent vivement le besoin de diminuer les frais de culture, ce qui ne peut avoir lieu sans changer le mode de la taille; mais aucun n'a osé encore opérer le moindre changement. La principale cause qui les arrête, c'est l'ignorance des ouvriers; ils sont tellement routiniers, que leur opposition à toute innovation serait un obstacle presqu'insurmontable.

Quant à la température la plus favorable à la vigne, c'est, pour l'hiver, des gelées qui ne soient pas trop rigoureuses; jusqu'à sept à huit degrés au-dessous de zéro la vigne ne souffre point; si, avant ces gelées, il n'y a pas eu de pluie abondante, on peut même dire que ces gelées sont utiles, en raison des insectes qu'elles détruisent. Pendant le printemps, une température douce et légèrement humide; des pluies trop abondantes, non-seulement rendent difficiles les façons de la vigne, mais encore elles font pulluler les escargots d'une manière extraordinaire. La fin du printemps et le commencement de l'été doivent être secs, sans être trop chauds; c'est l'époque de la floraison. Le reste de l'été doit avoir une température assez élevée; de légères pluies de temps en temps sont de la plus grande nécessité, surtout immédiatemement après la floraison et à l'époque où le raisin change de couleur. Pour que ces pluies soient bienfaisantes, il faut qu'elles soient suivies d'un temps couvert, si elles ont lieu dans le jour, car, après la floraison, des pluies de jour, suivies d'un soleil ardent, font noircir et tomber le verjus. A l'époque où le raisin change de couleur, elles sont cause qu'il s'échaude ou se dessèche complètement; or, le raisin échaudé fait de très-mauvais vin. Le commencement de l'automne doit être sec et d'une température chaude; des pluies abondantes feraient remonter la sève. Vers la fin de l'automne, quelques petites gelées sont assez utiles; elles hâtent la chute des feuilles et favorisent, de cette manière, le commencement de la taille.

Les vendanges du canton de Pauillac se font dans la première quinzaine de septembre.

Lorsqu'est venu le moment de commencer la vendange, il y a bien des précautions qu'il ne faut point perdre de vue. Si la saison se comporte favorablement, on doit attendre que les raisins et le sol soient secs, et que le temps paraisse assez assuré pour que les travaux n'aient pas d'interruption à redouter.

Un propriétaire, jaloux de soigner la qualité de ses vins, ne manque point de faire vendanger en deux ou trois reprises. En général, les premières cuvées sont les meilleures. Les raisins doivent être triés avec soin; un vendangeur intelligent ne coupe que ceux qui sont les mieux exposés et qui offrent des grains d'une grosseur et d'une couleur égales; il donne la préférence aux raisins mûris à la base des sarments. Les grains verts ou pourris ne sont point ramassés (1.

---

(1) Il n'en est pas de même pour les grands vins blancs; là, on récolte le mûr et le pourri, et ce n'est que lorsqu'il y a beaucoup de grains pourris que le triage recommence. Dans certaines communes, on donne a cette opération des soins tellement minutieux, que deux mois suffisent à peine pour compléter les vendanges.

Vendanges du Médoc.

CHAPITRE V. [1]

IMPORTANCE D'UNE SYNONYMIE DE LA VIGNE

ET TENTATIVES FAITES POUR SE LA PROCURER.

Sur le sujet important dont il s'agira dans ce chapitre, deux opinions bien tranchées partagent les naturalistes et, par suite, les viticulteurs.

Les uns ne veulent voir dans la vigne qu'une espèce unique, dont le type existerait dans l'Orient, si telle est l'origine de cette plante, ou dans nos contrées mêmes *(le vitis sylvestris labruseha)*, s'il fallait au contraire la considérer comme indigène. Pour ceux-là, tout ce que l'on désigne sous des noms divers ne serait que de simples variétés dues au climat, à la terre et au mode de culture.

Les autres admettent plusieurs types et considèrent comme autant d'espèces primitives, persistantes et parfaitement distinctes, la plupart des vignes admises dans les principaux vignobles ; celles que les viticulteurs reconnaissent dans tous les lieux et dans toutes les situations, malgré la diversité des noms qu'on a pu leur imposer.

Pour les premiers, la formation d'une synonymie exacte et complète de la vigne est, non pas seulement une œuvre

---

(1) Ce chapitre ne figurait pas dans nos deux précédentes éditions; nous le devons à M. A. Petit-Lafitte, qui l'a extrait, en l'abrégeant, d'un ouvrage sur la vigne, auquel il travaille depuis plusieurs années.

d'une difficulté extrême, mais même une œuvre tout-à-fait impossible.

Pour les seconds, ils croient que l'on pourra réussir dans l'accomplissement de cette œuvre, mais c'est à l'aide du temps, d'observations nombreuses et soutenues, et de travaux opiniâtres.

Un fait remarquable, c'est que les anciens, sur la question dont il s'agit, flottaient dans la même incertitude que les modernes, ainsi que le prouve ce passage de Pline : « Démocrite est le seul qui ait cru que l'on pouvait réduire » à un certain nombre les différentes espèces de vignes ; et » il se vantait de connaître toutes celles de la Grèce. D'au- » tres ont pensé que les différentes espèces étaient innom- » brables (1) et infinies, opinion que semble appuyer la » grande diversité des vins, etc... (2). »

Quoi qu'il en soit de la valeur de ces opinions, sur les- quelles nous n'avons pas à nous prononcer en ce moment (3), des tentatives nombreuses ont été faites, à bien des époques et dans bien des lieux, pour fixer la synonymie de la vigne, et c'est le résumé chronologique de ces tenta- tives que nous voulons présenter ici, avec d'autant plus de raison, que notre localité peut en revendiquer un très-grand nombre.

La première collection de vignes, fondée en vue de l'é- tude dont il s'agit, eut pour auteur le vénérable abbé Ro- zier. Le lieu choisi pour cette fondation avait été le petit domaine que le célèbre agronome possédait aux environs

---

(1) C'était l'opinion de Virgile : *Géorg.*, liv. 2, v. 103; – de Théophraste : *Hist. des plant.*, liv. 2, ch. 7; – de Columelle, liv. 3, ch. 2, etc...

(2) *Hist. nat.*, liv. 14, ch. 2.

(3) Voir l'*Agriculture*, année 1848, p. 249.

de Béziers, et sur la principale entrée duquel il avait écrit ces vers, du deuxième chant des Géorgiques :

« . . . . *Laudate ingentia rura,*
» *Exiguum colito.* . . . . »

Le plan que s'était tracé l'abbé Rozier, pour l'accomplissement de cette œuvre capitale, se trouve exposé notamment dans une lettre qu'il écrivait à Dupré de St-Maur, intendant de la province de Guienne, et comme lui animé du désir de rendre à la viticulture cet immense service.

Le 19 février 1771, une circulaire fut adressée, par l'administration centrale, à tous les intendants des provinces de France, pour les engager à prêter à l'abbé Rozier le concours qu'il pourrait réclamer d'eux, ajoutant : « Il pa-
» raîtrait, en conséquence, fort intéressant, qu'en rappro-
» chant les différentes espèces de raisins, on put parvenir
» à leur assigner, d'après des expériences faites avec le
» plus grand soin, une véritable distinction, s'il en existe,
» et une dénomination généralement admise. »

Les premières agitations de la Révolution vinrent surprendre l'abbé Rozier au milieu de ses travaux. Il vendit son bien en 1788, se retira à Lyon, dont il desservit plus tard une des paroisses, comme curé, et mourut durant le siége de cette ville, le 29 septembre 1793, écrasé dans son lit par une bombe.

En même temps qu'il aidait l'abbé Rozier de tous les moyens que mettait à sa disposition l'administration de l'une des provinces les plus remarquables par l'abondance de ses vins et la variété de ses vignes, Dupré de St-Maur travaillait aussi, de son côté, à la formation d'une collection de vignes. « Depuis 1777, M. de Latapie avait été » chargé par lui de former un champ pour la synonymie

» de la vigne, dans un local situé entre la porte St-Julien
» et la porte des Capucins, auquel aboutissait la rue du
» *Fagnas* (actuellement rue des *Augustines*). Cet établisse-
» ment donna lieu à l'ouverture d'une rue que l'on nomma
» rue *Botanique*, nom qu'elle porte encore (1). »

Bien peu de documents sont restés, dans lesquels on pourrait trouver les détails nécessaires sur l'entreprise de Dupré de St-Maur, et sur les résultats utiles de cette entreprise. En vain avons nous cherché dans les archives départementales, nous n'avons trouvé que deux fragments sans date. Le premier faisait partie d'une lettre que l'intendant écrivait à M. Aubert, contrôleur-général des impositions, et dans laquelle il lui disait notamment : «... Mon
» but n'est point de créer ainsi tout de suite, en Guienne,
» de nouveaux vignobles avec les cépages de la généralité
» de Paris ; mais seulement de me procurer des échantil-
» lons de toutes les espèces, pour en former des pièces de
» comparaison et pouvoir juger si les espèces différentes
» sont réellement aussi multipliées qu'on se l'imagine,
» etc... » Le second fragment a fait partie d'une note remise à l'intendant, et dans laquelle on lui faisait connaître, que ne sachant encore où déposer d'une manière définitive les cépages qui arrivaient, on en avait provisoirement mis deux paquets dans son jardin, où ils devaient être à l'abri de la gelée.

Au reste, voici comment M. de Latapie, lui-même, parlait du projet de Dupré de St-Maur : « Au nombre de ses
» projets réalisés, je citerai de préférence celui qui devait,

----

(1) Renseignements dus à M. Péry père, membre de la Société linnéenne de Bordeaux, etc.

» à juste titre , rendre son nom durable; c'est cette ma-
» gnifique réunion de plantes de toutes les espèces et va-
» riétés connues de la *vigne*, tant de celles que l'on cultive
» dans les diverses provinces de France, que de celles que
» l'on ne retrouve que dans les autres contrées de l'Eu-
» rope. Ce fut sous ses auspices, et avec ses secours aussi
» actifs qu'éclairés , que je dirigeai et étiquettai par pro-
» vinces environ *vingt-quatre mille plants* , chaque variété
» se répétant par quatre ou six. Après une douzaine d'an-
» nées d'observations constantes, accompagnées de dessins
» exacts et caractéristiques , l'Europe eût enfin joui de
» cette synonymie de la vigne, si nécessaire à l'agriculture,
» si ardemment désirée par les agronomes, et qui ne s'exé-
» cutera peut-être jamais (1). »

Rappelé en 1783, et remplacé par M. Camus de Neville,
Dupré de St-Maur ne put terminer son entreprise, que
vinrent troubler, du reste, les terribles événements de la
Révolution. Cependant l'honorable M. Péry père croit
beaucoup que tout ne fut pas perdu, et qu'il faut voir dans
l'ouvrage sur la vigne et les vins de Guienne, publié en
1785, par M. de Secondat, l'utilisation d'un grand nombre
des observations recueillies.

Une autre tentative du même genre fut résolue à Bordeaux par la Société d'Histoire naturelle (titre que prenait
alors l'Académie des Sciences, etc.), le 25 thermidor, an V.
Il s'agissait de former une collection dans le vaste enclos
de la Chartreuse , de la composer de trois mille cépages
déterminés , de les y faire figurer par deux ou par quatre

---

(1) Extrait d'un travail manuscrit de M. de Latapie, en possession de
M. Péry père, membre de la Société linnéenne, etc...

individus, d'ouvrir une souscription « pour faire graver
» toutes les principales espèces de plants de vignes, et en
» propager ainsi très-utilement la connaissance dans tous
» les pays où la vigne est cultivée. » Enfin, on estimait
qu'il aurait fallu quinze à vingt ans pour réaliser complètement cette entreprise; on faisait connaître le chiffre
de la dépense, etc... (1).

Mentionnons aussi la collection qui fut formée à la Pépinière départementale, en 1818, sous l'administration de
M. le comte de Tournon, préfet, qui compta jusqu'à six
cents plants, tant de la Gironde que d'ailleurs, et qui fut
détruite en 1827.

Mais voici l'entreprise capitale, celle du comte Chaptal,
alors ministre de l'intérieur, et de Bosc, la formation de
la grande collection du Luxembourg, à Paris, de 1820 à
1825. Pas plus qu'à Rozier, à Dupré de St-Maur et à Latapie, il ne fut donné à Bosc de terminer son œuvre. Quand
il mourut, en 1828, il n'avait encore décrit que quatre
cent cinquante espèces ou variétés, et fait dessiner que cent.
Ses notes, que lui seul pouvait mettre en ordre, resteront,
sans doute, sans utilité dans des mains qui, peut-être, en
ignorent la valeur (2).

Ce fut alors que la Société linnéenne de Bordeaux conçut l'idée d'utiliser les débris de la collection de Bosc, pour
former, elle aussi, par le concours et sur la propriété de
l'un de ses membres, l'honorable M. Bouchereau, au *Château de Carbonnieux*, la collection que l'on regarde aujour-

---

(1) *Journal de santé et d'histoire naturelle*, t. 2, p. 35.

(2) On trouvera des détails sur ce sujet dans le Dictionnaire d'agriculture, de Deterville, à l'article *Vigne*.

d'hui, avec juste raison, comme l'une des plus complètes
de toutes celles qui existent en France. Elle reçut de Paris, sur la demande de M. le baron d'Haussez, alors préfet
de la Gironde, cinq cent trente-quatre boutures, comprenant
deux cent soixante-sept des variétés réunies par Bosc.

En 1835, époque où l'état de cette collection fut l'objet
d'un rapport détaillé, présenté à la Société linnéenne par
une commission spéciale dont nous avions l'honneur d'être
rapporteur, elle comprenait (1) :

Espèces ou variétés françaises.   402
       »   étrangères.   25
       »   françaises et étrangères,
mais qu'on ne pouvait encore compter que par le
nombre des brins.   629

                        TOTAL.   1056

En 1843, M. Bouchereau remit au Congrès de Vignerons,
réunis à Bordeaux pour la deuxième session, un catalogue
méthodique de cette même collection, allant jusqu'au nombre neuf cent dix-neuf.

Lorsque M. le duc de Cazes fut nommé grand référendaire
de la Chambre des Pairs, il conçut l'idée de restaurer la
collection du Luxembourg. En 1844, un volumineux catalogue fut publié, renfermant les nouvelles richesses de
cette collection, et offrant des numéros d'ordre qui atteignaient le chiffre deux mille.

1848 et les années suivantes mirent plusieurs fois en
péril cette collection. On sait, en effet, que le Luxembourg
était le lieu où la patrie reconnaissante offrait du travail

---

(1) *Actes de la Société linnéenne*, t. 7.

au peuple de Paris, et l'on comprend que ce peuple, aussi bien que ceux qui le dirigeaint, ne pouvait avoir de grands égards pour la vigne, qu'ils voyaient, peut-être, pour la première fois, et dont la synonymie n'était pas de nature non plus à les intéresser beaucoup. Cependant l'intervention active de M. Bouchardat, de M. L. Leclerc et de la Société nationale et centrale d'Agriculture de Paris, parvint à la sauver, si non en totalité, au moins en grande partie, d'une destruction qui semblait devoir être complète.

Tous les œnologues connaissent de réputation au moins, et grand nombre même, comme nous, pour l'avoir visitée, la belle collection qu'a fondée, au *Château de la Dorée*, près de Tours (Indre-et-Loire), M. le comte Odart. Tous savent que c'est cette collection qui a servi de base au précieux ouvrage, en ce moment à sa deuxième édition, intitulé : *Ampélographie universelle, ou Traité des cépages les plus estimés dans tous les vignobles de quelque renom.*

Nous aurions pu aussi parler d'une autre collection fondée au Jardin botanique de Montpellier, en 1810, par le célèbre botaniste De Condolle, et qui réunit encore six cents noms, assez incertains du reste. Nous aurions pu parler, sans sortir de France, de celles de MM. Audibert, à Tarascon; de Mermety, à Dijon; Regner, à Avignon; Cazalis-Allut, à Montpellier; Yzarn de Capdeville, à Montauban; Tourrès, à Macheteau (Lot-et-Garonne); de celle de la Société d'Agriculture d'Angers; enfin, de plusieurs autres, dont l'importance s'accroît chaque jour, et qui ne peuvent manquer de hâter le moment où sera résolu le grand problème de la synonymie de la vigne, si mieux est que ce problème puisse effectivement avoir une solution.

A ces détails, déjà trop longs, peut-être, nous n'ajouterons qu'un mot : ce sera pour dire que nous aussi, et par l'autorisation qui nous en fut donnée le 25 janvier 1849, par M. le Préfet de la Gironde, nous avons formé, à la Pépinière départementale, *une collection de vignes, composée des variétés principales cultivées dans la Gironde, et aussi des variétés principales cultivées dans les autres grands vignobles de la France.*

Cette collection, destinée à des observations comparatives sur les foliations, floraisons, maturations, etc., etc., compte aujourd'hui quatre-vingt-huit types avec étiquettes, représentés chacun par deux sujets, et ayant déjà, la plupart, donné du fruit.

Après des faits de cette nature, après des efforts si multipliés pour la solution d'un problème, nous le répétons, qui présente les plus grandes difficultés, on doit être surpris de lire dans le *Cours d'agriculture,* de M. de Gasparin (t. 4, p. 604), comme conséquence de ce que vient de dire le savant agronome, au sujet de la collection du Luxembourg, à Paris : « Il faudrait qu'un double de la collection » fut établi dans nos provinces méridionales, pour con- » trôler les résultats les uns par les autres, et pour obtenir » la maturité des cépages qui ne peuvent pas mûrir sous » le climat de Paris. »

Certes, en présence des difficultés sans nombre que présente l'établissement d'une bonne synonymie de la vigne, l'achèvement d'un travail auquel la vie d'un homme, pour aussi longue qu'elle fût, ne saurait suffire, il était bien un autre regret que l'on pouvait exprimer, que nous formulâmes nous-même dans notre rapport à la Société linnéenne, en 1835, et que nous répétons ici : c'est que ce travail n'ait point été entrepris par quelqu'une de ces corporations religieuses que l'on sait, autrefois, avoir donné en ce genre des exemples qui ne pourront jamais être imités.

CHAPITRE VI.

ARRONDISSEMENT DE BORDEAUX.

Cet arrondissement est borné : au nord, par celui de Lesparre ; au couchant, par l'Océan ; au levant, par l'arrondissement de Libourne et celui de La Réole ; au midi, par celui de Bazas et par le département des Landes. Son étendue est de 419,113 hectares ; le terrain est très-varié ; dans la partie de l'ouest, il est couvert d'un sable en partie vitrifiable et de landes ; sur le bord des rivières, de terres fortes ; sur les coteaux, de terres calcaires, glaises et graveleuses. Ses productions diffèrent suivant la nature du sol ; elles consistent en vins, froment, seigle, maïs, avoine, foin, légumes, fruits à pepins et à noyaux, bois, œuvre et oseraies. Il possède de belles carrières de pierres dures ; elles sont situées principalement le long de la rive droite de la Garonne.

Cet arrondissement est divisé en treize canton, en dix-neuf justices-de-paix, et contient cent cinquante-deux communes ; sa population est de 296,532 habitants. On compte 37,052 hectares consacrés à la culture de la vigne.

Bordeaux (1), chef-lieu de préfecture, est situé sur la

(1) La consommation de Bordeaux a été en 1850 de 246,275 hectolitres de vin, et en 1851 de 251,730.

rive gauche de la Garonne, à 11 myriamètres et demi environ de l'embouchure de la Gironde, et à 56 myriamètres sud-ouest de Paris. Son port est l'un des plus grands et des plus beaux de l'Europe ; il peut contenir jusqu'à mille vaisseaux. La Garonne y forme un bassin de 1 kilomètre de largeur et d'environ 6 kilomètres de longueur, en forme de croissant ou demi-lune, où les navires marchands les plus considérables peuvent mouiller avec sûreté et commodité.

On ignore la date de la fondation de Bordeaux, mais cette ville existait dès le temps d'Auguste.

—

VINS DE COTES.

La chaîne de coteaux très-élevés qui s'étend le long de la rive droite de la Garonne, depuis la commune d'Ambarès, canton du Carbon-Blanc, jusqu'à l'arrondissement de La Réole, produit les vins qui sont généralement connus dans le commerce sous le nom de *vins de côtes*. Ces vins se font du produit d'un grand nombre de cépages aussi diversifiés qu'il y a presque de communes. On les estime plus comme bons vins ordinaires que comme vins fins ; leurs qualités diffèrent en raison de leur exposition, du terrain sur lequel on les récolte et de ce que certains plants y dominent plus ou moins ; en général, ils sont fermes et colorés, mais quelquefois durs jusqu'à l'âpreté ; ils acquièrent pourtant de la qualité en vieillissant. Il s'en fait des expéditions considérables pour la Bretagne, la Normandie, la Hollande et les ports de la mer Baltique. Au nombre des vins de côtes, le commerce de Bordeaux comprend également ceux qui se récoltent dans les vignobles situés le long de la Dordogne, depuis l'arrondissement de Blaye jusqu'à Fronsac ;

mais ces vins rentrent dans la classe des vins ordinaires, à l'exception de quelques communes, telles que *Saint-Gervais*, *Saint-André-de-Cubzac*, *Saint-Romain*, *Cadillac*, *Saint-Germain* et *Saint-Aignan*, qui produisent des vins moelleux, agréables et d'une couleur vive.

Les communes de *Bassens* et de *Cenon* donnent les meilleurs vins de côtes; ils se distinguent surtout par leur couleur. Ils conviennent pour la Hollande, pour le Nord et pour la cargaison. Ceux récoltés dans les communes de *Floirac*, de *Bouillac* et de *La Tresne*, sont inférieurs aux précédents, ayant même un peu le goût de terroir.

La commune de *Carignan* produit une faible quantité de vin.

On assimile les vins qui se récoltent sur les coteaux de *Camblanes* à ceux de Bassens; ils ont cependant plus de corps et de couleur, mais un peu plus de dureté.

Quinsac fournit, dans son ensemble, des vins un peu inférieurs à ceux de Camblanes. Les uns et les autres s'expédient en Hollande, au nord de l'Europe et pour la consommation intérieure.

Les communes de *Cambes*, *Baurech*, *Tabanac*, *Le Tourne*, *Langoiran*, *Paillet*, *Rions*, *Beguey*, *Cadillac*, *Loupiac*, *Sainte-Croix-du-Mont*, *Créon*, *Verdelet*, *Targon*, produisent peu de vins rouges; ceux qui s'y récoltent, quoique assez colorés, sont, à quelques exceptions près, d'une qualité ordinaire ou fort communs, ayant un goût de terroir et une saveur dure.

—

VINS DE PALUS.

Nous l'avons déjà dit, la nature a spécialement consacré le département de la Gironde à la culture de la vigne; les

vignobles y prospèrent dans tous les terrains, dans les graves, sur les coteaux, et même dans le sol d'argile qui borde
les rivières de la Garonne et de la Dordogne. Ces rivages
plantureux, qui ont conservé le nom latin de *palus*, por-
duisent des vins rouges justement appréciés.

PREMIÈRES PALUS.

La première de toutes les palus est celle des *Queyries*,
située vis-à-vis Bordeaux. C'est cette langue de terre qui,
des coteaux du Cypressat, s'avance sur la rive droite du
fleuve, vers le magnifique croissant que forme le port. Les
vins de Queyries prennent rang après les crûs distingués
du Médoc et des graves ; ils sont riches, généreux, colorés,
longs à se faire, et d'une *tenue* ferme. Ils se recommandent
surtout par le bouquet, dont le développement exhale une
délicieuse saveur très-prononcée de framboise ; très-vieux,
ils ne craignent pas de rivaux. Alors que les voyages de
long-cours étaient moins rapides, les Queyries étaient très-
recherchés ; on aurait eu crainte d'exposer longtemps aux
ardeurs tropicales des vins plus légers ; on en faisait même
revenir d'outre-mer, pour leur donner, par ce double
voyage, une haute valeur très-renommée.

On les emploie avec succès pour les *coupages* avec les
Médoc usés ou trop faibles, avec qui ils ont des analogies
avantageuses ; mais depuis que les vins de l'Hermitage et
du Roussillon abondent sur le marché de Bordeaux, les
Queyries sont négligés par le commerce ; les Hermitage
ou Roussillon étant beaucoup plus chauds, il en faut moins.
Cette économie est, du reste, mal entendue, parce que
ces derniers vins n'ont pas cette délicatesse de sève qui
perfectionne en fortifiant. Le mérite des vins de Queyries
tient plus particulièrement à ce que dans les bons crûs on

ne cultive, pour les premiers vins, qu'un seul cépage, nommé *Verdot,* le premier des raisins de palus. Depuis que la vente de ces excellents vins est moins facile, les propriétaires sont contraints de viser à la quantité, et plantent des cépages plus productifs et plus communs.

Dans les alluvions plus récentes, cotoyant le fleuve, là où le Verdot ne peut mûrir, on cultive la Vidure, le Merlau, le Malbec ou Mauzat, et autres gros cépages, qui produisent un vin léger inférieur au premier; les propriétaires et le commerce ne confondent jamais ces deux catégories bien distinctes.

Les vins de palus ont besoin de rester en tonneau six ou huit ans pour acquérir une maturité convenable; mis en bouteilles, ils se conservent ensuite longtemps. Les produits de ces vignobles sont plus éventuels que ceux des autres contrées du département; constamment humectée dans l'hiver, la vigne y est bien plus sensible que dans les terrains élevés, et, par conséquent, plus exposée aux gelées du printemps et à la coulure occasionnée par les brouillards, qui, de la surface des rivières, se répandent sur les plaines qui longent le cours des eaux.

La plantation se fait d'ordinaire à la barre, avec des boutures ou des *barbeaux.* Au bout de trois ou quatre ans, les produits couvrent déjà les frais. A la taille, on laisse trois sarments; celui du centre monte verticalement, les deux autres forment l'éventail. On lie chaque sarment à un fort échalas, qui n'a pas moins de 2 à 3 mètres de hauteur et qui s'enfonce profondément en terre, précaution nécessaire pour résister à la violence des vents. On donne trois labours aux vignes de palus, le plus souvent à la charrue, quelquefois à la houe. Quand elles ont été travaillées à l'araire, on retourne à la bêche la terre restée entre les pieds. Elles n'ont point besoin d'engrais. Un grand nombre d'hectares dans les palus ne donnent guère au-delà de deux tonneaux ; mais il est de bonnes terres qui rendent jusqu'à quatre.

Le prix du tonneau est le plus souvent de 150 à 200 fr. pour les palus ordinaires, et de 200 à 250 fr. pour les bons crûs de Qùeyries et de Montferrand.

Quant aux frais de culture dans les palus, après des recherches multipliées à cet égard, nous n'avons rien trouvé qui puisse en donner une meilleure idée que le relevé suivant, inséré dans l'importante *Statistique de la Gironde*, de M. Jouannet, et qui se rapporte à un vignoble de dix journaux en petites joualles, situé dans la palu de Cadaujac.

Les dix journaux, année ordinaire, rendent 15 tonneaux, à 160 fr. l'un. . . . . 2,400^f »^{c}

Frais de culture et autres à déduire :

Contributions, chemins, charges municipales.	90^f »^{c}	
Entretien des fossés , clôtures, menus frais de voyage.	100 »	
Façons des vignes : taille, œuvre, trois labours de bêche, à 40 fr. chaq. façon.	400 »	
Provins, barbeaux.	30 »	
Achat de l'œuvre, 15 douzaines.	238 »	
Achat du vime, 8 gerbes.	24 »	2,014 50
60 Barriques, à 11 fr. 50 c. l'une. . .	690 »	
Frais de vendange, 11 fr. 50 c. par tonneau (compris l'entretien des bastes , barriques de piquette, etc.).	172 50	
Courtage, 2 p. º/₀.	48 »	
Buvante, tirage au fin, ouillage, frais d'ouillage , 5 p. º/₀.	120 »	
Port à Bordeaux et accompagnement. .	30 »	
Escompte, 3 p. º/₀ du prix des 15 ton. .	72 »	

RESTE NET. . . . . 385^f 50^c

C'est-à-dire 38 fr. 55 c. par journal bordelais, revenu qui répond à 3 fr. 85 c. p. %, de la valeur foncière. Les autres frais, entretien des bâtiments, etc., intérêt des avances, sont couverts par quelques ressources en sarments, en légumes, en grains, et par un peu d'œuvre que recueille le propriétaire. (Tous les bois servant à l'échalassement prennent le nom d'œuvre.)

Les bons vignobles de palus, dans les deux grandes vallées, offrent à-peu-près le même rapport des frais au produit brut, variant de 80 à 85 p. %; mais il en est beaucoup qui, plus exposés aux gelées et aux inondations, sont loin d'offrir un revenu comparable à celui du vignoble que nous venons de citer, et le propriétaire n'y couvre pas toujours ses frais. Pareils terrains, naturellement productifs, convertis en prairies, recevraient une destination plus utile.

PREMIÈRE CATÉGORIE.

VINS DE QUEYRIES.

1ers CRUS.

Noms des Crûs.	Noms des Propriétaires.	produits moyens	
Lambert	De Moyeucour	6 à	7 tx
Farouil	Bouthier	16	18
Silvestre	Galtier	18	20
Jones	Nard	10	12
Lacan	Dasvin	12	14
Pineau	De Pineau	30	35

2mes CRUS.

Millas	Bichon	35	40
Lachabanne	Hourquebie	36	38
Peixotto	Bosc	12	14
Luques	Dutrouilh, médecin	20	22
Lauzac	Faure	22	25
Navarre	Lalande	6	7
Pêche	Balguerie	30	36
. . . . . .	Chapella	15	20
. . . . . .	Vène	20	24

DEUXIÈME CATÉGORIE.

TERRAINS D'ALLUVIONS.

Noms des Crûs.	Noms des Propriétaires.	produits moyens	
Brustis.	Castelnau d'Essenault.	25 à	30 tx
Pineau.	De Pineau.	20	25
Pleu.	Feaugas.	20	25
Béchade.	Routhier.	35	40
Delezé.	Galtier.	20	25
Navarre.	Lalande.	14	16
Peixotto.	Bosc.	26	28
Lacan.	Dasvin.	8	10
Pêche.	Balguerie.	16	18

DEUXIÈMES PALUS.

Montferrand et Bassens. Les vins de ces deux communes forment la seconde classe des vins de palus, jadis très-demandés pour Saint-Domingue et pour les colonies; ils sont en général le produit des cépages connus sous le nom de *Gros* et de *Petit-Verdot;* ils valent environ 40 à 60 fr. de moins (le tonneau) que ceux des Queyries de la première catégorie. Ils ont beaucoup de couleur et de corps; ils trouvent emploi dans les expéditions pour la Hollande ou pour le Nord, et dans celles pour les îles de France et Bourbon. Ils s'améliorent à la mer, et demandent, lors-qu'on ne les embarque pas, six ou sept années de séjour en barrique avant d'être prêts à boire. Les principaux propriétaires sont :

A Montferrand.

Lafon.	20 à	25 tx
Plantevigne.	50	60
De la Seiglière.	50	60
Aymon.	20	30
H. Devès.	40	60

De Brane.	50	à 60 tx
Peter et H. Raba.	40	60
Guignard (autrefois Fonfrède).	140	150
Troplong.	30	35
De Bastard.	120	150
Brannens.	80	100
Castaincau.	40	50
Courtès.	40	60
Hyacinte Devez.	30	50
Drouillet de Sigalas.	40	60
Théodore Dupuy.	30	40
E. Duroy.	50	70
Gagneron.	60	80
Gonzalès.	40	50
Gradis.	100	120
Groulié.	20	30
Lapeyre.	40	60
De Lignac.	35	40
Maccarthy.	20	30
Maillère et Mories.	100	150
Veuve Malescaut.	25	40
Bourdil.	30	40
Ducasse.	40	50
Comte de Peyronnet.	160	180
Mengar.	20	25
Promis.	120	140
Chariol.	18	20
Louradour.	20	25
Mme de Fumel.	25	30
Chalus.	12	15
Pontet.	12	15

A Bassens (palus).

Héritiers du général Avril.	20	30
Bichon.	35	40

Bordes.	40	à	50 tx
Chauvet.	80		100
Cottineau.	60		80
Daëne.	25		30
Ferrière.	25		30
Fieffé.	30		40
Guillori.	40		50
Heliès.	35		40
Ladonne.	50		70
De Monbrun Lavalette.	38		45
Veuve Rodrigues.	40		50
Hte Rodrigues.	25		30

Les terrains de Bassens, plus éloignés de la rivière, donnent des vins de côtes estimés. Voici les noms des propriétaires de quelques vins des principaux domaines :

Basselère.	30	à	35 tx
Mme de Connilly.	60		70
Drouet.	50		60
Durand (Olivier).	50		60
Espinasse.	40		50
Fabre.	50		60
Guiraudin.	40		50
Lentz.	40		50
Majesté.	50		60
De Sarraud.	35		40
Sclafer.	30		35
Rivière.	30		53

TROISIÈMES PALUS.

Quinsac.

Camblanes.

Bouillac.

Ambès.

Saint-Gervais (les premiers crûs de cette commune).

Les Valantons.

Bacalan.

Ils sont connus sous le nom de bons vins de cargaison ; ils possèdent de la force et de la couleur, mais plus de dureté ; ils conviennent pour les colonies et pour le Nord.

QUATRIÈMES PALUS.

Macau.	Saint-Loubès.
La Tresne.	Ison.
Beautiran.	

Ils mûrissent plus rapidement que ceux dont nous venons de parler, et il en est qui peuvent, au bout de quatre ans, être mis en bouteilles ; leur couleur est assez bonne et ils ne manquent pas de force, mais parfois ils s'y rencontre un goût de terroir. Ils s'utilisent comme vins de cargaison et se répandent dans la consommation intérieure.

CINQUIÈMES PALUS.

Saint-Gervais.	Asque.
Cubzac.	L'île Saint-Georges.
Saint-Romain.	

Vins corsés et dont la couleur est assez bonne ; mais communs et durs, et plus ou moins affectés de goût de terroir. La Bretagne et la Hollande les demandent ; le nord de la France en reçoit aussi et les coupe avec des vins blancs.

Les communes suivantes sont situées entre les deux rivières, dans le canton du Carbon-Blanc, sans avoir la qualification d'Entre-deux-Mers, vu leur supériorité ; ce ne sont cependant ni palus, ni côtes.

Les paroisses d'Ambarès et de La Grave ont été réunies, en 1817, en une seule commune ; elles donnent des vins qui, récoltés dans une plaine graveleuse, ont une belle

GRANDS VINS

de

MEDOC

couleur et assez de corps. Voici les noms des principaux domaines : Belair, 40 à 50 tonneaux ; Château-Formont, 30 à 35 ; le Tillac, 30 à 35. On range un peu au-dessous le Château du Gua, 35 à 40 tonneaux ; la Gorpe, 40 à 45 ; Terrasson, 35 à 40 ; le Château de Saint-Denis, 50 à 60 ; Barrail, 40 à 45 ; Lousteau-Neuf, 30 à 40, etc. Production totale, 1500 à 2000 tonneaux.

Sainte-Eulalie. (Ces vins sont plus colorés et plus vineux que les précédents.)

Dans les communes de Saint-Loubès, Saint-Sulpice-d'Ison et Montussan, on trouve quelques crûs distingués ; mais, en général, ils sont inférieurs à ceux dont je viens de parler.

—

VINS DE MÉDOC.

A deux lieues nord-ouest de Bordeaux est la commune de Blanquefort, où commence le Médoc. Le Médoc est formé de cette partie du département qui se trouve entre la Gironde et le golfe de Gascogne. C'est une langue de terre qui s'avance au milieu des eaux ; elle a la forme d'un cône renversé, dont la base, en partant de Blanquefort, va se terminer à La Teste, et peut avoir 60 kilomètres de largeur.

Le Médoc n'offre qu'une vaste plaine, coupée vers le bord de la Gironde par des coteaux qui produisent les meilleurs vins. Ces coteaux sont couverts d'une terre légère, entremêlée d'un grand nombre de cailloux de forme ovale, de 3 centimètres de diamètre, et d'un blanc grisâtre. A 60 ou 70 centimètres de profondeur, on trouve une terre rouge, d'une espèce ferrugineuse, sèche et compacte, en-

tremêlée de cailloux qui semblent y être identifiés. La seconde qualité du terrain des vignobles est un sable vif et
graveleux. A 50 centimètres de la surface, on trouve, dans
certaines parties, un fonds argileux ou glaiseux; dans d'autres, un sable mort. Nulle part on ne rencontre un terrain
plus varié dans la qualité et dans les productions. Les
propriétés y sont toutes divisées. Les 50 journaux de vignes d'un même propriétaire sont très-souvent enclavés,
par petites parties, dans les 50 journaux d'un autre particulier. Il y a des communes dont les produits fonciers
sont très-abondants, tandis qu'à côté on en voit de très-
pauvres. Il n'est pas rare de voir, dans un même champ,
des veines stériles à côté d'autres fort productives. Il en
est de même de la qualité et de l'estimation des vins. Tel
individu dont les vins sont rangés dans la première classe,
renferme, dans une partie de ses vignes, des rayons qui
appartiennent à un autre propriétaire dont les vins sont
moins recherchés, quoique la nature du sol semble la même.
La culture des vignes du Médoc diffère de celle qui est en
usage dans les autres parties du département ; nous sommes
déjà entrés dans des détails circonstanciés à cet égard. Bor-
nons-nous à dire que l'arbuste est très-peu élevé, le pied
n'a guère que 30 centimètres de hauteur. Il est soutenu
par un piquet ou *carasson*. Des lattes de pin, de 2 mètres
et demi à 3 mètres et demi, sont fixées latéralement sur ces
piquets et forment une ligne continue d'un bout de sillon à
l'autre. L'osier lie le pampre à la latte et au *carasson*.
Alors la vigne ne présente qu'un espalier d'un demi-mètre
de haut dans toute la longueur du sillon. Cette opération commence en décembre et finit fin février. Dès le
mois de février, les bœufs donnent les quatre labours à la
vigne (faire *les cabaillons* et *abriger*); mais comme la courbe

ne peut entièrement dégager les pieds, qu'il faut user, d'ailleurs, de précaution pour ne pas arracher ou attaquer la racine, le vigneron passe après les bœufs pour déchausser le cep (tirer *les cabaillons*). En juillet et août, on épampre la vigne et on la relève, c'est-à-dire qu'on dégage le cep et les grappes enfoncées dans la terre, et qu'on assujettit aux échalats les pampres vineux que le poids des grappes en a détachés. Les vignes du Médoc sont, comme toutes les autres, exposées aux gelées, aux brouillards et à tous les accidents qui frappent les autres vignobles; mais le plus redoutable dépend de la température de l'été. Lorsque la vigne est échappée à la rigueur de l'hiver, aux incertitudes du printemps et aux dangers des brouillards; lorsqu'enfin le cultivateur est à la veille de jouir de ses peines et d'être affranchi de ses sollicitudes, si l'été est pluvieux, ou si, à l'époque des vendanges, les pluies font remonter la sève, il n'y a plus de proportions dans la qualité et dans le prix des vins, parce qu'ils n'ont plus ce bouquet, cette délicatesse et cette couleur qui les distinguent. Les vignes du Médoc ne produisent guère que 456 litres (un demi-tonneau) par 32 ares (1 journal). Le terrain est maigre et aride. Les propriétaires, pour conserver aux vins leur réputation et leur qualité, sont assujettis à ne renouveler les pieds de vigne que par dixième. Il en est de même pour les engrais. S'ils agissaient différemment, les vins perdraient leur prix, parce que la vigne ne produit, en effet, des vins délicat que lorsque ses racines ont pénétré assez profondément dans la terre, et lorsqu'elle a pris assez d'âge et de consistance pour contracter le goût du sol. Dans tous les vignobles du département, qui ne sont pas des grands crûs, on spécule sur la quantité; dans le Médoc, au contraire, ce n'est que sur la qualité.

Le *Carmenet*, la *Carmenère*, le *Malbeck* et le *Verdot*, sont les cépages généralement cultivés dans ces plaines du Médoc, dont les produits jouissent d'une si haute réputation. Ces vins célèbres, parvenus à leur plus haut degré de qualité, doivent être pourvus d'une belle couleur, d'un bouquet qui participe de la violette, de beaucoup de finesse et d'une saveur extrêmement agréable ; ils doivent avoir de la force sans être capiteux, ranimer l'estomac en respectant la tête, en laissant l'haleine pure et la bouche fraîche. Le transport par mer, écueil ordinaire de plusieurs des meilleurs vins de France, n'altère point la qualité des vins fins du département de la Gironde ; il contribue, au contraire, à améliorer ceux qui, dans le principe, sont d'une classe inférieure. Les vins de Médoc ont toutefois leurs défauts, dont le plus grand, sans doute, est d'être de peu de durée ; ils tendent à leur décomposition après la sixième et septième année ; cependant cette règle souffre beaucoup d'exceptions, puisque certains crûs se conservent au-delà de douze ans.

Les frais de culture d'un *prix-fait* (1) de vignes, dans la commune de Soussans, peuvent se calculer comme suit :

AVANCES ANNUELLES.

Pour la main-d'œuvre d'un prix-fait (2)...... 126ᶠ »ᶜ
— 7000 carassons, à 7 fr. 50 c. le millier.. 52 50

A reporter............ 178ᶠ 50ᶜ

(1) On compte en Médoc par prix-fait ; il est composé de 8 journaux ; le journal (32 ares) contient trois mille pieds de vigne.

(2) Le vigneron reçoit 42 écus par tiers : les premiers 42 fr., au moment où il commence à tailler la vigne ; les seconds, aussitôt que la taille est finie ; et les troisièmes, lorsque la vigne est entièrement arrangée et

Report............	178ᶠ 50ᶜ
Pour 12 gerbes de vime, à 3 fr. 50 c. la gerbe.	42 »
— 12 gerbes de plians, à 1 fr. 50 c. la gerbe.	18 »
— 4000 lattes, à 22 fr. le millier...........	88 »
— quatre façons de labour, à 12 c. et demi les 100 pieds de vigne (24 mille).......	120 »
— fumer, par an, 2000 pieds de vigne, à 9 fr. le millier.................. 18ᶠ — 15 charretées de fumier, à 7 fr. la charretée (1)................. 105	123 »
— 50 journées à tirer le chiendent (herbe), etc., à 10 sols la journée..............	25 »
— 50 journées à tirer les escargots et éche- niller la vigne, à 10 sols la journée..	25 »
— relever et épamprer la vigne, et pour déchausser le verjus, 200 journées à 10 sols la journée.....................	100 »
— le transport des œuvres, le prix-fait....	100 »
— frais de vendange, le prix-fait...........	50 »
— 24 barriques à 60 écus la douzaine (2)...	360 »
A reporter............	1,229ᶠ 50ᶜ

prête à recevoir le labour des bœufs. Pour ces 126 fr. (terme moyen ; certains propriétaires paient jusqu'à 150 fr.), le vigneron ou *prix-faiteur* est obligé de *tirer les caballions*, c'est-à-dire ôter la terre que la charrue laisse au pied de la vigne. Il jouit d'un logement, d'un jardin et de quelques autres avantages. A l'exception de la taille, du *paulage* ou échalassement, du *pliage* et du *maillage* (ligature, avec l'osier, du sarment au piquet et à la latte), tous les frais sont à la charge du propriétaire ; ils varient suivant les localités.

(1) Il y a des endroits du département où la charrette de fumier s'est payée jusqu'à 14 fr., tandis que dans d'autres elle ne vaut que 4 fr.

(2) Prix qui varie souvent d'une manière sensible d'une année à l'autre ; on l'a vu à 40 et à 65 écus.

Report.................	1,229ᶠ	50ᶜ
Pour le transport des barriques.................	9	»
— le rabattage des vaisseaux vinaires.......	15	»
— les impositions.............................	50	»
— transporter 24 barriques de vin du cellier au bateau, à 2 fr. les 4 barriques.	12	»
— le transport à Bordeaux, à 2 fr. 25 c. les 4 barriques........................	13	50
— un pot de vin aux matelots, par tonneau, à 1 fr. le pot, 6 pots....................	6	»
— le conducteur qui accompagne le vin à Bordeaux..............................	3	»
— le courtage, à raison de 500 fr. le tonneau, à 2 p. 100......................	60	»
— l'escompte à 3 p. 100 de 3,000 fr........	90	»
— l'entretien des clôtures et autres cas imprévus.	25	»
Total...............	1,513ᶠ	»ᶜ

PRODUIT BRUT.

Le prix moyen de 912 litres (1 tonneau) de vin est de 500 fr.; le prix-fait produit, récolte moyenne, 54 hectolitres 72 litres (6 tonneaux) de vin............. **3,000ᶠ »ᶜ**

PARTAGE DE CE PRODUIT BRUT.

1° Pour les avances annuelles......	1,513ᶠ	»ᶜ
2° — les intérêts des avances annuelles, à 5 p. 100.....	75	65
3° — le renouvellement de la vigne et la privation du revenu..................	200	»
A reporter......	1,788ᶠ	65ᶜ

Report.......... 1,788ᶠ 65ᶜ

4° Pour indemnité des pertes causées par la grêle, la ge-
lée, etc., le 20ᵉ du pro-
duit brut............... 150 »
──────── 1,938ᶠ 65ᶜ

PRODUIT NET d'un prix-fait, ou 8 journaux. 1,061ᶠ 35ᶜ

—

BLANQUEFORT.

Cette commune, qui fait partie du Médoc, est éloignée
de 10 kilomètres de Bordeaux, vers le couchant; elle est
bornée : au nord, par les paroisses du Pian et de Parempuyre; au sud, par les communes de Bruges et d'Eyzines;
à l'ouest, par celle du Taillan; et à l'est, par la Garonne,
qui reçoit le ruisseau de la Jalle, dont les eaux arrosent
la partie méridionale de cette commune. Le sol est un
fonds de grave rouge et blanche, mêlé en quelques endroits
d'argile et de sable.

Blanquefort produit à-peu-près 1000 à 1200 tonneaux
de vin, dont 350 à 500 de vins blancs, connus sous la dénomination de vins blancs de graves. Ils sont généralement
très-bons, secs et agréables, et ne manquent point de feu
ou de montant; les consommateurs du Nord en font grand
cas, parce qu'ils y trouvent réunis le moelleux, l'agrément,
avec plus de corps que n'en possèdent les autres vins blancs
de graves. Le premier crû de cette commune est celui de
Dariste, connu autrefois sous le nom de Dulamon. Les
vins rouges sont d'une qualité intermédiaire; la plupart
sont exempts du goût de terroir qui domine dans quelques

vins de côtes et de bas-fonds. Ils ont une belle couleur et un bouquet qui se développe tard, et d'une manière bien prononcée, après quelque temps de bouteille. On les exportait autrefois en Amérique, surtout lorsqu'ils avaient deux ou trois ans; maintenant on les envoie dans le Nord, où ils sont appréciés.

1995 hab^{ts}. — 1000 à 1200 ton. de vin. — 8 kil. de Bordeaux.

(Disons, une fois pour toutes, que dans la liste qui va suivre et dans celles qui concerneront les autres communes, la première colonne désigne les noms des domaines ou de leurs anciens propriétaires, et quelquefois ceux des localités où ils sont placés; la seconde colonne fait connaître les noms des propriétaires actuels; la troisième indique la quantité des tonneaux recueillie, année commune, sur chaque bien.— Les propriétés sont énumérées suivant l'importance de la production).

VINS ROUGES.

Dulamon.	Albrecht.	90 à	110 tx
Fleurennes.	Tastet.	75	90
Terrefort.	Seignouret.	65	75
Château-St-Ahon. . .	De Matha.	40	50
Olivier.	Aviragnet.	30	40
Linas.	Clossmann.	30	40
Montheuilh.	Wuillaume.	30	40
Cholet.	Béchade.	30	40
Château-Dehez. . . .	Delisse.	30	40
Curgan.	Lafon.	25	30
Clapot.	Chauvot..	35	40
Maurian.	Dégrange-Touzin. . .	20	25
Château-Breillan. . .	Portal.	30	40
Lafargue.	Tessié.	25	30

Palu–Baubens.	Grimail.	20	à	25 tx
Dasvin-Bélair.	Béchade.	15		20
Palu de la Jalle. . . .	Portal.	20		25
Duportail.	Courregolles.	15		20
Frichon.	Ginoulhiac.	15		20
Salesse.	Idem.			
Arboudaut.	Ferry (Antoine). . . .	12		18
	Ferry (Jean).	12		18
	Meymat (Pierre). . . .	12		18
Laubarède.	Vignes.	15		20
Réaud.	Brannens.	12		15
Lagoublaye.	D'Albessard.	10		15
Somos.	Veuve Tastet.	10		15
Canteret.	Bidou.	10		12
Malajème.	Baziadoliq.	10		15
Vendure.	Aquart.	10		15
Cambon.	Larrieu.	10		15
Chollet.	Boulla.	8		10
Muratel.	De Pichon.	6		10
Mataplan.	Delisse.	5		10
Taveau.	Marrauld.	5		10
Bonnard.	Héritiers Bonnard. . .	5		10
Badin.	Badin.	8		10
Divers petits proprié- taires, dont plusieurs font de 5 à 10 tonneaux.	. . . .	225		250

VINS BLANCS.

Dulamon.	Albrecht.	15	20
Montheuil.	Wuillaume.	15	20
Lagoublaye.	D'Albessard.	5	8
Vendure.	Aquart.	5	8
Lafargue.	Tessié.	5	8
Château–St-Ahon. . .	De Matha.	5	10
Cholet.	Béchade.	4	6

6

LUDON.

Cette commune, à 8 kilomètres de Blanquefort et à 25 de Castelnau, est aussi dans le territoire médoquain ; elle est bornée : au nord, par Macau ; au sud, par Parempuyre ; à l'est, par la Garonne ; et à l'ouest, par la paroisse du Pian.

Elle ne produit que des vins rouges d'une bonne qualité. Ils ont plus de couleur et plus de sève que ceux de Macau, et ils l'emportent de beaucoup sur ceux de Blanquefort, de la même couleur. Cette supériorité s'explique par la nature du terrain qui est plus généralement graveleux, bien qu'on y trouve aussi, mais en moindre étendue, des marais et des palus. La Hollande fait grand cas de ces vins, parce qu'elle y trouve réunies les qualités qu'elle désire particulièrement rencontrer dans les vins qu'elle consomme, c'est-à-dire la couleur, le moelleux et le goût aromatique, et parce qu'ils sont, en outre, presque toujours sans *verdeur,* ce qui, pour les gourmets d'Amsterdam, est un défaut qu'aucune autre qualité ne saurait racheter. A six ou sept ans, ces vins se sont assez développés pour pouvoir être mis en bouteilles.

Dans les temps de la féodalité, le seigneur de Ludon possédait seul le privilége d'embarquer ses denrées au port de Ludon ; les *vilains* étaient forcés de se rendre à Macau pour charger les leurs.

1093 hab^ts. — 350 à 500 ton. de vin. — 12 kil. de Bordeaux.

Château-d'Agassac. . .	Richier (1)	150 à 200 tx	
Paloumey.	Aguirre Vengoa et Uribaren.	40	50
La Lagune.	Mme veuve Joffrey. .	30	40

(1) Ce domaine a été adjugé, le 13 janvier 1853, à M. Richier, moyennant la somme de 878,000 fr.

Darche.	Eymond.	30	à 40 tx
Au bourg.	Mme Ve de Bacalan. .	20	30
Darche.	Les héritiers Larausa.	18	22
Idem.	Larausa Mathieu , dit Maçon.	15	20
Bisaudun.	Férussac de Gravol. .	15	20
Village de Lafon. . .	Bethmann.	15	18
La Lagune.	Jouny.	12	15
Darche.	Labouthe.	12	15
Lataste-Canteloup. . .	Les héritiers Constantin.	10	12
Idem.	De St - Georges. . . .	6	8
Darche.	Doumeret, boucher. .	6	8
Idem.	Trevié.	6	8
Village de Lafon. . .	Devignes.	6	8
Idem.	Veuve Larausa. . . .	6	8
Idem.	Lestage.	6	8
Au bourg.	Vignolles, forgeron. .	5	6
Idem.	Andraut.	5	6
Paloumey.	Goubineau , charpentier.	5	6

Divers petits propriétaires récoltant 4 tonneaux et au-dessous.

—

LE TAILLAN.

Cette commune du Médoc est située à l'ouest de celle de Blanquefort , au nord de celles d'Eyzines et de Sainte-Christine, et à l'est de celles de St-Aubin et de St-Médard; elle est bornée au nord, par des landes. Le Taillan produit, récolte moyenne, environ 600 à 800 tonneaux de vin rouge, et 150 à 200 tonneaux de vin blanc. Les vins rouges ne manquent ni de légèreté ni de délicatesse; mais ils ne se placent pas au-delà du rang des vins communs du Médoc. Comme le terrain du *Haut-Taillan* est très-pierreux, plusieurs propriétaires y avaient planté des vignes blanches d'un cépage de choix, et avaient obtenu un résultat très-avantageux; mais le placement des vins blancs étant devenu difficile, ce genre de culture a été presque complètement abandonné.

1120 hab^ts. — 700 à 800 ton. de vin. — 11 kil. de Bordeaux.

Château du Taillan. . .	Marquis de Bryas. . .	150 à	200 tx
Domaine de Busaguet.	Mme veuve Lapenne. .	80	100
Germignan.	Gustave Curé.	40	50
L'Allemagne.	Mme veuve Jannesse. .	30	35
Lagorce.	Mme veuve Igonet. . .	25	30
Idem.	Fortuné Ginoulhiac. .	25	30
Germignan.	Reglade.	20	25
Idem.	P^al Bidon.	15	20
Idem.	Serveau.	10	15
Lagorce.	Mme veuve Abadie. .	10	15
L'Allemagne.	Michaud.	10	12
Au bourg.	Charles Guestier. . .	8	12
Germignan.	Montalieu.	8	10
Au bourg.	Peixotto.	8	10
Au bourg.	Barbefer.	6	10
Idem.	J.-F. Ginoulhiac. . .	6	10

LE PIAN.

Cette commune est limitée : au levant, par Ludon ; au midi, par Blanquefort; au nord, par Arsac; au couchant, par les landes de Saint-Aubin.

Le Pian fournit des vins d'une bonne qualité et qui approchent beaucoup de ceux de Ludon. Les propriétaires de cette commune les expédient presque tous les ans pour la Hollande.

Les vignobles se trouvent sur le plateau graveleux qui forme la partie supérieure de cette commune.

750 hab^ts. — 300 à 425 ton. de vin. — 19 kilog. de Bordeaux.

Maurian, Mussinot. . .	Monnier.	80 à	120 tx
Château de Sénejac. . . .	Roques.	50	70
Basterot Malleret. . . .	Sicard.	50	70
Gaube, Genissan. . . .	Veuve Jouve.	15	20
De Bacalan, Maison-			
neuve.	Veuve de Bacalan. . .	15	20
Lamouroux.	Letu frères.	15	20
Idem.	De Maignol, curé. . .	12	18
Idem.	Dames de la Miséri-		
	corde.	10	12
Moulin de Soubiran. . .	Lucien Tardieu. . . .	10	12
Louens.	Divers petits proprié-		
	taires.	15	20
Poujeaux.	Divers petits proprié-		
	taires.	20	30

PAREMPUYRE.

Cette commune est limitée : au sud, par Blanquefort ; à l'est, par la Garonne ; au nord, par Ludon ; et à l'ouest, par Le Pian Son territoire comprend des palus et de bonnes graves. Il donne des vins estimés en Hollande.

743 hab^ts. — 200 à 250 ton. de vin. — 12 kil. de Bordeaux.

GRAVES.

Chât. de Parempuyre. .	De Pichon.	20 à	25 tx
Le Vigneau.	Veuve Both de Tauzia.	12	15
Ci-devant Ch.-Ségur. .	Gueyraud.	18	20
Lilot.	Veuve Rondeau. . . .	8	10
L'Île d'Arès.	Destanque.	10	12

PALUS.

Labouret.	Yvoy.	50	à	60 tx
Cadillac.	Boissière.	20		25
Mossac.	Lafonta.	15		20
Bordes.	Veuve Both de Tauzia.	12		15

—

ARSAC.

La commune d'Arsac est bornée : à l'est, par celles de Macau et de Labarde ; au nord, par celles de Cantenac et d'Avensan ; au sud, par celle du Pian ; et à l'ouest, par des landes.

Elle produit des vins qui ressemblent beaucoup à ceux de Cantenac ; ils ont une belle couleur, du corps et un joli bouquet.

693 hab[ts]. — 275 à 325 ton. de vin. — 18 kil. de Bordeaux.

Le Tertre.	Henry (Charles). . . .	60	à	70 tx
Château-d'Arsac. . . .	Mouméjean et Chrétin.	45		50
Brown, Fruitier (1). . .	Compagnie parisienne.	30		40
Baury.	Desmirail.	30		40
Deyrem et le Poujaux (2)	Pescatore.	20		25
Monbrison.	Feuillebois.	15		20
Bel-Air.	Hosten de Macau. . .	15		18
Canteloup.	Dutruch.	12		15
Lambale.	Lambale.	10		12
Aux Pys.	Lambert.	10		12
Monpontet.	Chapaz.	8		15
Ligondra.	Dubos, tuilier.	8		10
Idem.	Blanchard.	8		10

(1) La vendange de Brown est portée à Cantenac, à Brown.

(2) La vendange est portée au Château-Giscoux.

Château de Gironville (Macau).

Château de Gironville (Macau).

Guiton.	Baziadoly.	8	à 10 tx
Ligondra.	B. Dubos.	5	6
Au Gravey.	Baziadoly.	4	5
Au bourg.	Baziadoly.	4	5

Et divers petits propriétaires faisant de 3 à 6 tonneaux, formant un ensemble d'environ 48 à 50 tonneaux.

—

MACAU.

Cette commune médoquine est située dans une plaine dont les deux tiers sont en *graves* et l'autre tiers en *palus;* elle est bornée : au nord et à l'est, par la Garonne et la Gironde; au sud, par la commune de Ludon; et au couchant, par celle de Labarde.

Les vins qu'elle produit se divisent en deux classes bien distinctes, savoir : ceux de graves, dont la moyenne est de 800 à 1000 tonneaux par an; ceux de palus, dont la moyenne est de 1800 à 2000 tonneaux par an.

Les premiers, c'est-à-dire ceux de graves, ont généralement du corps et de la couleur, ce qui n'exclut ni la finesse ni le moelleux; ils ont aussi un bouquet très-prononcé; et c'est à cette réunion de bonnes qualités qu'il faut attribuer leur destination pour la Hollande.

On peut citer avec distinction le crû de Cantemerle, ainsi que ceux de La Houringue (Duteau-Burk), Château des Trois-Moulins (Duranteau), La Pelouse (Betgé Lagarde), Château de Priban (Chadeuil), qui sont renommés en Hollande; mais ils se vendent un peu au-dessous de la quatrième classe.

Quant aux vins de palus, il va s'en dire qu'ils sont très-inférieurs à ceux de graves : les produits en sont chanceux ; mais lorsque dans les bonnes années ils réunissent la fermeté à la couleur et au corps, ils supportent fort bien la mer, et sont appréciés dans le commerce sous la dénomination de vins de cargaison.

1710 hab^ts. — 2800 à 3000 ton. de vin. — 20 kil. de Bordeaux.

Cantemerle	Baron de Villeneuve	120 à	130 tx
Château de Moncamp	Aguirre Vengoa	60	70
La Houringue	Duteau	50	60
La Pelouse	Betgé Lagarde	40	50
Château des 3 Moulins	Veuve Duranteau	40	50
Château de Priban	P.-A. Chadeuil	40	50
Gironville	Duffour - Dubergier	35	40
La Biche	Vieillard	35	40
Terre-Fort	Guischard	30	35
Bern	Dugravié	30	35
Guitot	Lacouture	25	30
Bern	De Massip	15	20
Moulin de Dumey	Attié aîné	12	15
Rabaud	Attié jeune	10	12

Plus, un grand nombre de propriétaires non classés, et récoltant depuis 2 jusqu'à 7 ou 8 tonneaux.

Les palus de Macau renferment des propriétés considérables et peuvent donner de 1000 à 1500 tonneaux de vin ; les palus de Ludon fournissent de 400 à 500 tonneaux.

—

LABARDE.

Cette petite commune, dépendante du Médoc, est bornée : au nord, par celle de Cantenac ; au midi et à l'est, par Macau et ses dépendances ; et à l'ouest, par Arsac. Elle ne renferme qu'un petit nombre de propriétés.

Son territoire, où dominent généralement les graves et

BISSON et COTTARD

Château de Giscours (Labarde).

Château d'Issan (Cantenac).

le sable, produit un vin supérieur à celui de Macau. Il se fait remarquer par le corps, la couleur et le bouquet. Il a de la sève et devient moelleux en vieillissant.

405 hab^{ts}. — 250 à 400 ton. de vin. — 17 kil. de Bordeaux.

Giscoux.	Pescatore.	50	à	60 tx
Faget.	Geneste.	45		50
Bellegarde.	Chevalier de Lynch.	50		60
Bourgade.	De Lachapelle.	15		20
Château-Siran.	Comtesse de Lautrec.	40		45
Risteau.	Dubignon.	15		20
Deyrem.	Capbern.	15		20

Divers petits propriétaires récoltent chacun de 2 barriques jusqu'à 3 tonneaux de vin; il se vend un tiers meilleur marché que les petits bourgeois.

—

CANTENAC.

Cette commune, si remarquable par l'excellence de ses vins, est bornée : au nord, par celle de Margaux ; au midi, par la commune d'Arsac ; à l'est, par la Gironde et la paroisse de Labarde ; et à l'ouest, par celle d'Avensan. Sol de très-bonne grave fort caillouteuse.

Ses vins sont d'un goût exquis ; aussi sont-ils considérés comme rivalisant avec ceux des meilleures communes du Médoc, quant au bouquet et au moelleux qui les distinguent particulièrement ; ils ont, en outre, de la couleur, du corps, et sont agréablement aromatisés.

854 hab^{ts}. — 1000 à 1200 ton. de vin. — 19 kil. de Bordeaux.

Château-d'Issan.	Blanchy.	70	à	80 tx
Gorce.	Le baron de Brane.	60		70
Palmer.	Caisse hypothécaire.	60		70

Boys.	Grommard.	60	à 65 tx
Kirwan.	Deschryver.	30	40
Martinens.	Veuve Laumond. . . .	30	40
Angludet – Legras. . . .	Divers propriétaires. .	25	30
Pouget.	De Chavaille.	15	20
Montbrun-Palmer. . . .	Paul Ocheron.	15	20
Le Prieuré.	Pagès.	15	20
De Pontac.	Eyrem.	12	15
Ganets.	De Lassalle.	10	15
A Jeanfort.	Gondat aîné.	12	15
Idem.	Marian.	10	12
Au bourg.	Chartron.	10	12
Idem.	Mariot aîné.	10	12
Idem.	Eyquem.	6	8
A Jeanfort.	Blanchard.	5	7
Au bourg.	Guillot.	5	7
Idem.	Bacquey.	5	6
Port-Aubin (la palus). .	Le comte de Marolles.	150	200

MARGAUX.

Cette commune, dont le nom est si célèbre, est bornée :
au nord, par celle de Soussans; au midi, par celle de Cantenac; à l'ouest, par celle d'Avensan; et à l'est, par la
Gironde. Elle avait autrefois un port que les attérissements
du fleuve ont comblé.

Son terroir est graveleux et entremêlé d'un grand nombre de cailloux; le sol présente une couche caillouteuse,
dont l'épaisseur fort inégale n'est parfois que de quelques
centimètres, et tantôt de 10 à 12 mètres. Elle est très-
mince sur un grand nombre de points, où elle se confond
avec l'alios; elle acquiert sa plus grande puissance au
voisinage de la rivière. Il produit les vins les plus estimés

Château-Rauzan (Margaux).

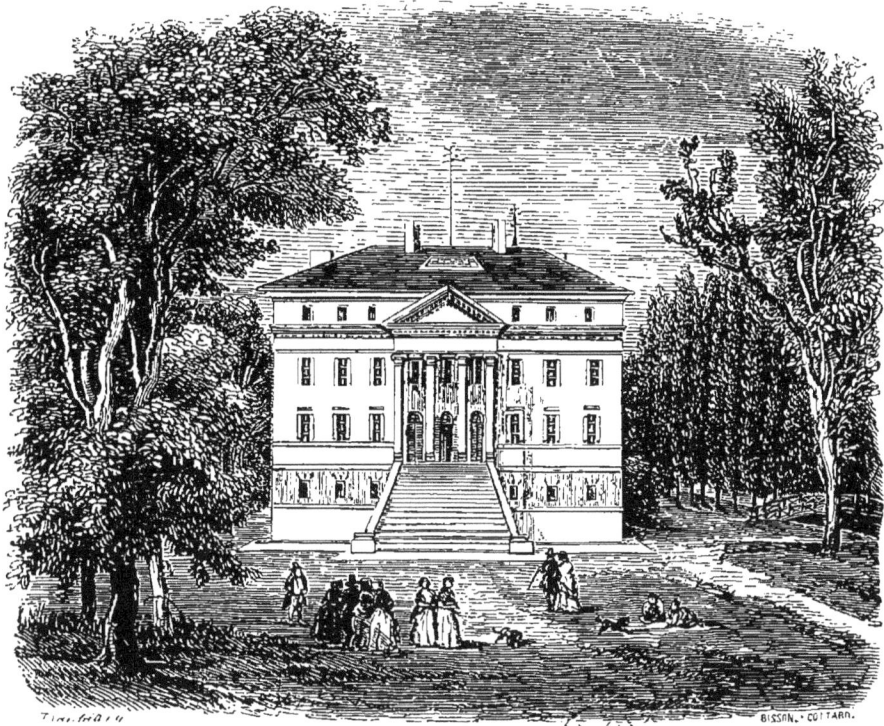

Château-Margaux (Margaux).

de la contrée. C'est dans cette commune qu'on trouve le
fameux premier crû, si connu sous le nom de *Château-
Margaux*. On y récolte, année commune, sur 216 journaux
de terrain, environ 100 tonneaux de vin, dont 80 de première qualité ; et le reste se classe dans la deuxième. Ces
vins, parvenus à leur degré de maturité et d'une année
dont la température a été favorable à la vigne, sont pourvus de beaucoup de finesse, d'une belle couleur et d'un
bouquet très-suave qui embaume la bouche ; ils ont de la
force sans être fumeux ; ils raniment l'estomac en respectant la tête ; ils laissent l'haleine pure et la bouche fraîche.
Leur réputation est européenne ; ils sont surtout très-
recherchés en Angleterre, où ils jouissent d'une préférence
marquée. Au bout de quatre ans et demi à cinq ans, ils
sont bons à être mis en bouteilles.

1164 hab^ts. — 1000 à 1200 ton. de vin. — 27 kil. de Bordeaux.

Château-Margaux....	Aguado.........	100 à	110 tx
Rauzan.........	Cte de Castelpert....	55	50
Durefort.........	Vicomte de Vivens...	40	50
De Therme.......	Solberg.........	40	45
Weltener........	Vastapani.........	40	45
Rauzan-Gassies.....	Chabrier.........	30	35
Lanoire.........	Lanoire.........	30	35
La Colonie.......	C^sse de St-Exupéry..	25	30
L'abbé Gorse.......	Veuve de Gorse....	25	30
Desmirail.........	Desmirail.......	20	25
Malescot........	C^sse de St-Exupéry...	18	20
Danglade........	Danglade........	15	20
Seguin.........	Héritiers Micau.....	18	20
Dubignon........	Dubignon (J.-M.)...	4	6
Dubignon........	Dubignon (Philippe)..	15	18
Ferrière.........	Yanck Ferrière.....	12	15
Dugravey.........	Dugravey.........	10	12

Lacroix.	Eyquem.	10 à	12 tx
Lascombe.	L. A. Hire.	8	10
Cadillon.	Cadillon.	8	10
Montpontet.	Chapaz.	7	8
Seguineau.	Deyrie.	5	6
. . . .	Feuillebois.	4	5
Mis d'Alesme (Becker).	Sznajderski.	4	5
Divers petits propriétaires (dix à douze environ).		80	90

—

SOUSSANS.

Cette commune est bornée : au nord, par celle d'Arcins;
au sud, par celle de Margaux; au couchant, par celle
d'Avensan; et au levant, par la Gironde.

Cette dépendance du Médoc, quoique très-voisine de
Margaux, produit généralement des vins qui ne jouissent
pas de la haute célébrité de cette dernière commune. A la
vérité, son terrain est moins favorable à la culture de la
vigne. Les vins qui s'y récoltent ont une belle couleur, de
la force et une très-bonne sève; mais un peu de dureté
qui empêche le développement de leurs qualités avant la
sixième année. Le Nord tire beaucoup de ces vins. La
Hollande les recherche de son côté; le transport par mer
leur fait du bien.

1018 hab^{ts}. — 1000 à 1100 ton. de vin. — 30 kil. de Bordeaux.

Château-Paveil. . . .	Minvielle.	140 à	150 tx
Chât.-Latour-de-Mons.	De Lajeard.	80	100
Château-Bel-Air. . . .	Mme la marquise de		
	Pomereu.	50	60
Capelle, ci-devant ab-			
bé Gorse.	Vastapani.	50	60
Larigaudière, ci-devant			
Deyrem.	Larigaudière.	50	60

Seguineau–Dayries. . .	Dayries.	40	à	45 tx
Ci-devant Pᵗ-Barbot. .	Zédé.	35		40
Maucaillou.	Dupuy (Pʳᵉ).	35		40
De Gorse.	Veuve de Gorse. . . .	30		40
Rambaud-Siamoy. . . .	Rambaud.	30		40
Au Taillac.	Holagray (Ad.).	30		35
Ci-devant Deyrem, Gᵈ- Soussans.	Mᵐᵉ de Rosenorn. . .	25		28
Deyrem.	Deyrem (Valentin). . .	20		25
Van–Beynum.	Brun.	15		18
Toujague.	Gauteyron (Clément).	15		20
A Marsac.	Arnaud Douat (Jacque- lin.	15		18
Idem.	Jean Miqueau.	15		18
Au Maucaillou.	Maurin (Rᵈ).	10		15
A Virefougasse.	Douat (Cenot).	10		15
A Marsac.	Les héritiers Morin. .	10		12
Idem.	Saintout (Vivien). . . .	10		12
Au bourg.	Pérès.	10		12
A Marsac.	Douat aîné.	8		10
Palus de Meyre.	Duffour.	8		10
Grand-Meyre (palus). .	Lanoire.	100		120

AVENSAN.

La commune d'Avensan est bornée : au nord, par celle de Moulis ; au couchant, par celle de Castelnau ; au levant, par celle de Margaux ; et au sud, par des landes. Ses vins ont beaucoup de rapprochement avec ceux de Moulis, dont je parlerai ci-après ; ils ont de la couleur, du corps et un joli bouquet. Ils se mettent en bouteilles après cinq ou six ans.

Depuis quelques années, la culture de la vigne a pris,

dans la commune d'Avensan, des développements considérables; beaucoup de terres ont été plantées, et les vieilles vignes, mieux soignées, ont vu augmenter leur produit.

Avensan ne voit cependant encore qu'une petite partie de son sol consacré à la culture de la vigne; et dans quelques propriétés les vignobles avaient été négligés ou abandonnés.

1097 hab^ts. — 450 à 500 ton. de vin. — 28 kil. de Bordeaux.

Château-Citran.	Clauzel.	250 à	300 tx
Marteau (Meyre). . . .	Estèbe.	25	30
La Cure.	Dufresne.	25	30
Maltel, Prémat, Peleri.	A divers.	25	30
Romefod.	Idem.	20	25
Laudère.	Idem.	20	25
Bonneau.	Perrogan.	15	20
Le Pont.	A divers.	15	20
Belair.	Dubos.	12	15
Vellegeorge.	Hauchecorne.	10	12
Barrade.	A divers.	10	12
Au Bourg.	Mestria.	8	10

CASTELNAU.

Le territoire de Castelnau est limité : à l'est, par la commune d'Avensan; au nord, par celles de Moulis et de Listrac; à l'ouest et au midi, par des landes.

Cette commune produit des vins qui ne sont pas sans agrément. Depuis quelques années, de nombreuses plantations, et le développement donné à la culture de la vigne dans cette commune, ont augmenté considérablement les produits; et ses vins, jadis en général bien médiocres, se sont améliorés.

Quelques propriétés, contiguës aux communes de Listrac et de Moulis, donnent des produits d'un mérite véritable.

1410 hab^{ts}. — 900 à 1000 ton. de vin. — 24 k^{il}. de Bordeaux.

Château–Mauvezin....	Mauvezin........	100	à	120 tx
Château-Pommès.....	Château.........	70		80
Civaillant..........	....	70		80
Bergeron (Pierre).....	....	30		35
Gontier-Lalande......	....	25		30
Mme Marcou........	....	25		30
Duprat...........	....	25		30
Bacou...........	....	25		30
Guilhou...........	Guilhou..........	20		25
Saint-Guirons.......	Saint-Guirons......	20		25
Videau (Louis).......	Videau..........	20		25
Soret...........	....	20		25
Mougès...........	....	20		25
Galan...........	....	18		20
Jeantry...........	....	15		20
Trigaud..........	....	15		20
Bernadet.........	....	12		15
Robin...........	....	12		15
Delarose.........	....	10		12
Renouil..........	....	10		12
Robin...........	Monereau........	10		12
Dardan..........	....	10		12
Gachet..........	....	10		12
Taudinot.........	....	10		12
Delhomme.........	....	8		10
Beaubois.........	....	8		10
Moreau..........	....	6		8

Plus, divers petits propriétaires récoltant de 200 à 300 tonneaux

MOULIS.

Cette commune du Médoc confine : au nord, à celle de Listrac; à l'est, à celle d'Arcins; au midi, à celle d'Avensan; et à l'ouest, à des landes. Elle fournit des vins qui ont du corps, une belle couleur et du bouquet; on les expédie généralement pour le Nord. Son terrain présente : ici un sol argilo-marneux; là des terres graveleuses, plantées de vignobles à tiges basses, labourées à la charrue.

1114 hab^{ts}. — 800 à 1000 ton. de vin. — 26 kil. de Bordeaux.

Château-Poujeaux....	Castaing (Céleste)....	80 à	100 tx
Mauvezin.........	Leblanc de Mauvezin.	80	100
Château-Duplessis....	Favre (Léon).......	70	80
Ruat............	Menessier........	40	50
Grand-Poujeaux.....	Gressier (André)....	30	40
Idem...........	Castaing (Jean-Jacques)..........	30	40
Cattebois.........	Idem...........	30	40
Grand-Poujeaux.....	Veuve de Mac-Carthy.	25	35
Brillette.........	Dupérier.........	25	30
Grand-Poujeaux.....	Lestage..........	25	30
Idem...........	Renouil (Arnaud)....	25	30
Lousteau-Neuf......	Lamorère aîné......	25	30
Bouqueyran.......	Carrère..........	25	30
Petit-Poujeaux.....	Richebon (Raymond).	25	30
Bislon...........	Menessier........	18	25
Marmiton.........	Artien..........	20	25
Lousteau-Neuf......	Lamorère jeune.....	20	25
Au bourg.........	Bergeron jeune.....	20	25
Grand-Poujeaux.....	Ducasse.........	15	20
Idem...........	Robert..........	15	20
Petit-Poujeaux.....	Savignac (Léonard)..	15	20
Au bourg.........	Bergeron (Eugène)...	15	20
Maliney.........	Hugon..........	15	20

Medrac.	Bichet (Martin).	15	à 20 tx
Idem.	Lescoutra (Antoine). .	15	20
Grand-Poujeaux	Dutruch.	15	20
Petit-Poujeaux	Viaud.	15	20
Au bourg.	Martin.	15	20
Grand-Poujeaux.	Robert-Franquet. . . .	10	15
Idem.	Renouil (Raymond). .	10	15
Bouqueyran.	Martin aîné.	10	15
Idem.	Martin jeune.	10	15
Medrac. . . , ...	Bernard.	10	15
Grand-Poujeaux.	Ramounille (Raymond)	10	15

—

LISTRAC.

Cette commune, placée derrière celle de Lamarque, est bornée : au nord, par l'arrondissement de Lesparre ; à l'est, par les communes de Lamarque et d'Arcins ; au midi, par celle de Moulis ; et à l'ouest, par des landes. Elle produit des vins qui réunissent à peu près les qualités de ceux de Moulis ; ils ne manquent pas de force ; ils ont de la couleur et quelque bouquet, mais ils ne sont pas exempts de dureté. Ce défaut diminue en naviguant, aussi conviennent-ils à la Hollande et au nord de l'Europe.

1931 habʰ. — 600 à 800 ton. de vin. — 28 kil. de Bordeaux.

Lestage.	Saint-Guirons.	80	à 100 tx
Ducluseau.	Ducluseau.	30	36
Hosten.	Bernard de St-Afrique.	60	80
Labeurthe.	Idem.	70	80
Font-Reau.	Leblanc de Mauvezin.	100	120
Puy de Mengeon.	Bourgade (Ed.).	25	30
Bonnet.	Bonnet.	35	40
Clark.	Saint-Guirons.	60	80

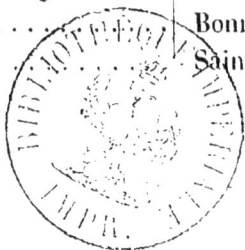

7

Chautard.	Caseau.	15	à 20 tx
Crû Roullet.	Dupré.	80	100
Lebré, curé.	Lebré.	20	25
Magné.	Veuve Magné.	10	15
Au bourg.	Lebré neveu, retraité.	10	15
Crû Neyrin.	Héritiers Domecq. . .	15	20
Idem.	Birac.	12	15
Louisot.	Raymond Louisot. . . .	15	20
Au bourg.	Raymond Couleu aîné.	20	25
Idem.	Raymond (Jean).	10	12

—

ARCINS.

Cette commune est séparée : au midi, de celle de Soussans par un marais qui a 800 mètres de largeur ; au nord, elle est limitée par la commune de Lamarque ; à l'ouest, par celles de Moulis et de Listrac ; et à l'est, par la Gironde.

Les vins d'Arcins ont moins de dureté que ceux récoltés dans les vignobles de Soussans ; mais aussi ils ne possèdent ni autant de couleur, ni un aussi beau bouquet. Les meilleurs produits de cette commune sont ceux du village de Poujan.

350 hab[ts]. — 429 à 489 ton. de vin. — 36 kil. de Bordeaux.

Château-d'Arcins.	Subercazeaux.	150	à 160 tx
Malescot.	Idem.	60	70
Larac de Porges.	Fauché (Charles). . . .	60	70
Crû de Barreyres.	Dup[er] de Larsan (Tim.)	40	50
Au bourg.	Renouil (Pierre).	20	25
Crû de Tramond.	Mlle Baron.	18	20
Au bourg.	Bosq frères.	18	20
Idem.	Lartigue (André). . . .	15	20
Idem.	Baziadolit frères. . . .	18	20
Idem.	Robert.	15	18
Idem.	Pinet jeune.	15	18

LAMARQUE.

La commune de Lamarque occupe le centre du Haut-Médoc ; elle est bordée, au levant, par la Gironde. Elle confine : au couchant, à la commune de Listrac ; au nord, à celle de Cussac ; et au midi, à celle d'Arcins.

Les vins qu'elle fournit participent des qualités de ceux d'Arcins ; ils ont pourtant plus de moelleux et une plus belle couleur. Le Nord reçoit la majeure partie de ces vins, qui sont légers et aromatisés. Le sol offre une grave reposant presque toujours sur l'alios.

912 hab^{ts}. — 700 à 800 ton. de vin. — 28 kil. de Bordeaux.

Pigneguy-Mercadier. .	Pigneguy.	60	à	70 tx
Bergeron.	Bergeron.	100		130
Château-Lamarque. . .	Comte de Fumel. . . .	40		50
Le Cartillon..	Bethmann.	80		90
Lafon , au bourg. . . .	Capdeville.	15		20
N. idem.	Veuve Rosset.	20		25
N. idem.	Cantaut.	40		50
Au bourg..	Fleury.	20		25
Idem.	Veuve Bergeron. . . .	25		30
Idem.	Saintout.	20		25
Idem.	Barbié aîné.	18		20
Idem.	Barbié cadet.	12		15
Idem.	Monties.	10		12
Calénotes.	Meyre.	10		12
Idem.	Bouey.	10		12
Pécaille..	Hostein (Martial). . . .	10		12
Au bourg.	Pineau aîné.	8		10
Idem. . . . :	Soleillan.	8		10
Pécaille.	Chazeau aîné.	8		10
Rue des Milous.. . . .	Delhomme (Etienne)..	8		10
Au bourg.	Grillet , capitaine. . . .	8		10

Calénotes.	Carrasset.	8	à 10 tx
Au bourg.	Boulle.	6	8
Idem.	Bergeon.	6	8
Idem.	Veuve Lafargue.	6	8
Rue des Milous.	Sahuc.	6	8
Idem.	Graneau.	6	8
Idem.	Valentin.	6	8
Idem.	Nouchet jeune.	6	8
Au bourg.	Bergeron (Jean).	6	8
Calénotes.	Veuve Bosq.	6	8
Rue des Milous.	Blanc.	6	7
Idem.	Arnaud (Jean).	6	7
Au bourg.	Segonnes (Thomas). .	5	6
Idem.	Renouil (Jean).	5	6
Idem.	Veuve Grillet	5	6

Une dizaine de petits propriétaires faisant ensemble 25 à 30 tonneaux.

—

CUSSAC.

Cette commune du Médoc est bornée : au nord et à l'ouest, par l'arrondissement de Lesparre ; au sud, par la commune de Lamarque ; et à l'est, par la Gironde.

La paroisse de Sainte-Gemme a été annexée à celle de Cussac, et toutes les deux ne forment à présent qu'une commune. Elle produit des vins que l'on juge supérieurs à ceux de Lamarque ; ils sont plus aromatisés, plus moelleux, et ils ont plus de force. Il convient de les garder, les uns et les autres, six ans en barriques, pour qu'ils aient acquis tout leur développement et pour qu'ils puissent être mis en bouteilles.

1122 hab[ts]. — 800 à 1000 ton. de vin. — 29 kil. de Bordeaux.

Beaumont............	Bonin...........	120	à	130 tx
Sainte-Gemme......	Phelan...........	100		110
Lanessan..........	Delbos (Louis)......	80		85
Bernones.........	Boué (P.-A.-L.)....	50		55
Lamothe..........	De Bergeron.......	40		45
Raux.............	Bonin............	40		45
Romefort.........	Baudoux............	30		35
A Monneins.......	Mars.............	30		35
Idem............	Giraud..........	30		35
Idem............	Héritiers Bensac....	24		28
Beaumont.........	Guestier..........	20		25
Salva.............	De Camino.......	20		25
A Monneins.......	Renouil..........	20		25
Becamil..........	Ducru..........	20		25
A Martin.........	Pagan (Arnaud)....	20		25
A Gaston.........	Eyrem-Vital......	20		25
A Monneins.......	Bosq, forgeron.....	18		20
Becamil..........	Dubos (Bernard)....	18		20
A Jacquet.........	Veuve Miot........	16		18
Au bourg.........	Veuve Bousquet.....	15		18
A Coudot.........	Delhomme (François).	15		18
A Gaston.........	Héritiers Lambert...	15		18
A Peylande........	Delhomme-Berlingue.	15		18
A Coudot.........	Audouin jeune......	14		16
Au bourg.........	Veuve Teychenau....	14		16
Idem............	Robert Paté.......	12		15
Idem............	Baudoux-Fraizot....	12		15
A Goua...........	Bensac..........	12		15
Idem............	Lestage.........	12		15
A Laugu..........	Saintout aîné......	12		15
A Monneins.......	Lartigue aîné.....	12		15
Idem............	Bosq-Guillemot....	12		15
A Coste..........	Daubos..........	12		15
A Coudot.........	Grenier fils.......	12		15
Idem............	Hosten (Pierre).....	12		15

A Coudot..........	Lartigue, forgeron...	12	à 15 tx
Au bourg..........	Lassaubade........	10	12
Idem............	Duvergé jeune......	10	12
A Arnausan........	Dubos (Bernard)	10	12
A Coste...........	Saintout jeune......	10	12

Une centaine de petits propriétaires et paysans, récoltant de....................... 2   10

—

VINS ROUGES DE GRAVES.

On nomme ainsi les vins qui se récoltent sur les terrains graveleux qui s'étendent depuis Bordeaux jusqu'à environ 12 kilomètres au sud, et 8 kilomètres à l'ouest de la ville.

Les vignobles qui produisent ces vins réussissent surtout dans les fonds restés en jachères et dans ceux que l'on a souvent fumés, afin de leur demander des fourrages et des grains; d'ordinaire, on prépare le sol par de profonds labours à la charrue; et après qu'un dernier labour a croisé les premiers, on laisse reposer la terre jusqu'au moment de planter. C'est alors que le laboureur, après avoir tracé des sillons parallèles à la pente du terrain, plante à la barre. Quelques vignes rouges basses sont cultivées à l'araire, mais le plus souvent on cultive à bras avec la houe ou la bêche. Pour les terrains très-meubles, on emploie une houe armée d'un fer long, mince et large; pour les terrains forts, on a recours à la bêche à deux branches ou *puard*, dont le manche est de peu s'en faut parallèle au tranchant. L'emploi de cet outil est fort pénible. On donne généralement trois labours: en mars, en mai et en juillet. Outre les labours, les façons de bêche comprennent divers travaux, tels qu'accoler les nouveaux sarments aux échalats, épamprer, effeuiller. Les différentes façons de serpe consiste à échalasser, attacher les sarments aux échalats, provigner.

C'est avec le produit du *Merlot*, de trois espèces de *Carbouet* ou *Carmenet*, du *Verdot*, du *Gourdoux* ou *Malbeck*, du *Balouzat* ou *Mouzane*, et du *Massoutet*, que se font les vins délicats de graves, dignes rivaux, parfois, de ceux du Médoc. Ils sont en général plus corsés, plus vineux et plus colorés que ces derniers; mais ceux-ci leur sont préférés pour le bouquet, la sève et la saveur. Les vins de graves ne doivent être mis en bouteilles qu'après avoir séjourné six ou huit ans dans les tonneaux, suivant la température de l'année qui les a produits; leur durée est étonnante; et souvent à vingt ans ils n'ont rien perdu de leur excellente qualité.

Les frais de culture de 32 ares (1 journal bordelais) de vigne, dans les graves de Bordeaux, sont comme suit :

AVANCES ANNUELLES.

Pour apprêter la vigne. $\left\{ \begin{array}{l} \text{Tailler, pauler et} \\ \text{plier les bois.........} \ \ 15 \\ \text{Epamprer, lever et} \\ \text{effeuiller la vigne....} \ \ 10 \\ \text{trois façons. . . . . 30} \end{array} \right.$	55ᶠ	»ᶜ
— trois façons. 30		
— échalats et vimes.	25	
— fumier, 6 charretées à 12 fr. pour 4 ans.	18	
— frais de vendange.	6	
— trois barriques à 180 fr. la douzaine. .	45	
— entretien des vaisseaux vinaires.	2	50
— entretien des clôtures et autres cas imprévus.	3	
— impôts.	7	
— transport à Bordeaux (3 barriques). . .	2	
— courtage à 2 p. 100, de 225 fr.	4	50
	168ᶠ	»ᶜ

PRODUIT BRUT.

Le prix moyen de 912 litres (1 tonneau) de vin rouge de graves est de 300 fr.; les 32 ares (1 journal) produisent 684 litres (3 barriques). . . . . 225^f

PARTAGE DE CE PRODUIT TOTAL.

Pour les avances annuelles. . . . . 168^f »^{c}
— intérêts des avances annuelles à 5 p.
    100. . . . . 8 40
— couverture du cellier et cuvier. . . . 2
— renouvellement de la vigne tous les
    100 ans. 2
— dépense de culture pendant 5 ans. . 4
— la privation du revenu pendant ces
    mêmes années. 4 35
— indemnités des pertes, le 20me du pro-
    duit total. 11 25
                                 200^f

PRODUIT NET. . . . . 25^f

On ne perdra pas de vue que les frais pour les crûs distingués, à Pessac surtout, sont supérieurs à ceux que nous établissons ici, tandis qu'ils restent bien en dessous dans les communes telles que La Brède, Martignas, Castres, etc., qui ne donnent que des vins fort ordinaires et où les frais, en moyenne, n'excèdent pas 115 fr. par journal.

—

MÉRIGNAC. [1]

La commune de Mérignac est limitée : au nord, par celle de Sainte-Christine ; à l'est, par celle de Caudéran ;

---

(1) Dans les *graves* de Bordeaux, le journal de vigne ne produit que 515 litres ou 2 barriques et un quart de vin.

au midi, par celle de Pessac; et à l'ouest, par les landes de Martignas. Le terrain est accidenté; la vigne couvre des collines graveleuses.

Les vins rouges de Mérignac sont agréables, assez *coulants*, et remplacent souvent les cinquièmes et quelques quatrièmes crûs du Médoc, surtout lorsque ces derniers ont un peu de maigreur. Dans les bonnes années, l'âge leur communique du moelleux et un bouquet agréable; on les met en bouteilles au bout de quatre à cinq ans.

3648 hab^{ts}.—800 à 1000 ton. de vin. — 6 kil. de Bordeaux.

Les principaux propriétaires sont :

Dumon, à Château-Bonair......	80 à 100		Wyndham (Ch.)..	20 à 25	
Marcotte de Quivière, Château-Bouran......	35	40	Petiteau........	18	20
			Lannefranque, à la Tour de Veyrine	18	20
Pigautier........	30	40	Michaël Isaacson..	18	20
De Tocqueville, à Chât.-Lognac..	20	25	Ducasse........	18	20
			Caillavet........	15	20
Vanderlinden (Pique-Caillau)...	20	25	Silveyra........	15	18
			Gintrac........	15	18
La Tour de Veyrine (Ducasse Eymery)........	20	25	Lacoste........	12	15
			Mercier........	12	15
			Baour.........	12	15
L'Archevêché....	25	30	Mérignac......	12	15
Doussous, à Arlac.	20	25	De Chavailles....	10	12

GRADIGNAN.

Cette commune est bornée : au sud, par Cestas; à l'est, par Villenave; au nord, par Talence; à l'ouest, par Ca—

nejan et Pessac. Elle donne des vins ordinaires qu'on assimile aux vins rouges communs de Mérignac.

1867 hab^{ts}. — 500 à 600 ton. de vin. — 2 kil. de Bordeaux.

Les principaux propriétaires sont :

Roux	30 à 40		Perry	15 à 20
Rodrigues (Chaine)	30	40	Dupuch	15	20
Bergmiller	20	30	Raspail	10	15
Mauzé	25	35	Labat	10	12
Dalidet	20	30	Damblat	10	12
Moulinié	20	30	De Kercado	5	10
Rodrigues	20	30	Derussac	8	10

—

PESSAC.

La commune de Pessac confine : au nord, à celle de Mérignac ; au sud, à celles de Gradignan et de Canejan ; à l'ouest, à celle de Talence ; et à l'est, aux landes d'Illac. Ses vins sont généralement d'une couleur vive et brillante ; ils ont plus de corps que ceux du Médoc, mais ils en diffèrent par un peu moins de bouquet, de moelle et de finesse. Le premier crû de cette excellente commune de graves est celui du *Château Haut-Brion*, à 2 kil. sud-ouest de Bordeaux. Le vin qui s'y récolte est considéré comme l'égal des trois premiers crûs du Médoc, quoique depuis vingt-cinq ou trente ans il eût perdu de sa réputation, parce qu'on y a employé trop d'engrais. Les vins de Haut-Brion ne peuvent être mis en bouteilles que six ou sept ans après la récolte, tandis que ceux des autres premiers crûs sont potables au bout de cinq ans. Les seconds crûs de Pessac sont pleins et moelleux dans les bonnes années ; ils possèdent une sève particulière.

2094 hab^{ts}. — 1000 à 1500 ton. de vin. — 6 kil. de Bordeaux.

E. Larrieu (Château Haut-Brion	100 à 120		Dupuy (Vertha^{mon})	12 à	15
A. Larrieu (Chai-Neuf de Haut-Brion).	25	30	Néron (Château-Bellegrave). . . .	10	15
Clouzet (Château Ste-Marie et Pape-Clément). . .	25	30	Grangeneuve, notaire.	10	15
Chiapella (La Mission).	25	30	Veuve Gervais-Colon.	8	12
Lachapèle père. . .	25	30	Deney.	8	12
F. Bahans jeune. .	15	20	Ledoux (Salle de Livrac).	5	10
Baron Sarget. . . .	15	20	Jaubert.	5	10
Mme Dreux (Les Carmes).	15	20	Aubac.	4	6
Gaussens.	12	15	Thomas.	4	6
			Magonty.	4	6
			Villette.	3	5

—

TALENCE.

La commune de Talence est bornée : à l'est, par celle de Bègles ; au midi, par celles de Villenave-d'Ornon et Gradignan ; à l'ouest, par celle de Pessac ; et au nord, par celle de Bordeaux. Elle est ornée de belles maisons de campagne et de magnifiques propriétés d'agrément ; elle est l'une des plus jolies communes rurales du département. Sa position est saine et agréable, et ses vignobles sont distingués ; quelques-uns de ses crûs rivalisent avec les premiers, seconds et troisièmes grands du Médoc ; les autres fournissent d'excellents vins d'ordinaire. Généralement, les vins de Talence sont corsés, solides, et ne se mettent en bouteilles qu'après quatre à cinq ans de futailles.

1434 hab^ts. — 500 à 600 ton. de vin. — 2 kil. de Bordeaux.

Chiapella.	35 à 40		C^sse de Vassau.	10 à 12
Cayrou.	25	30	Durand.	10	12
Devèze, maire.	18	25	Tulèvre.	10	12
Dérussac.	15	20	Bernos.	10	12
Eugène Larrieu.	15	18	Pommez.	10	12
Tarel.	12	15	Rattier.	10	12
Roul.	12	15	Megret.	10	12
Mérie.	12	15	Raba.	10	12
Luc.	12	15	Héron.	10	12

Nombre de petits propriétaires récoltant de 2 à 6 tonneaux.

LÉOGNAN.

Le territoire de Léognan est borné : au levant, par le Bouscat et Martillac ; au nord, par Gradignan et Canejan; au couchant, par Cestas ; et au midi, par des landes.

Cette commune, l'une des meilleures des graves, produit des vins plus fermes que celle de Mérignac ; ils ont plus de corps et de couleur, mais moins de *coulant*. On accuse ceux qui se récoltent sur les terrains bas d'un peu de terroir; ils se conservent longtemps et acquièrent de la qualité en vieillissant ou lorsqu'on les fait voyager. Autrefois les Anglais leur donnaient la préférence pour l'Irlande ; mais maintenant on les exporte dans le Nord. La culture des vignes blanches a beaucoup perdu de l'importance qu'elle avait eue à Léognan.

1974 hab^ts.—700 à 900 ton. de vin rouge, 250 ton. de blanc (1).

---

(1) Nous reviendrons, dans un des chapitres suivants, sur les vins blancs de Léognan et de Villenave-d'Ornon.

Château-Louvières...	Sarlande.........	60	à 90	tx
Au Burtat........	Marquise de Canolle..	70	80	
Branon..........	Héritiers de Literie..	40	60	
Château-Olivier.....	D. Etchegoyen......	40	60	
Langueloup........	Dépiot..........	35	40	
Lhermiton........	Viard...........	25	30	
Au Petit-Bourdieu....	Mlle Fourés.......	25	30	
Ci-devant Brown.....	Roux...........	20	30	
Bailly..........	Ricard..........	15	20	
Barreyre.........	Dauriol.........	20	25	
N.	Bernard.........	15	20	

—

VILLENAVE-D'ORNON.

Cette commune, située sur la rive gauche de la Garonne, est bornée : au nord, par la commune de Bègles ; à l'ouest, par celles de Gradignan et de Talence ; et au midi, par celles de Léognan, du Bouscat et de Cadaujac. Elle fournit une assez grande quantité de vins rouges, qui diffèrent beaucoup entre eux pour la qualité, suivant que les vignobles se rapprochent de la rivière ou sont situés dans la partie haute. En général, ces vins ont moins de corps et plus de terroir que ceux de Léognan. Il s'en trouve de légers et d'agréables au goût ; la Hollande en connaît le mérite. La réputation de cette commune tient surtout à l'excellente qualité de ses vins blancs. Le crû de Carbonnieux jouit d'une réputation méritée.

1535 habts. — 800 à 900 ton. de vin rouge, 250 à 300 ton. de vin blanc. — 8 kil. de Bordeaux.

GRAVES.

Pontac-Montplaisir....	Touton........	75	à 85	tx
Carbonnieux........	Bouchereau.......	40	50	*

* Le reste dans Léognan, 100 à 120 en tout.

Brignon.	Fabre.	35	à 40 tx
Lahontan.	De Basquiat (A.).	20	30
Cohins.	De Basquiat (R.).	20	30
Le Désert.	De Sandol..	15	20
Pont de Langon.	Duprat.	30	40 *
Baret.	Redling.	15	20
Madère.	Dupuy.	25	30
Idem.	Guichon..	15	20
Idem.	Lecler.	15	20
Idem.	L'abbé Buchou.	15	20
Idem.	Sancet.	5	10
Idem..	Jude.	8	10
Pont de La May.	Lange.	15	20
Idem.	Latransaa.	10	15
Au bourg.	Couperie.	6	8
Idem.	Dupouy.	12	15
Château-Sallegourde. . .	Héritiers Pradines. . .	10	12
Au bourg.	Lartigue.	5	10
La Monnaie	Laffargue.	10	15
Galgon..	De Labarre (Mirieu)..	10	15
PALU.			
Geneste.	Allendy.	140	160
Courrejan.	Marquis d'Alon.	60	70
	Depiot.	25	30
Lessence.	N.	15	20

—

PETITS VINS ROUGES DE GRAVES.

Les communes suivantes, situées au midi de Bordeaux, fournissent les vins connus sous la dénomination de *petits vins rouges de graves*. Parmi ces vignobles, on trouve quelques crûs qui gagnent beaucoup en vieillissant.

---

* Le reste dans Cadaujac.

MARTILLAC.

La commune de Martillac est bornée : au nord, par Léognan; à l'est et au midi, par Saint–Médard-d'Eyran ; à l'ouest, par La Brède. Les vins rouges, dont le crû de Smith, à M. Duffour-Dubergier, est particulièrement renommé, sont de deux qualités bien distinctes : les uns, légers et délicats, sont recherchés pour l'Allemagne ; les autres sont plus chargés et un peu durs.

901 hab^ts. — 400 à 500 ton. de vin rouge, 250 à 300 ton. de vin blanc. — 16 kil. de Bordeaux.

Dans la première catégorie, ont doit mentionner :

Smith	Duffour-Dubergier...	80 à	100 tx
Lartigue	Gaschet	60	70
Breyra	Conil	25	30
Idem	Castaing	15	20
N	Levallois	15	18

Dans la deuxième catégorie :

Roche-Morin	De Montesquieu	80 à	100 tx
N	Bazanac	40	50
Lantié	De Venancourt	30	40
Couvent	Noailles	25	30
Lespeau	Bentéjac	25	30

—

SAINT–MÉDARD-D'EYRAN.

La commune de Saint–Médard est bornée : au nord, par Cadaujac ; à l'est, par l'île Saint–Georges ; à l'ouest, par Martillac ; au sud, par La Brède. Les vins rouges sont en général durs et chargés de tanin, et conservent un goût de terroir. Cependant, les crûs de MM. De Raymond et Cante présentent une grande supériorité sur les autres. L'*Enra-geat* étant le cépage blanc cultivé dans cette commune, le vin qui en provient est médiocre ; il est néanmoins très-recherché pour les coupages.

481 hab^ts.—150 à 200 ton. de vin rouge, 500 à 600 ton. de vin blanc. — 18 kil. de Bordeaux.

De Raymond.	50 à	60 tx
De Sèze.	40	50
Cante.	30	40
Delaunay.	30	40
Nolibois.	25	30
Delpech.	25	30
Manaut.	20	25

—

LA BRÈDE.

Cette commune est bornée : au nord et à l'est, par St-Médard-d'Eyran ; au sud et à l'ouest, par St-Morillon et Saucats.— Les observations faites sur les vins de Saint-Médard s'appliquent à ceux de La Brède : mêmes qualités, mêmes défauts.

225 à 300 ton. de vin rouge.

Desgrottes.	50 à	60 tx
Abiet.	50	60
Lacombe.	40	50
Rougeole.	25	30
Reynal.	20	25

—

SAINT-MORILLON.

Cette commune est limitée : au nord, par La Brède, à l'est et au sud, par Saint-Selve ; à l'ouest, par Saucats.

Peu de vins rouges. Les vins blancs, de même nature que les deux communes précédentes.

Desbarras.	70	à 80 tx
De Baritauld.	50	60
Vᵉ Roullet.	40	50
Boyreau.	35	40
De Bosredon.	30	40
Guilhemin.	30	35

———

Beautiran, Castres, Saint-Selve et *Portets* font des vins très-ordinaires et qui ont le goût de terroir.

Au nombre des petits vins rouges de graves, le commerce de Bordeaux comprend ceux qui sont récoltés dans les communes de Caudéran, du Bouscat, de Bruges et d'Eyzines. Ces vins sont très-communs et se vendent ordinairement pour la consommation de la ville de Bordeaux.

CHAPITRE VII.

———

ARRONDISSEMENT DE LESPARRE.

Cet arrondissement est limité : à l'est, par la Gironde ; au sud, par le canton de Castelnau, qui fait partie de l'arrondissement de Bordeaux ; au nord et à l'ouest, par l'Océan. Sa superficie, en y comprenant la Gironde jusque dans son milieu, est de 60 lieues carrées (ancienne mesure).

Des renseignements, puisés aux meilleures sources, divisent ainsi la surface de cet arrondissement : rivières, lacs et ruisseaux, 2,609 hectares ; vignes, 34,744 ; terres labourables, 50,930 ; légumes, 1,127 ; prairies, 5,710 ; bois, 12,009 ; marais salants, 1,708 ; landes, 67,515 ; dunes, 29,421 ; chemins, places, etc., 10,055 ; bâtiments de tout espèce, 3,409.

Des marais, formés par les pluies d'hiver, par les eaux des landes ou par celles qui ne trouvent pas d'écoulement, se changent en lacs croupissants, dont les miasmes rendent souvent malsain le séjour du Médoc, surtout durant les grandes chaleurs de l'été.

Cet arrondissement est composé de quatre cantons ou justices-de-paix, et de trente communes. Sa population est de 39,687 habitants, dont 6,000 sont propriétaires.

L'arrondissement est à-peu-près traversé par le grand chemin ou la grande route de Bordeaux à Lesparre et Soulac. Il n'y a ni manufactures, ni fabriques, ce qui n'est guère un désavantage pour cette contrée ; car la population en est si faible, que, sans le secours des étrangers qui y viennent tous les ans, des départements de la Charente-Inférieure et des Pyrénées, la culture des vignes souffrirait beaucoup. Le prix excessif des journées rendrait d'ailleurs infructueuse toute espèce de tentative pour l'établissement des fabriques. Les vins n'y sont point convertis en eaux-de-vie, parce que les plus inférieurs sont d'un prix trop élevé pour que l'on puisse en fabriquer avec avantage. Toute cette partie du département est appelée *Bas-Médoc*, à l'exception des communes de St-Julien, Pauillac, St-Estèphe, St-Seurin de Cadourne, St-Laurent, St-Sauveur, Cissac, Verteuil et St-Germain.

Nous avons donné précédemment (chapitre IV) des détails étendus sur la culture des vignes dans les communes les plus importantes ; il nous reste à faire connaître quels sont les frais de culture.

Ils s'élèvent à des sommes très-considérables pour les grands crûs. A cet égard, nous ne pouvons prendre de meilleur guide que l'habile agronome, dont nous avons déjà invoqué l'autorité, M. Joubert. Dans ses réponses aux questions posées par l'Académie de Bordeaux, il a établi de la façon suivante, d'après deux comptabilités tenues avec la plus scrupuleuse exactitude, qu'elles sont les dépenses dans le canton de Pauillac. Notons d'abord que le journal est de 4000 pas carrés, et qu'il se compose de 4 sadons ou 40 règes.

La rège a 100 pas de long sur 1 pas de large. Le pas est de 2 pieds 8 pouces 8 lignes (82 centimètres).

Les vignes du canton sont divisées entre les ouvriers par prix-faits. Ces prix-faits sont généralement de 8 à 9 journaux. Voici comment se divisent et se paient les façons données par le prix-faiteur et sa femme :

Pour tailler la vigne. . . . . 55 ᶠ
Pour ramasser les sarments, la sécaille, les mettre en fagots et sortir de la vigne.. 20
Pour mettre la latte et la carassonne.. 25
Pour attacher la vigne.. 20
Pour tirer deux fois les cavaillons.. 30

Ces façons sont ainsi, par prix-fait, d'une somme de.. . . . . 150 ᶠ

Le prix-faiteur a, en outre, moitié des sarments et de la sécaille ; il reçoit quatre barriques de piquette, dont deux de première et deux de seconde ;

A reporter. 150

on lui donne un logement et un jardin; mais ne mettons ici en ligne de compte que l'argent déboursé, le reste sera comme renseignement.

La vigne, bien entretenue, exige douze milliers de carassonnes par an par prix-fait; on emploie le plus souvent de la carassonne de châtaignier, qui coûte 7 fr. le millier. 84

Un cent de grosse carassonne pour le bout des règes. 3

Pour appointisser ou aiguiser la quantité de carassonnes nécessaire pour un prix-fait. 6

Il faut, par prix-fait, environ 100 faix de latte, à 80 c. le faix. 80

Vingt gerbes de vime, 1re qual., à 3 fr. la gerbe. 60

On fait chaque année, par prix-fait, environ 1000 provins, à raison de 25 fr. le millier. 25

Par prix-fait, pour arracher le chiendent. . . . 25

Fendre du vime.. 8

Oter le bois gourmand. 10

Déchausser le verjus couvert en labourant.. . . 5

Les gages du maître-vigneron peuvent être comptés, par prix-fait, à. 30

Les gages des valets reviennent à environ. . . . 120

Il est bien moins dispendieux d'avoir des attelages et des valets à l'année, que de payer des journées d'attelage; et, en effet, donnant quatre labours à la vigne, cela fait au moins trente-deux journées d'une paire de bœufs par prix-fait; si l'on estime la journée à 5 fr., cela fera une somme

Report....... 606 ᶠ

de. . . . . 160 ᶠ

Il faut, dans le courant de l'année, au moins quinze journées d'attelage par prix-fait, pour les transports des terreaux, des fumiers et de la sécaille, des sarments, de la vendange, etc.. 75

Ce qui donnerait un total de. . . . . . . 235 ᶠ

Journées d'hommes pour couper et mêler les fumiers avec de la terre, couper les terres de transport, faire des complantations, etc.. 30

Pour la dépense des bœufs, l'intérêt de leur valeur, les accidents et dépérissements ; consommation de foin, pacage. 240

Entretien des charrettes et des tombereaux, comptant l'intérêt de leur capital et le dépérissement. 20

Entretien des charrues (courbes et cabats), jougs, juilles, attaches des bœufs, etc. 20

On paie au forgeron 40 fr. par paire de bœufs, pour réparer les ferrements des courbes et cabats pendant les quatre façons ; ce qui fait, par prix-fait, environ. 15

On paie également, par an, au forgeron, 50 fr. par paire de bœufs, pour leur ferrement ; ce qui fait, par prix-fait, environ. 18

Beauge ou rouche (herbes et roseau des marais) pour litière des bœufs ; elle coûte 9 fr. la charretée ; il en faut environ dix charretées par paire de bœufs ; ce qui fait, par prix-fait.. 33

A reporter.. . . . 982

Report.	982 ᶠ
Dépense pour les vendanges, nourriture, paye. .	100
Pour clore les vignes et les garder à l'époque de la maturité des raisins..	15
Barriques, à 50 fr. le tonneau, par prix-fait. .	200
Réparations des cuves et ustensiles de vendanges, eau-de-vie pour nettoyer.	20
Destruction des insectes..	40
Entretien des fossés, des haies et des aqueducs..	20
Tous les trois ou quatre ans, il faut transporter la terre que les bouviers ramènent constamment sur les capvirades ou allées des vignes ; ce qui revient, par prix-fait, par an, à environ..	15
Tous les dix ans, il est nécessaire de faire un fumage, composé de fumier bien consommé, coupé avec des terres; ce qui revient, par an, par prix-fait.	40
Compte du forgeron, pour réparations diverses d'outils et fournitures.	30
Attendu qu'on loge tous les valets et prix-faiteurs, on peut estimer les réparations de leurs maisons, par an et par prix-fait, à.	20
Réparations des parcs à bœufs, des granges, du cuvier, du cellier, etc.. . . . . , ...	30
Impositions des usines, maisons, vignes, etc.. .	150
Pour épamprer, relever la vigne, afin d'exposer le raisin à l'air.	8
Pour arracher les grandes herbes.	30
Pour, après le premier labour, changer les carassonnes et lattes cassées, et relever la vigne.. . . .	6
TOTAL. . . . . . . 1,706 ᶠ	

Il faut ajouter à ces frais de culture :

Intérêts des avances.. . . . .

Courtage à 2 pour % sur la vente de quatre tonneaux, produit moyen d'un prix-fait. . . . .

Escompte d'un an à l'acquéreur, à 6 pour %. .

On donne à un valet ou bouvier, lorsqu'il est marié, les gages suivants : argent, 135 fr.; seigle, 14 hectolitres; piquette, quatre barriques, dont deux de première et deux de seconde; cent fagots de bois de branches, cinquante fagots de sécaille et un millier de sarments. Le bouvier non marié reçoit la même somme de 135 fr., la même quantité de piquette, 7 hectolitres de seigle, cent fagots de bois de branches, vingt-cinq fagots de sécaille, cinq cents sarments, une livre de savon, cent sardines à l'époque du carême et une livre d'huile à manger; plus, 45 fr. de pension chez le maître-bouvier.

Les bœufs sont, autant que possible, du pays; leur prix varie de 6 à 800 fr.; ils sont ordinairement nourris sept mois à l'écurie et cinq mois au pacage. Nourris à l'écurie, on donne à chacun 15 kilogrammes de foin par jour, ou 30 kilogrammes par paire. Le foin vaut, année commune, de 30 à 35 fr. la charretée de 600 à 700 kilogrammes. Pendant les cinq mois de pacage, chaque bœufs consomme 2 à 3 kilogrammes par jour, ou 6 kilogrammes par paire; le pacage est compté à 12 fr. par mois par paire.

Une charrette, essieu en bois, coûte 200 fr. Sa durée est de douze à quinze ans; l'essieu a besoin d'être renouvelé tous les ans ou tous les deux ans.

Les prix-faits sont le plus généralement de 8 journaux; il s'ensuit que les frais de culture, par journal, tels que les établit le compte ci-dessus, sont de 213 fr. 25 c.

SAINT–JULIEN DE REIGNAC.

Après avoir traversé le marais de Beychevelle, on se trouve sur le territoire de Saint–Julien. Cette commune, remarquable par l'excellence de ses produits, confine : au sud, à Sainte-Gemme; au levant, à la Gironde; au couchant, à la commune de Saint–Laurent; et au nord, à la paroisse de Saint–Lambert, réunie à Pauillac. Les vins qu'elle produit peuvent être comparés pour leurs qualités à ceux de Margaux et de Cantenac; ils ont, toutefois, un bouquet particulier qui les distingue parfaitement de ceux des autres communes médoquines. Plus colorés et plus vineux que ceux de Pauillac, ils demandent un an de plus pour acquérir leur degré de maturité. Ils ont besoin d'être conservés cinq à six ans en tonneaux; ils réunissent alors toutes les qualités qui constituent les meilleurs vins. Le sol de cette commune présente une grave noire, forte, peu sablonneuse, reposant sur un fonds argilo-marneux. Les vignes sont plantées dans des positions très-favorables. Les terres, légèrement ondulées, reçoivent facilement l'influence du soleil.

1468 hab^{ts}. — 1400 à 1800 ton. de vin. — 33 kil. de Bordeaux.

Duchâtel, à La-
grange. . . . . 150 à 200

Le marquis de Las-
cases, à Léoville. 100 150

Barton, à Langoa. 100 150

Ducru, à Beaucail-
lou. 80 100

François Guestier
junior, à Bey-
chevelle. 140 150

Duluc aîné, au
Bourdieu. . . . 100 à 140

Les hérit. du baron
Sarget, Beth-
mann et Boisgé-
rard, à Gruau-
Laroze. 100 150

Le comte d'Aux, à
Talbot. 70 100

Le Bon de Poyféré,

Château de Lagrange (St-Julien).

Château-Langoa (St-Julien).

Château de Beychevelle (St-Julien).

Château de Gruaud-Larose (St-Julien).

Château-Latour (Pauillac).

Château-Lafite (Pauillac).

	tx				tx	
à Léoville. . . .	60	à 70		Métié, au bourg. .	7	à 8
De Bedout, à Bey-chevelle.	60	70		Monpontet , idem.	6	8
Barton, à Léoville.	50	60		Reynaud(Eugène), au bourg. . . .	6	8
Bontemps-Dubar-ry, à St-Pierre.	35	50		Méric, au bourg. .	6	8
Bertrond, au bourg	25	35		Les héritiers Fran-çois Lagarde, à Beychevelle. . .	7	8
Marian (Jean), au bourg.	20	30		Bacquey, à Bey-chevelle.	6	7
Vignallet, à Bey-chevelle.	20	25		Bernadet, à Hor-tevie.	6	7
Jattin, au bourg. .	18	25		Déjean, à Beyche-velle.	5	7
Mondon, au bourg.	20	25		Ribeyran (Pierre), au bourg. . . .	5	7
Morin frères aînés, à Hortevie. . . .	18	25		Blancan, au bourg.	5	6
Vᵉ Roullet, à Saint-Pierre.	18	25		Martin (Pierre), au bourg.	5	6
Veuve Galoupeau, à Saint-Pierre. .	18	25		Lahens, à Beyche-velle..	6	7
Faux (Auguste), au au bourg. . . .	15	20		Mitroche, à Bey-chevelle.	7	8
Lagarde (Jean), à Beychevelle. . .	10	15		Les héritiers Daga-net, à Beyche-velle.	6	7
Bonnin, au bourg.	12	15				
Roux (Pierre), à Hortevie. . . .	12	15		Gautier, à La Bri-dane.	4	6
Delor, au bourg. .	8	10				
Davia (François), au bourg. . . .	8	10				

Plus , divers petits propriétaires récoltant 5 tonneaux et au-dessous.

PAUILLAC ET SAINT-LAMBERT.

La commune de Pauillac est bornée : au nord , par celle

de St-Estèphe; à l'est, par la Gironde; à l'ouest, par la
commune de St-Sauveur; et au midi, par celle de St-
Julien. Elle est renommée par la bonne qualité de son vin
et par la quantité qu'elle en produit; son port facilite aux
propriétaires le transport de leurs marchandises à Bordeaux. C'est devant cette petite ville que les navires sont
obligés de s'arrêter en partant de Bordeaux ou en y arri-
vant.

Pauillac est situé à moitié chemin de la Tour de Cordouan à Bordeaux. Il est assez bien bâti, et il existait dès
le temps d'Ausone, sous le même nom que celui qu'il
porte maintenant. Le vin que fournit cette commune est
plein de bouquet et de moelle. On y récolte ce vin célèbre, connu sous le nom de *Château-Lafitte*, qui, s'il a
quelques rivaux, n'a aucun supérieur à redouter : ses
qualités sont trop connues pour que nous en fassions l'é-
numération. Lafitte donne, année moyenne, cent tonneaux
de premier vin et vingt à trente de second; il se consomme
presque tout en Angleterre, et c'est aussi pour les Anglais
que s'achètent ordinairement les autres premiers crûs de
cette commune. Indépendamment de la petite ville de
Pauillac, cette commune renferme les villages de Saint-
Lambert, Bages, Milon, le Pouyalet, Padarnac et quelques autres. Le terrain s'élève en pentes douces exposées
au levant; le sol graveleux repose sur un fonds d'alios
friable. L'heureuse situation de ses collines, la nature si-
liceuse du sol, ne sont pas les seuls motifs de la supériorité des vins de Pauillac; il faut y joindre le choix éclairé
des cépages, les soins minutieux donnés à la culture de
la vigne, à la cueillette du raisin, aux opérations du pressoir et au tirage des cuves à point nommé.

Le territoire de St-Lambert, qui formait autrefois une

paroisse séparée, annexée depuis longues années à Pauillac, produit aussi d'excellents vins, et ils réunissent à-peu-
près les mêmes qualités que ceux récoltés dans la commune de St–Julien. On y trouve le premier crû de *Château-
Latour*. Ce vin se distingue habituellement par plus de
corps que le Château-Lafitte; il est ferme, d'une belle
couleur et riche en bouquet; il a besoin d'être gardé en
barriques un an de plus que son rival, pour acquérir sa
maturité. Les Anglais en font le plus grand cas et l'achètent presque tous les ans lorsque la température a été favorable à la vigne. Son prix s'établit comme celui du
Château-Lafitte et du Château–Margaux; on y récolte,
année commune, environ soixante-dix à quatre-vingt-dix
tonneaux.

3658 hab[ts] — 3500 à 4000 ton. de vin. — 36 kil. de Bordeaux.

Lafitte.	Scott.	100 à	150 tx
Latour.	De Beaumont. . . .	70	90
Mouton..	Thuret.	80	90
A St–Lambert. . . .	De Pichon-Longueville	80	90
A Canet.	De Pontet..	110	150
Mouton.	D'Armailhac..	100	120
Antérieurem[t] de Lynch à Bages.	Jurine (Sébastien).. .	70	80
Moussas.	De Lynch.	50	60
A Saint-Lambert. . . .	Desse (Paul). . . .	60	80
Mandavy et à Duroc..	Duroc..	60	70
A Batailley.	Guestier (Daniel). . .	50	60
A Pauillac.	Héritiers Ducasse.. .	80	100
A Milon.	Castéja, notaire. . . .	40	50
Au Grand-Puy. . . .	Lacoste (François)..	70	80
Bages.	Croizet (Laurent).. .	50	70
Au Pouyalet.	Martin (Jacques).. .	30	40
St–Lambert.	Ferchaud.	20	25

Pauillac.	Constant (Martial). . .	50	à 70 tx
Idem.	Pédesclaux.	25	30
Idem.	Lachaufrad.	25	30
Idem.	Libéral.	15	20
Idem.	Héritiers veuve Castéja	15	20
Idem.	Desse (Jacques). . . .	25	30
Au Pouyalet.	Clerc (Jean-Baptiste). .	15	20
St-Lambert.	Croiset (Henry). . . .	8	10
Idem.	Veuve Daubos.	15	20
Idem.	Veuve Brunet.	12	15
Idem.	Veuve Croizet.	14	18
Idem.	Roux (Pierre).	10	13
Pauillac.	Escaraguel..	20	25
St-Lambert.	Eynard (Jacques). . .	8	10
Idem.	Despagne (P.).	8	10
Mousset.	Morange (Jean). . . .	8	10
St-Lambert.	Lamena.	8	10
Pouyalet.	Maney (P.).	12	15
St-Lambert.	Raymond (P.).	8	10
Idem.	Martin (Pierre). . . .	8	10
Au Pouyalet.	Arnaud (Pierre). . . .	10	14
Idem.	Garrabey.	8	10
Bages.	Ardilley (P.)..	8	10
Milon..	Lagarde (Pierre).. . .	11	14
Anceillan..	Eymerie (P.).	10	13
Idem.	Mondon (P.)..	12	15
Mousset.	Mathé (Jean).	15	20
Idem.	Rengeard (Antoine). .	10	13
Idem.	Veuve Desse..	25	30
Idem.	Gratian (Jacques). . .	8	10
Idem.	Ribeau (Pierre). . . .	14	18
Idem.	Mège (Antoine). . . .	10	12
Artigues.	Chevery..	12	15
Idem..	Ardilley (Pierre).. . .	15	20
Idem.	Brossard..	10	12

Bages..	Veuve Bichon.	20	à	25 tx
Idem.	Pouyalet (Léonard). .	10	12	
Idem.	Alaire (Pierre). . . .	16	22	
Idem.	Daubos (Jean).	12	16	
St-Lambert..	Caula.	15	20	
Idem.	Lamena (Pierre). . . .	15	20	
Idem.	Veuve Lamena. . . .	20	24	
Bages..	Veuve Cholet.	20	25	
Pauillac.	Claverie (Dominique).	25	30	
Idem..	Moreau (Jacques). . .	20	25	
Padarnac.	Bichon.	20	25	
Pauillac..	Moreau (Pierre). . . .	8	10	
Idem.	Gaillard.	8	10	
Idem.	Bonnivet.	8	11	
Milon.	Hostein.	15	20	
Pauillac.	Rabère.	15	20	
Idem.	Veuve Duprat.	8	10	
Idem.	Desse (Laurent). . . .	8	10	

SAINT-ESTÈPHE.

Le marais de Lafitte sépare Pauillac de cette commune. Elle est limitée : au nord, par celle de Saint-Seurin de Cadourne; à l'est, par la Gironde; au sud, par la commune de Pauillac; et à l'ouest, par celle de Verteuil.

Le territoire de St-Estèphe produit une grande quantité de vins, et d'une qualité tout-à-fait différente que celle des autres ; ils sont légers, agréables, abondants en sève, aromatisés, et peuvent être mis en bouteilles au bout de trois à quatre ans ; gardés en vieux, ils sont toniques et très-salutaires pour les estomacs débiles et pour les personnes âgées. Le bourg de St-Estèphe est placé dans une belle position, sur la Gironde; il est considérable et il offre des vestiges d'antiquités gallo-romaines. Ses vignobles sont plantés dans un terrain graveleux, et généralement à fonds d'alios friable.

2510 hab^ts. — 4500 à 5000 ton. de vin. — 53 kil. de Bordeaux.

Cos-Destournel..	Martyns.	60 à	70 tx
Montrose.	Dumoulin.	70	80
Calon..	Lestapis.	120	160
Rochet.	Lafon de Camarsac.. .	40	50
Cos-Labory.	Martyns.	80	100
Lalande.	Tronquoy.	80	100
Le Bosq.	De Camiran aîné. . . .	70	80
Morin, à St-Corbian. .	De Camiran père. . . .	40	50
Pez.	De Tarteyron.	80	90
Pomis..	Martyns.	70	80
Croc..	Merman.	40	50
Canteloup.	Cazeau.	70	80
Segur et Caramey. . . .	Phelan.	200	250
Houissant.	Bernard.	35	40
Les Ormes.	Southard.	40	50
Fond-Petit.	Dubus.	50	60
Meyney.	Luetkens..	150	200
Leyssac.	Bernard.	80	90
Lahaye..	Luco et Asmuss. . . .	40	50
Au bourg.	Gasquet.	70	80
Carcasset.	Martin.	80	100
Leyssac.	Bonie.	60	70
Ladouys.	Barre.	50	60
Au bourg.	Bert.	40	50
Marbuset.	Chambert.	20	25
Au bourg.	Bouillaud.	12	15
Germain.	Fatou.	15	20
Marbuset.	Plaignard.	20	25
Idem.	Veuve Campet.	20	25
Blanquet.	Andron.	25	30

Leyssac et Marbuset. .	Les héritiers Mondon.	30	à 40 tx
Marbuset.	Les héritiers Martin..	30	40
Idem.	Seguin (Jacques). . . .	30	40
Leyssac.	Seguin.	40	50
Idem.	Hostin, dit Fatou. . . .	30	40
Au bourg.	Les héritiers Bernard.	40	50
Idem..	Hostin.	15	20
Leyssac.	Teyssonneau.	20	25
Germain.	Razeau fils.	20	25
Cos.	Fauchey.	15	20
Marbuset.	Etchevery.	10	12
Lureteyre.	Figerou.	20	30
Idem.	Grazillon.	15	20
Canteloup.	Bernard sœurs.	15	20
Aillan.	Bernard, dit Moulet. .	15	20
Canteloup.	Deloude.	10	15
Marbuset.	Vilain (François). . . .	12	15
Idem.	Desplats fils.	10	12
Au bourg.	Desse.	35	40
Idem.	Ducasse.	12	15
Saint-Corbian.	Blanchereau.	12	15
Idem.	Boyer.	20	25
Marbuset.	Bichon.	10	15
Leyssac.	Prevosteau.	15	18
Blanquey.	Bernard.	15	20

SAINT-SEURIN DE CADOURNE.

Ce bourg considérable occupe une belle position sur un coteau graveleux. La commune est limitée : au nord, par celles d'Ordonnac et de St-Yzan ; à l'est, par la Gironde ; au sud, par St-Estèphe ; et à l'ouest, par St-Germain-d'Esteuil et Podensac.

Les vins qu'elle fournit sont de bonne qualité ; mais,

quoique pourvus de finesse, ils n'ont ni le bouquet, ni la sève des communes supérieures du Médoc; néanmoins, on recueille sur les coteaux graveleux qui avoisinent la rivière, des vins pourvus d'une moelle onctueuse qui les font apprécier par les dégustateurs.

C'est encore une des communes où l'on trouve une très-grande inégalité dans les qualités; on l'attribue à une grande différence dans la nature des terrains, qui sont : ici, graveleux; là, pierreux; plus loin, terres fortes et paludéennes. Ces dernières sont à l'ouest de la commune, tandis qu'à l'est sont des ondulations de terrains, de belles graves, qui favorisent la maturité du raisin et donnent aux produits de ces vignobles une supériorité marquée.

1101 hab^{ts}. — 2500 à 3000 ton. de vin. — 42 kil. de Bordeaux.

Sénillac..............	Coiffard........	130 à	150 tx
Doyac..............	Chabannes, médecin..	100	125
Coufran...........	De Verthamont....	100	110
Verdignan..........	De Parouty......	100	110
Le Tralle..........	Figerou (François)..	80	100
Le Mout...........	Figerou aîné......	80	100
Charmail..........	Louvet de Paty....	70	80
Bel-Orme..........	Veuve Tronquoy....	60	70
Pontoise...........	Cabarrus (Adolphe)..	60	70
Au bourg..........	Rigou..........	60	70
Ducasse...........	Chaumel........	50	60
Grandis...........	Veuve Andron.....	50	60
Au bourg..........	Figerou, notaire....	50	60
Muret............	Charron.........	40	50
Verdus............	De Bonneau......	40	50
Lousteau-Neuf......	Pereyra.........	30	40
Sociando..........	Mallet, capitaine....	35	40
Laumonier.........	Héritiers Laumonier..	25	30
Plaisance..........	Andron (Justin)....	25	30
Le Villa..........	Clémenceau......	25	30

Château Latour de Carnet (St-Laurent).

Pabeau.	Pomès.	20	à 30	tx
Au bourg.	Hay.	20	30	
Brochon.	Veuve Andron aîné. .	20	25	
Cadourne.	Tronquoy-Lalande. . .	18	25	
Le Mout.	Rousseau.	20	25	
Au bourg.	Seilhan.	15	20	
Cadourne.	Nouet (Jeanti).	18	25	
Le Mout.	Macé.	15	20	
Lestage.	Léraud.	15	18	
Idem.	Gombeaud.	15	18	
Au bourg.	Sarnac.	15	18	
Idem.	Drouineau.	15	18	
Lestage.	Dissendier.	10	15	
La Grange.	Martin.	10	15	
Marque.	Figerou (Benjamin). .	10	15	
Le Villa.	Laneuve.	10	15	
Idem.	Lussac.	10	15	
Idem.	Grazillon.	8	12	
Lestage.	Simon.	8	12	
Idem.	Bosc.	8	12	
La Grange.	Cocuraud.	8	12	
Lestage.	Andron, charpentier. .	8	12	
Troupeau.	Bouillaud.	10	12	

SAINT-LAURENT.

Cette commune confine : au levant, à celle de St-Julien;
au nord, à celles de Pauillac et de St-Sauveur ; au midi,
à l'arrondissement de Bordeaux ; et au couchant, à des
landes.

St-Laurent produit de très-bons vins, dont la couleur
et la fermeté n'excluent pas l'élégance. Le côté du levant,
avec un terrain de belles graves, à fonds d'alios, planté en
cépages de choix, donne des vins qu'on assimile à ceux de
St-Julien.

3200 hab^{ts}. — 1500 à 2000 ton. de vin. — 43 kil. de Bordeaux.

Latour de Carnet.....	Luetkens..........	100 à	120 tx
Belgrave...........	Devès (B.)........	80	95
Perganson.........	Lahens (Ernest).....	80	95
Camensac........	Popp............	80	90
Le Bouscat........	Véron (H.)........	50	60
Ballac...........	Grimail...........	50	60
Mascard..........	Lahens (M)........	40	50
Le Galan.........	Les héritiers Guillot..	40	50
Cache...........	Pieck...........	30	40
Caronne..........	Ferchaud........	30	40
Seujean..........	Devès (B.)........	25	30
Marcillanet........	Bichon (Théodore)...	25	30
Trentaudon De Larose.	De Larose........	20	25
Beychevelle........	Saintout (Vivien)....	20	25
Maderan..........	Clerc (Chéri).......	20	25
Marcillan.........	Dupré (Chéri)......	20	25
Cougouilhe........	Verrière..........	15	20
Maurens..........	Maurens..........	15	20
Silvestre Bichon.....	Bichon (Silvestre)...	10	15
Touine...........	Séjourné.........	10	15
Rionnet..........	Tisseuil..........	10	15
Héritiers Graves.....	Chaulet..........	10	15
Mallet...........	Mallet...........	10	15
Nadeau..........	Petit...........	10	15
Fourton..........	Veuve Guilhem.....	10	15
Teyssonneau.......	Teyssonneau.......	8	10
Mourau..........	Mourau..........	8	10
Viaut...........	Veuve Viaut.......	8	10
Vidal...........	Vidal...........	8	10
Martin..........	Veuve Martin......	8	10
Sarrotte..........	Veuve Sarrotte.....	8	10
Soleillan..........	Soleillan..........	8	10
Trente à trente-cinq	paysans produisant de	5 à	8

SAINT-SAUVEUR.

La commune de St-Sauveur est bornée : à l'ouest, par des landes; au sud, par la commune de St-Laurent; à l'est, par celle de Pauillac; et au nord, par celle de Cissac. Les vins qu'elle produit sont fins et délicats; ils ressemblent à ceux de Cissac, mais ils ont plus d'agrément et de bouquet; cette supériorité s'explique par la nature du terrain, qui est plus généralement sablonneux ou pierreux.

857 hab^{ts}. — 400 à 600 ton. de vin. — 36 kil. de Bordeaux.

Fonpiqueyre	Danglade	60	à	70 tx
Tourtereau	Le Guénédal	60		70
Peyrabon	Badimon	60		70
Madrac	Vasquez	50		60
Hourtin	Chauvet et Duroy	50		60
Liversan	Danglade	40		45
La Baterre	Héritiers Cavaignac	40		45
Fontesteau	Seurin	16		18
Cassanac	Veuve Bernard	12		15
La Naude	Plusieurs petits chais	10		12
Fournac	Héritiers Pascal	8		10
Idem	Héritiers Maney	8		10
Guérin	Villa, dit Mausais	8		10
Idem	Gaillard	8		10
Escarjean	Hostein aîné	10		12
Idem	Maney	6		8
Idem	Tiffon (Guillaume)	7		9
Idem	Héritiers Tiffon	6		8
Idem	Pic	7		9
Le bourg de St-Sauveur	Eyssan	10		12
Idem	Delille	10		12
Idem	Andron	8		10
Idem	Héritiers Blanchard	7		9

Laborde.	Héritiers Laborde. : .	10	à 12 tx
Labrousse. . . :	Bernard oncle.	10	12
Idem.	Maney.	6	8
Idem.	Seignoret.	6	8

Divers petits propriétaires récoltant de 2 à 5 tonneaux.

—

CISSAC.

Cette commune confine : au nord , à celle de Verteuil ;
au midi , à celle de St-Sauveur ; au levant , à celle de St-
Estèphe ; et au couchant , à St-Germain d'Esteuil. Elle
fournit des vins qui sont à-peu-près de la même qualité
que ceux de St-Sauveur ; ils ont cependant plus de corps
et de couleur. Ses meilleurs crûs sont le produit d'un sol
graveleux , à fonds d'alios, friable et placé dans de belles
expositions. On voit dans cette commune les ruines du
vieux Château du Breuil , qui avait autrefois le titre de
baronnie. A en juger par ce qui reste de ses murs épais,
de ses portes ogivales, de ses cours et de ses fossés , on
n'est pas tenté de faire remonter sa construction au-delà
du xiie siècle, cependant la tradition le recule jusqu'au vie.

1091 habts. — 1000 à 1200 ton. de vin. — 38 kil. de Bordeaux.

Château du Breuil. . . .	Baron du Breuil.	80	à 100 tx
Larrivaux.	Cte Du Hamel.	80	100
Martiny (au bourg). . .	Martiny.	80	100
Ansaillan.	Lefort.	60	70
Lamothe	Dumousseau.	40	50
Vilambits.	Ch. Balguerie junior. .	30	40
Abiet (au bourg).	Abiet (Adolphe).	20	30
Courrégeolles (au bourg)	Dlles Courrégeolles. . .	20	·30
Teyssonneau (au Luc). .	Teyssonneau.	20	30
Prévot (au Luc).	Prévot.	12	16

Bémard (au Queyron)..	Bémard..........	12	à 15 tx
Saumes (au Queyron)..	Saumons..........	12	15
Campagne (au Reynats).	Campagne........	12	15
Renom (à Pellon). . . .	Renom..........	12	15
Chanove, Eyssan (au bourg..........	Eyssan..........	10	12
Jarris (au bourg)	Jarris..........	10	12

—

VERTEUIL.

Cette commune est limitée : au nord, par celle de St-Germain; à l'est, par celle de St-Estèphe; au sud, par celle de Cissac; et à l'ouest, par les dépendances de Secondignac. Son territoire se divise en terres basses ou de palus, et en plaine haute et graveleuse. Les vins de Verteuil acquièrent en vieillissant du moelleux et de la fermeté; ils sont bien colorés, mais ont peu de bouquet; on les expédie ordinairement en Hollande et dans les autres parties du Nord, où ils jouissent d'une estime méritée.

1090 hab^ts. — 500 à 700 ton. de vin. — 40 kil. de Bordeaux.

Picourneau.........	Malvezin..........	40	à 50 tx
Le Bourdieu.......	Blanchard........	60	70
L'Abbaye..........	Skinner..........	160	180
Beirac..........	Wüstemberg.......	160	180
Lasalle..........	Bigot..........	25	30
Lagravière........	Couerbe..........	25	30
Souley..........: . .	Grenier.	25	30
Clémenceau.......	Bernard..........	50	60
Nodris..........	Dezest.	18	20
Au bourg.	Millet, au bourg. . . .	30	34
Idem..........	Durel, idem........	25	30
Idem..........	Maurin, idem.	25	30
Idem..........	Courrejolles.......	8	10

Monneins	Monneins	25	à 30 tx
Gaurand	Plaignard	60	70
A l'Ile	Raymond	10	12
Au bourg	Mondon	18	20

SAINT-GERMAIN D'ESTEUIL.

Cette commune, limitée : au nord, par la commune de
St-Seurin de Cadourne; au sud, par celles de Verteuil et
de Cissac; au levant, par celle de St-Estèphe; et à l'ouest,
par celle de St-Trélody, possède, ainsi que les communes
de Saint-Seurin de Cadourne et de Verteuil, un territoire
de nature variée, dont partie terre forte, et partie grave
légère; c'est dans cette partie de grave légère que se fait
distinguer le crû *Château-Livran*.

1245 hab^{ts}. — 600 à 700 ton. de vin.

Château-Livran	Baron du Périer de Larsan	200	à 250 tx
Château-Bries-Caillou	Baron du Périer de Larsan	100	120
Château-Castera	Mis de Verthamont	75	80
Au bourg	Arnaud Charron	45	50
Latour	De Lambert	20	25
Barbannes	Mis de Verthamont	20	25
Cantegril	Colombe	20	25
Artiguillon	Delille	12	15
A Barbehire	Meynieu	35	40
Au bourg	Durand	12	15
Artiguillon	Dubosq (Elie)	15	18
A Fogères	Arnaud	8	10

Les communes qui viennent après St-Seurin de Cadourne, Verteuil et St-Germain d'Esteuil, sont réputées *Bas-Médoc ;* les vins qu'elles donnent sont en général bien inférieurs à ceux recueillis dans le Haut-Médoc ; ils ont pour la plupart le goût de terroir ; mais, bien choisis et d'une année où la température a été favorable à la vigne, ils sont très-propres pour les expéditions à l'étranger, et ils deviennent agréables en vieillissant.

Les frais de culture, pour les vins qui se payent de 200 à 250 fr. le tonneau, peuvent s'évaluer à 80 p. 100 du produit. Le journal donne, terme moyen, deux à trois barriques.

Parmi les communes du Bas-Médoc, dont nous donnons la liste ci-après, doit on distinguer celles de St-Christoly et Valeyrac ; leurs vins ont moins de terroir et plus de finesse que ceux des autres paroisses.

—

SAINT-CHRISTOLY ET COUQUÈQUES.

741 hab^ts. — 1000 à 1200 ton. de vin. — 50 kil. de Bordeaux.

		tx				tx
Guittard (crû St-Bonnet)......	75 à	90	Normandin (Jean).	20 à	25
Martial)......	60	70	Servant (François).	20	25
Lardiley (crû St-Bonnet).....	60	70	Servant (François) aîné.......	20	25
Veuve Lussac...	40	50	Piganeau.......	20	25
Guiraud......	40	50	Dumas (Jean) fils..	15	20
Laforest......	40	45	Daney frères...	15	20
Plumeau.......	40	45	Veuve Normandin.	12	15
Dumas (Jean), crû St-Bonnet....	30	40	Servant (Pierre)..	10	15
Bert........	30	40	Grach jeune....	12	15
Copmartin.....	30	35	Veuve Courbes...	12	15
Guidon......	25	35	Guiraud (Pierre)..	10	15
			Alibert.......	10	15

	tx			tx	
Pelau.	10 à 13		Moreau.	8 à 10
Lafaye (Jean).	10	12	Boyer (André).	8	10
Cagnard.	10	12	Mezuret.	9	10
Négrier (François)	10	12	Braquessac.	8	9
Eysson.	10	12	Ponceteau.	7	8
Total.	10	12	Divers petits pro-		
Lacroix.	10	12	priétaires.	275	350
Grach aîné.	8	10			

VALEYRAC.

659 hab[ts]. — 350 à 500 ton. de vin. — 56 kil. de Bordeaux.

Chauvelet.	120 à 150		Rabère.	60 à 70
Haignoux.	60	80	Bert.	40	50
Bédel aîné.	60	70	Lussac.	40	50
Eyquem.	60	70	Rousseau.| 30	40
Laclaverie.	60	70	Divers.	150	160

SAINT-TRÉLODY.

Les vignobles de cette commune sont disséminés sur une vaste superficie; ils donnent des vins agréables et légers, mais auxquels on souhaiterait plus de couleur et de corps. 1739 hab[ts]. — 450 à 500 ton. de vin. — 48 kil. de Bordeaux.

Guilhem (Joseph).	90 à 100		Mothes (Jean).	15 à 20
Lostau (Théodore).	70	90	Drouillet aîné.	15	18
Coiffard aîné.	60	70	Gondmeau (Mart[al])	12	15
Coiffard (August[in]).	60	70	Bernard (Pierre).	15	20
Héritiers Fabre de			Villa.	12	15
Rieunègre.	20	30	Bernard.	15	18
Laumond.	20	25	Drouillet (Daniel).	10	12
Célerier.	12	15	Scevola (Franç.).	15	20
Bénetau.	15	20	Piffon.	10	15
Bonore (Jacques).	15	20	Adde, boucher.	10	12

JAU.

Cette commune est située sur des croupes qui présentent un terrain tantôt sablonneux, tantôt couvert de gravès. Ses vins ne manquent pas de sève, mais ils ont peu de durée.

230 à 300 ton. de vin. — 60 kil. de Bordeaux.

	tx			tx	
Bédel (Michel). . .	60 à	70	Bert père.	10 à	12
Comte de Lussac..	40	50	Bert fils.	10	12
Bert (Raymond). .	70	80	Figerou (J.). . . .	12	15
Coiffard jeune. . .	30	40	Chichet.	15	20
Mme Larcher.. . .	15	20	Dubosq.	10	12
Laumond.	10	15	Dufau.	10	12
Delignac.	10	15			

LESPARRE et UCH.

Terrain sablonneux, reposant sur un fonds d'argile ou de pierres. Vins légers et agréables ayant un peu de terroir.

300 à 450 ton. de vin. — 48 kil. de Bordeaux.

Frechina.	60 à	80	Marcou.	15 à	20
Lebeuf.	15	20	Mazeau.	15	18
Mme Potié, héri-			Frèche.	10	15
tiers Vidal	16	20	Monneins cadet...	10	12

POTENSAC.

Cette commune a été réunie à celle de St-Trélody; ses vins sont un peu supérieurs.

300 à 350 ton. de vin. — 48 kil. de Bordeaux.

Héritiers Fabre de			Guilhory.	40 à	45
Rieunègre.	50 à	60	Marry de Laloubie.	50	60

	tx			tx	
Guilhory	40 à	45	Pierre Mouguet	40 à	50
Veuve Gallais	50	60	Guilhem	15	20
Jeanty	90	100	Hostein (François)	10	12
Cousin (Alexandre)	50	60	Mesuret fils	10	12
Mondon	50 à	60	Négrier (Antoine)	8	12
Prevosteau (Mich.)	25	30			

BLAIGNAN.

312 hab^{ts}. — 450 à 500 ton. de vin. — 48 kil. de Bordeaux.

Peychaud	150 à	160	Marcoute (Jean)	10 à	12
Mme Gorse	60	70	Meynieu	10	12
Seguin	30	40	Moreau	10	12
Pothier	50	60	Teyssier	7	8
Guilhory (Auguste) 🜨	10	12			

SAINT–YZANS.

548 hab^{ts}. — 700 à 900 ton. de vin.

Subercazeaux, à Si-gognac	150 à	200	Brion	15 à	20
De Marcellus fils, Chât.-Loudène.	100	150	André	15	20
Tronquoy-Lalande fils	10	20	Veuve Lafaye	12	15
Mesuret (Pierre)	30	40	Moreau (Jean)	12	15
Jeanty (François)	20	25	Jeanty (Jean)	10	12
Lacroix (Jean)	20	25	Bournac, charpen-tier	10	12
			Renou	10	12
			Barbe (Pierre)	10	12

ORDONNAC.

358 hab^{ts}. — 200 à 300 ton. de vin.

Seguin	10 à	12	Héritiers Jouan	12 à	15
Martin	10	12	Roustaing	12	15
Marcalet	10	12	Veuve Laveau	12	15
Arnaud	10	12	Meynieul	10	12
Faure	10	12			

BÉGADAN.

1309 hab^{ts}. — 400 à 500 ton. de vin. — 52 kil. de Bordeaux.

	tx			tx	
Cruse (Château -			Barbier (M.).	30 à 40	
Laujac.	200 à 250		Brion (Pierre). . . .	30	35
— (Crû de Lafitte)	80	100	Vital-Eyrem.	20	25
Lussac (Arnaud). .	80	100	Lapeyre.	18	20
Delignac (la Tour			Brion et Fonteneau	16	20
du By).	60	70	Liquard.	15	18
Lambert - Mont -			Ducasse.	15	18
blanc.	50	60	Teyssandier.	12	16
Lussac fils.	50	60	Lussac , dit Jean-		
Lussac (Pierre). . .	40	50	tille.	10	12
Jean Lussac de			Cocureau.	10	12
Roulin.	40	50	Hostein (Jean). . .	10	12
Brion (Jean).	30	40	Brion (Pierre). . . .	8	10

Une vingtaine de petits propriétaires faisant plus de 5
tonneaux. . . . . , ... 100   180

GAILLAN.

2238 hab^{ts}. — 150 à 250 ton. de vin. — 49 kil. de Bordeaux.

Moutardier (Chéri).	70 à 80		Joffre, curé.	10 à 15	
Lacapère (Gilbert).	40	50	Rey.	10	15
Héritiers Fabre de			Paul.	10	12
Rieunègre. . . .	30	35	Faget.	10	12
Moutardier (F.). .	18	20	Mlle Leguay.	8	10

CIVRAC.

Terrain sablonneux , quelques graves.

837 hab^{ts}. — 400 à 550 ton. de vin. — 52 kil. de Bordeaux.

Pepin d'Escurac. .	100 à 110		Comte de Ségur-		
Fréchina.	30	40	Cabannac (Châ-		
Chauvelet.	25	30	teau-Bessan). . .	100 à 120	

	tx			tx
Veuve Guillory...	12 à 15	Meynieu........	40 à 50
Richard........	40 50·	Figerou........	6 8
Lussac........	15 20	Moreau........	10 12
Gallouin........	30 à 40	Simon.........	15 20
Benillan........	20 25	Lambert-Carrégat.	30 40
Teixier.........	15 20		

—

QUEYRAC.

1906 hab^ts. — 200 à 300 ton. de vin. — 52 kil. de Bordeaux.

Veuve Montauroy (Château-Carca-niéux).......	120 à 140	Carle..........	50 à 60
		Allard.........	18 20

—

SAINT-VIVIEN.

1133 hab^ts. — 80 à 100 ton. de vin. — 60 kil. de Bordeaux.

Maurin frères....	20 à 30	Divers petits pro-	
Dépé.........	20 25	priétaires.....	30 à 40

CHAPITRE VIII.

—

ARRONDISSEMENT DE LIBOURNE.

Il est situé au 44e degré 55 minutes 2 secondes de latitude nord, et au 17e degré 24 minutes 32 secondes de longitude. Il est borné : au nord, par les départements de la Charente-Inférieure et de la Dordogne; au sud, par l'arrondissement de La Réole ; à l'est, par le département de la Dordogne ; et à l'ouest, par l'arrondissement de Bordeaux.

Son étendue est de 128,589 hectares, dont 25,800 en vignes, 35,361 en terres labourables, 15,273 en prairies naturelles et artificielles, 10,969 en bois. La surface de l'arrondissement est occupée par des coteaux et des plaines. Il se compose de neuf cantons ou justices-de-paix, et de cent trente-deux communes. Sa population, d'après le recensement de 1851, est de 107,104 habitants, dont à-peu-près 23,000 dans les villes.

Cette partie du département est traversée par trois rivières : la Dordogne, l'Isle et la Dronne, et par plusieurs ruisseaux assez considérables ; les principaux sont l'Engrane, la Lidoire et la Durèze, qui se jettent dans la Dordogne ; la Carbanne, la Saye, le Larry, qui portent leurs eaux dans la rivière de l'Isle, et les Chalaures dans ceux de la Dronne. Plus de la moitié de l'arrondissement, comprise dans les belles vallées de la Dordogne et de l'Isle, présente une fécondité remarquable et les plus frais paysages. Le reste du territoire offre parfois un aspect moins attrayant ; mais des vallons sinueux, des coteaux capricieusement groupés, lui prêtent presque partout le caractère le plus pittoresque.

Deux routes impériales de Bordeaux à Lyon et à Limoges, l'une par Mussidan, l'autre par Bergerac, traversent l'arrondissement. Deux embranchements le relient à la route de Bordeaux à Paris ; partant tous deux de Libourne, ils arrivent, l'un à Montlieu, l'autre à Saint-André-de-Cubzac.

Les principales productions sont en vins, grains de toute espèce, foin, chanvre et oignons.

Les 26,000 hectares de vignes produisent, récolte moyenne, environ 575,000 hectolitres, ou 63,000 tonneaux de vins, dont 190,000 hectolitres (21,000 tonneaux) sont consommés par les habitants.

La ville de Libourne renferme 12,700 habitants; le mouvement du cabotage a été, en 1850, de 2544 navires, avec chargement (du port de 64,433 tonneaux), et en 1851, 2133 bâtiments (52,257 tonneaux). La masse des marchandises qu'elle a embarquées s'est trouvée monter :

en 1849, à 1,527,038 qx métr., dont 245,752 de vins.
    1850, à   701,070   —   224,137   —
    1851, à   651,779   —   253,314   —

Les vins de *St-Émilion* sont les plus renommés de cet arrondissement; ils ont une belle couleur; ils sont spiritueux et agréables; et dans les premiers crûs, ils présentent un bouquet particulier. Il ne s'en expédie pas moins de 22,800 hectolitres (2,500 tonneaux) dans les bonnes années; à la vérité, on comprend sous cette dénomination les vins récoltés dans les communes de St-Martin de Mazerat, St-Christophe et St-Laurent, qui sont les meilleurs du canton de Libourne. On désigne encore sous le nom de St-Émilion, les vins que produisent St-Sulpice, Pomerol (1), St-Georges, Montagne et Néac, canton de Lussac. Le commerce de Libourne y comprend quelquefois les vins que fournissent les communes de Lussac et Puisseguin, de Parsac même, quoique bien inférieurs; après ces vins, qui

---

(1) Cette commune, à 4 kilomètres 1/4 de Libourne, possède des vignobles qui produisent faiblement; mais les vins qu'ils donnent se recommandent par leur délicatesse et leur finesse.

se récoltent dans le canton de Lussac, viennent les côtes de St-Magne, Castillon et Capitourlans, canton de Castillon, où finit l'arrondissement.

Un des numéros du journal le *Producteur* a donné, sur les vignobles de St-Émilion, des détails pleins d'intérêt et fort exacts, dont nous allons faire notre profit.

Les terres à vignes de St-Émilion, dans la plaine comme sur les hauteurs, se composent presque partout d'un sable gras, assez coloré, reposant sur un fonds d'argile et de roche. L'extrémité des hauteurs doit cependant être considérée comme un terrain calcaire, tant les débris et les délittements du roc inférieur, presque toujours voisin de la surface, s'y trouvent confondus souvent avec des argiles; cette nature du sol est très-propre à la vigne. Les sommités même où le roc se présente à nu ou seulement recouvert d'un peu de terre, de sable ou de gravier, sont couvertes de vignes. Nous avons vu, dans plusieurs vignobles de St-Émilion, des trous creusés dans le roc, remplis ensuite de terres rapportées, nourrir des ceps très-vigoureux.

D'autres variétés de sol se présentent à mesure que l'on descend des sommets vers les vallées; les délittements calcaires deviennent plus rares; on ne rencontre plus alors que des sables mêlés de petit gravier; quand ces rampes sont largement développées et d'une pente presque uniforme, comme on le voit le long du littoral de St-Émilion à Castillon, elles ne présentent qu'un rideau de vignobles qui descend du haut des collines jusqu'à la plaine haute sabulo-graveleuse, interposées entre elles et la plaine fluviatile.

Le mode de culture est partout uniforme dans St-Émilion : les vignes y sont plantées en plein, sur un terrain cultivé à la bêche et à plan uni; les ceps, distants les uns des autres de 1^m 30 à 1^m 36, sont échalassés; leur hau-

teur, presque partout uniforme, excepté dans les très-
vieilles vignes, ne s'élève pas beaucoup au-dessus du sol,
mais leurs pousses sont relevées verticalement et tenues
ainsi le long des échalas auxquels on les lie.

Les vins de St-Émilion ne paraissent pas être tous doués
du même mérite sur l'étendue du territoire de la commune :
les hauteurs du sud et de l'est fournissent les meilleurs ;
ceux des expositions au nord et à l'ouest ont plus de dureté. En descendant dans la plaine, il se présente encore
d'autres différences, qui ne sont cependant pas assez marquées pour que l'on puisse dire que l'on passe du bon au
mauvais ; les uns et les autres ont une qualité et un caractère qui leur sont propres ; ce sont en général de bons
vins.

Les meilleurs cépages rouges, cultivés dans les vignobles de St-Émilion, sont le *Merleau*, les *Deux-Vidures*
ou *Bouchet*, le *Malbeck*, connu sous le nom de *Noir de
Pressac*, du nom du propriétaire qui l'y multiplia.

On cultive aussi dans quelques crûs la *Chalosse-Noire*,
grains oblongs très-gros, grappe fournie rendant assez
abondamment.

Le *Teinturier*, pampre incarnat, feuille glabre, blanchâtre et cotonneuse au revers ; grains ronds et serrés,
grappe courte. Il n'est employé que pour la couleur qu'il
donne.

On doit remarquer que le nombre des cépages cultivés
est toujours en raison inverse de la bonté des produits ;
dans les vignobles où se recueillent les grands vins, on ne
rencontre jamais qu'un petit nombre d'espèces.

Les vins de St-Émilion sont pleins, séveux, corsés et
colorés, non de cette couleur violacée, qui annonce d'a-
vance un déboire désagréable, mais d'un rouge rubis qui

promet un goût flatteur au palais. Ces vins, généreux et toniques, ont le grand avantage, sur une grande partie des vins du département, de faire de très-bons vins d'ordinaire de quatre à six ans, de supporter l'eau tout en concervant leur vinification. De huit à douze ans, il font de bons vins d'entremets; enfin, de quinze ans et au-dessus jusqu'à quarante et cinquante ans, ils font d'excellents vins de dessert.

· La Bretagne, la Belgique et la Hollande goûtent fort les St-Émilion; une attention minutieuse donnée à la récolte en assure le mérite. « Les propriétaires de cette commune » (ainsi s'exprimait le rédacteur du *Producteur*) poussent » au dernier point les soins qu'ils donnent à la cueillette; » ils égrènent, ne laissent que peu cuver, parfois vingt- » quatre heures et au plus trois ou quatre jours, pour » que la qualité alcoolique dont le raisin est abondamment » pourvu n'entre pas en trop grande proportion dans le » vin. De nombreux tirages au fin dégagent le liquide de » ses parties tartreuses, qui, contenant quelques quantités » d'acide mulique, pourraient lui donner un peu d'âpreté.»

Les vins de St-Émilion jouissent depuis longtemps d'une réputation universelle; dès le xiiie siècle les poètes en célébraient le mérite. Un fabliau de ce temps leur assigne un rang des plus distingué parmi les vins de France.

De 1312 à 1340, Édouard ii et Édouard iii, rois d'Angleterre, mirent toujours un très-grand prix à posséder des vins de St-Émilion, comme on peut le voir par le *Catalogue des Rôles gascons* et par plusieurs arrêts du Parlement de Bordeaux; enfin, les rois de France eurent pour les vins de St-Émilion la même estime que les souverains de l'Angleterre. J'en citerai un exemple sur cent : Louis xiv, qui n'était pas flatteur, étant venu à Libourne,

10

dit, en buvant du vin de St-Émilion, que ce vin était du nectar. (Voir Souffrain, *Essai sur Libourne,* t. 11, p. 35).

CLASSIFICATION DES VINS DE PREMIÈRE MARQUE.

Château-Belair.	Le baron de Marignan	25	à	30 tx
Canon.	Mme Tranchère.	30		35
Campfourtet.	Rulleau.	25		30
Beauséjour.	Ducarpe.	20		25
Trois-Moulins.	Fourcaud-Duplessis.	15		20
Franc-Magne.	Fourcaud (Edmond).	15		20
Pourret.	Fontémoing (Gustave)	15		20
Lacarte.	Martineau.	6		8
Bellevue.	Lacaze (Henri).	12		15
Berliquet.	Pérès, médecin.	15		20
Daugay.	Chaperon (Romain).	10		12
La Madeleine.	Chatonet, mineur.	12		15
Ausone.	Cantenat.	12		15
Saint-George.	Eymen.	8		10
En Ville.	Coste aîné.	6		8
La Sable.	Puchaud.	8		10
Pimpinelle.	Chapus.	6		8
Idem.	Fayard (Zéphirin).	12		15
Larcis.	Dubuch.	10		12
Idem.	Ducasse.	12		15
La Clusière.	Thibaud.	8		10
Mondot.	Troplong.	10		12
Fongaband.	Desèze.	8		10
La Bouygue.	Laforet.	10		12
Malineau.	Troquart.	8		10
Les Menus.	Meynot aîné.	6		8
La Serre.	Marcon.	6		8
Ville-Maurine.	Morange.	6		8
Le Todis.	Izambert.	5		6
La Croux de Paute.	Chaperon (Jacinthe).	9		12
Balestard.	Chaperon (Paul).	8		10
Sansonnet.	Coutard.	16		18
Soutard.	Mme Barry.	55		60

Trotte-Vieille........	Mlle Dumugnon.....	6 à	8 tx
Sarpe............	Reynaud, avocat....	12	15
Idem...........	Decarbe.........	8	10
Faurie...........	Laveau, dit Breton...	10	12
Cadet...........	Delaage..........	10	12
Brisson..........	Brisson..........	20	25
Le Couvent........	Leperche (Emile)....	10	12
Fond-Roque.......	De Mallet-Roquefort..	10	12
Grandes-Murailles....	Coste-Coty........	5	6

Indépendamment de cette quantité, il y a encore quelques autres petites parties de vin de première marque.

CLASSIFICATION DES VINS DE SECONDE MARQUE.

Madras.........	Bourricaud......	45 à	50 tx
Le Mayne.......	Puchaud..........	50	55
La Gaffelière......	Boilard........	40	45
Idem.........	De Malet (Léo)....	30	35
Vachon........	Coutard........	45	50
Jean Faure......	Danglade et Chaperon.	50	55
A Courbin.......	Héritiers Chaperon..	30	35
A La Gomerie.....	Dutour.........	25	30
Au Canton.......	Lacrompe.......	25	30
Au Cheval-Blanc....	Ducasse........	25	30
A Figeac........	Laveine (très-bon crû)	40	45
Bragard........	Guadet, juge-de-paix..	50	60
A La Gomerie.....	Descorde.......	12	15
Peyraud........	Beylot-Macheu....	45	50
Badette.........	Mme Barry......	30	35
Coutet.........	David (Alphonse)...	25	30
La Clausure......	Grelou........	15	20

Les frais de culture varient suivant la nature du sol et
suivant les soins dont certains propriétaires sont susceptibles. Le sol calcaire et peu profond de St-Émilion veut

être fumé ; toutes les dépenses qu'occasionne cette culture peuvent être évaluées à 81 p. 100 du produit brut. Ce produit est de deux à trois barriques, au prix moyen de 350 à 400 fr. le tonneau ; le prix est plus élevé pour les crûs distingués du Haut-St-Émilion.

La commune de Fronsac ne saurait être oubliée ; elle se compose de coteaux, que des terres d'alluvion en palus séparent de la rivière ; le vin des côtes offre de la couleur, de la sève, de la fermeté ; il gagne en prenant de l'âge. On cite avantageusement les vins connus sous le nom de *Canon-Fronsac* ; ils sont récoltés à *Giffon*, au revers de la côte de *Canon*, à la *Laguë* et dans les domaines de *Pichelerre*, *Belloy*, *Lavalade*, *Gaby*, *Junayme* et *Bodet*. Les vins des palus d'*Anguieny* et de *Noségrand* ont de la couleur et du corps. Fronsac donne deux cent cinquante à trois cents tonneaux de vin de première classe, neuf cent soixante-quinze à mille de seconde classe ; et dans les palus que nous venons de nommer, mille à mille deux cents tonneaux.

La commune de St-Michel, contiguë à Fronsac, et également placée sur la Dordogne, récolte quarante-cinq à soixante-cinq tonneaux de vin sur le coteau de Canon, deux cent vingt à deux cent cinquante tonneaux sur les autres côtes, et trois cent vingt-cinq à quatre cent cinquante tonneaux dans les palus.

Pommerol touche à St-Émilion et récolte des vins de graves estimés ; ils sont d'assez longue durée et d'un prix modéré. Le *Château de Curtan* est le premier crû. Les produits des terres basses sont inférieurs à ceux des hauts terrains. Pommerol donne six cents à sept cents tonneaux.

On trouve sur la prolongation de la côte de St-Émilion, St-Christophe et St-Laurent des Combes.

La première de ces communes fournit trois cents à trois cent soixante-quinze tonneaux, provenant des hauteurs, et cinq cents à six cents tonneaux dans la plaine. Les meilleurs de ces vins ont de l'analogie avec les seconds crûs de St-Émilion; ils ont de la sève, de la couleur, et, en vieillissant, ils perdent la dureté qu'ils présentent d'abord.

Quant à la seconde commune, elle donne cent vingt à cent cinquante tonneaux récoltés sur des coteaux d'un sol argilo-calcaire, et cent cinquante à deux cents tonneaux donnés sur des plaines; ces derniers sont d'un prix bien moins élevé.

Le Puinormand, canton de *Lussac*, fournit des vins rouges assez corsés.

Le canton de *Coutras* donne beaucoup moins de vins rouges que celui de *Guîtres*; mais ils sont d'une qualité supérieure.

L'Entre-deux-Mers comprend les cantons de *Brannes* et de *Pujols*; celui de *Pellegrue*, arrondissement de La Réole; une partie de celui de *Sauveterre* et de *Targon*, même arrondissement; enfin, de celui de *Créon*, arrondissement de Bordeaux; tout le reste, au sud, se désigne sous le nom de *Benauge*. Dans l'Entre-deux-Mers, le transport des vins est très-coûteux dans les années abondantes; et comme la vigne rouge est beaucoup plus dispendieuse que la blanche, les propriétaires s'attachent à cultiver cette dernière; d'autant plus, que lorsqu'ils sont obligés de convertir leur récolte en eau-de-vie, les vins rouges ne rendent pas autant que les blancs. Le peu de vins rouges qui s'y récoltent sont produits par le *Malbeck* ou le *Noir de Pressac,* le *Merlot,* le *Mancin,* le *Teinturier,* le *Cruchinet* et le *St-Macaire.* Ces vins, faits avec soin, deviennent assez agréables en vieillissant; ils sont presque tous consommés dans le pays; ils s'en fait quelques expéditions pour la Bretagne.

Les vins rouges du canton de *S*^{te}-*Foy* sont d'une assez bonne qualité et comparables aux côtes de Pujols.

Les palus de Libourne, de Fronsac, d'Arveyres et de Genissac, ne fournissent que des vins d'une qualité inférieure.

Notons, en passant, que les vignes, dont les produits sont destinés à l'alambic, sont presque partout en joualles; il y a ainsi économie de labours : la vigne profite des travaux et des engrais consacrés aux grains; économie d'échalas, car dans maintes propriétés les cépages communs ne sont pas échalassés; économie de barriques, on vend le plus souvent ces vins quittes de fût. Les brûleries ambulantes les emploient aussitôt. Un hectare de bonnes joualles peut donner, année commune, cinq à six tonneaux de vin.

Les 32 ares (1 journal) de vignes coûtent dans les cantons de Libourne et de Fronsac 1,800 à 2,000 fr.; ils produisent, récolte moyenne, 1,140 à 1,368 litres (cinq à six barriques) de vin rouge. Les frais de culture sont comme suit :

AVANCES ANNUELLES.

Pour apprêter la vigne : { Tailler, pauler et plier les bois......... 8^f / Epamprer, lever et effeuiller la vigne.... 3 }	31^f	»^c
— trois façons de bêche........... 20		
— échalas et vimes.............	15	»
— provins..................	1	»
— frais de vendange............	8	»
A reporter..........	55^f	»^c

Report.	55^f	»^{c}
Pour cinq barriques, à 144 fr. la douzaine.. .	60	»
— impôts.. . :	4	»
— fumage.. . . . . :	»	»
— entretien des vaisseaux vinaires.	1	»
— entretien des clôtures et autres cas imprévus.	1	»
— transport à Bordeaux (trois barriques)..	3	»
— courtage..	3	75
	127^f	75^c

PRODUIT BRUT.

Le prix moyen de 912 litres (1 tonneau) de vin rouge est de 175 fr. Les 32 ares (1 journal) donnent, récolte moyenne, 1140 litres (cinq barriques). . . . 218^f 75^c

PARTAGE DE CE PRODUIT TOTAL.

Pour les avances annuelles. . . . . 127^f 75^c		
— les intérêts des avances annuelles, à 5 p. 100... . . .	6	38
— le renouvellement de la vigne, la dépense de culture pendant cinq années, la privation du revenu pendant ce même temps.	6	»
— indemnités des pertes causées par la grêle, la gelée, etc., le 20me du produit total.. .	10	92
	151	05

PRODUIT NET (1). . . . . 67^f 70^c

(1) M. Jouannet évalue les frais à 81 p. 100 du produit brut, pour les crûs de St-Émilion, St-Christophe, Pommerol, St-Laurent de Combes, St-Sulpice de Faleyras. Ce produit, ajoute-t-il, est de deux à trois barriques, du prix moyen de 300 à 350 fr. le tonneau. Le prix est plus élevé pour les crûs distingués du Haut-St-Émilion et de Canon.

Voici l'énumération des communes de l'arrondissement de Libourne qui s'adonnent le plus à la culture de la vigne : les Billaux, 160 à 180 tonneaux ; Pommerol, 400 à 500 tonneaux ; Izon, 1200 à 1400 ; Naujeon et Portiac, 600 à 700 ; Curson, 170 à 200 ; Dardinac, 160 à 180 ; Moulon, 1500 à 2000 ; Castillon, 700 à 800 ; Sainte-Terre, 100 à 120 ; St-Étienne de Lissé, 800 à 900 ; les Peintures, 350 à 400 ; St-Médard, 150 à 180 ; Pineuilh, 190 à 220 ; Ligneux, 200 à 220 ; St-Quentin de Caplong, 300 à 350 ; St-Avid de Moiron, 250 à 300 ; Fronsac, 2200 à 2600 ; Larivière, 300 à 350 ; Villegouge, 900 à 1000 ; Galgon et Queynac, 1200 à 1300 ; Guîtres, 200 à 250 ; St-Denis de Piles, 1500 à 1800 ; Bayas, 700 à 800 ; Lapouyade, 250 à 300 ; St-Christophe de Bardes, 450 à 600 ; Puysseguin, 600 à 800 ; Pujols, 300 à 400 ; St-Vincent-de-Paule, 900 à 1100 ; St-Jean de Blaignac, 350 à 400 ; Coubeyrac, 250 à 350 ; Doulezen, 180 à 240 ; Sainte-Radegonde, 200 tonneaux.

Afin de donner une idée de la valeur proportionnelle des diverses qualités des vins de l'arrondissement de Libourne, nous reproduirons le prix-courant d'une récolte de réussite satisfaisante, sans être supérieure :

Haut-St-Émilion. — 1re Qualité: Haut-St-Émilion, 450 à 500 ; 2me qualité : St-Christophe, St-Laurent et St-Martin de Mazerat, 325 à 400 ; 3me qualité : Sables, 250 à 300 ; Canon, côtes de Fronsac, 450 à 500.

Côtes de Fronsac. — 1re Qualité : Fronsac, St-Michel, Larivière et St-Germain, 300 à 350 fr. ; les mêmes, 2me qualité, 275 à 300 ; 3me qualité : Saillans, St-Aignan et autres communes circonvoisines, 200 à 240.

Graves. — 1re Qualité : Pommerol 400 à 450 ; 2me

qualité : Pommerol et Néac, 300 à 350 ; 3ᵐᵉ qualité : Vayres, 275 à 300.

Côtes : Gensac, Castillon, Sainte-Foy, etc., etc. — 1ʳᵉ Qualité, 210 à 240 ; 2ᵐᵉ qualité, 200 à 220 ; 3ᵐᵉ qualité, 190 à 200.

Palus de Libourne. — Izon, St-Romain, Ile du Carney et St-Germain, 220 à 230 ; Arveyres, Moulon, Genissac et St-Sulpice, 210 à 220 ; Larivière, Noségrand et Fronsac, 200 à 210 ; Anguieux et St-Denis, 190 à 200 ; 1ʳᵉ qualité : Sainte-Foy et Lamothe-Montravel, 270 à 290 ; 2ᵐᵉ qualité : environs de Sainte-Foy, 230 ; 1ʳᵉ qualité : Castillon et communes circonsvoisines, 180 à 200 ; 2ᵐᵉ qualité : Castillon, bonnes côtes, 170 à 180 ; 1ʳᵉ qualité : graves de Vayres (Entre-deux-Mers), 180 à 225 ; 2ᵐᵉ qualité : diverses communes de l'Entre-deux-Mers, 150 à 160.

CHAPITRE IX.

ARRONDISSEMENT DE LA RÉOLE.

Cet arrondissement borne le département à son extrémité sud-est ; il est limité : à l'est et au sud, par le département de Lot-et-Garonne ; au nord, par l'arrondissement de Libourne ; et à l'ouest, par celui de Bordeaux, et par la Garonne qui lui sert de limite depuis la commune de Lamothe jusqu'à celle de St-Mexant, après St-Macaire. Il est arrosé par le Drot, dans la direction du sud-est au nord-ouest. La route impériale de Bordeaux à Toulouse, les routes départementales de Libourne à Bazas et de La Réole à Bazas le traversent.

Le terrain situé le long de la rivière est plat et sujet aux inondations ; celui de l'intérieur est montueux ou coupé de coteaux. On y récolte, sur environ 110,000 hectares, toute espèce de grains, du chanvre, du lin, des fruits à pepin et à noyau, et du vin dont plus des deux tiers se convertissent en eau-de-vie. Les propriétaires, dirigeant la culture de la vigne beaucoup plus vers la quantité que la qualité, ne récoltent que des vins de basse qualité. Les vignes s'y cultivent en partie à bras d'hommes et en partie avec des bœufs ; elles s'étendent sur une superficie de près de 18,000 hectares.

L'arrondissement de La Réole est composé de six cantons ou justices-de-paix, et de cent cinq communes. Sa population est de 52,935 habitants. Sa superficie totale est de 71,729 hectares, dont 25,754 de terres labourables, 9,376 de prairies, 17,331 de vignes et 6,059 de bois.

Lorsqu'on parcourt, par la grande route, cette portion du département, depuis son extrémité sud jusqu'à la commune de St-Mexant, qui la termine au nord, on jouit d'une vue très-agréable : sur la gauche est la Garonne, qui dirige son cours à travers des plaines cultivées et fertiles ; sur la droite, on aperçoit une longue chaîne de coteaux couverts de bois, de vignobles et d'autres productions de l'agriculture. Cet arrondissement est un des plus fertiles du département ; la culture y est assez bien entendue ; on peut, sans exagération, le mettre en parallèle avec les plus riches campagnes de la France. St-Macaire et ses environs peuvent produire 92,000 à 110,000 hectolitres (10,000 à 12,000 tonneaux de vin). Les crûs bourgeois n'y sont pas plus distingués que ceux des bons paysans, et ne se vendent guère plus cher. Le goût de terroir est très-sensible dans ces vins, qui, en général, sont excessivement colorés; mais dépourvus de spiritueux et très-rapeux, vice qui leur vient de la manière dont on les fait. Ils n'ont point de corps, et leur lie tombe beaucoup plus promptement que celle des autres vins du département; c'est pour cela qu'autrefois les armateurs faisaient leurs premières cargaisons de vins avec ceux-ci, pouvant les charger six semaines avant que les autres fussent en état d'être transportés. Ils s'expédient à Paris et pour la Bretagne, ou bien, coupés avec des vins blancs, ils servent à la consommation des cabarets de Bordeaux. Les vins qui méritent quelque préférence sont récoltés dans les communes d'*Aubiac,* de *Verdelais,* de *St-Mexant* et de *St-André du Bois.* La commune de *Cauderot,* à 6 kilomètres sud-est de St-Macaire, produit des vins supérieurs aux précédents; ils se distinguent par plus de corps et une couleur plus vive.

La petite ville de St-Macaire existait dès le temps du bas-empire; des débris de constructions antiques, des médailles, des mosaïques trouvées dans son enceinte, ne permettent pas d'en douter. L'église est un monument fort remarquable d'architecture romane. Le château n'offre que des ruines; mais les murs de son donjon, épais de 3 mètres, ont résisté à tous les efforts du temps et des hommes. La tonnellerie de St-Macaire jouit d'une réputation méritée. Population, 1467 habitants.

Citons encore, dans cet arrondissement, les communes de *Lamothe-Landiran,* 900 à 1000 tonneaux; de *Casseuil,* 250 à 300; de *Mesterieu,* 150 à 200; de *Pellegrue,* 600 à 700; de *Cazaugitat,* 300 à 400; de *Soussac,* 350 à 400; de *Landerronat,* 180 à 200; de *St-Jerme,* 500 à 600; de *St-Félix,* 160 à 200 tonneaux.

CHAPITRE X.

ARRONDISSEMENT DE BAZAS.

L'arrondissement de Bazas est situé à l'extrémité sud du département ; il est limité : au midi, par une partie du département des Landes, qui le borne également au couchant ; au nord, par l'arrondissement de Bordeaux et par la Garonne ; à l'est, par l'arrondissement de La Réole et le département du Lot-et-Garonne.

Cet arrondissement est composé de sept cantons ou justices-de-paix, et de soixante-huit communes. Sa population est, d'après le dernier recensement, de 55,112 habitants. Sa superficie, de 120,433 hectares, comprend 29,363 hectares de terres labourables, 8,301 de prairies, 10,062 de vignes, 23,603 de bois, 41,385 de landes et bruyères. Le Ciron divise son territoire en deux parties qui diffèrent de nature et d'aspect. Du côté de l'ouest, le sol est couvert de sables et de landes ; il ne produit que du bois, principalement du pin, du goudron et de la résine ; les productions, du côté de l'est, consistent en froment, en seigle, en maïs et en une très-petite quantité de vins rouges qui ne jouissent d'aucune réputation ; le peu qu'on y récolte est consommé par les habitants. Les communes de Bommes et de Sauternes fournissent, au contraire, des vins blancs très-estimés ; on les range dans la classe des premiers vins blancs du département ; nous en parlerons dans un des chapitres suivants.

CHAPITRE XI.

ARRONDISSEMENT DE BLAYE.

Il est borné : au nord et à l'est, par le département de la Charente-Inférieure ; au sud, par les arrondissements de Libourne et de Bordeaux ; à l'ouest, par la Garonne et la Gironde. La partie septentrionale est plate et un peu boiseuse ; celle qui est située au midi forme une suite de collines de l'ouest à l'est. La partie du couchant, limitée par la Gironde, présente, depuis le Bec-d'Ambès jusqu'à Blaye, une côte élevée et pierreuse ; et depuis Blaye jusqu'à ses limites nord, un sol plat, sans arbres et entièrement découvert, sur une étendue d'environ 15 kilomètres. Près de Blaye, s'étendent des marais dont le sol gras et productif se divisent en terres à blé et en prairies ; les premières sont des fonds alluvionnels très-fertiles ; les autres, plus rapprochées du fleuve, en sont séparées par une digue et par une lisière de terre que les eaux dégradent souvent. Le sol de la plaine haute, tantôt sablonneux et léger, tantôt pierreux et argilo-calcaire, varie beaucoup ; il est en général assez productif, ainsi que les coteaux.

La surface de cet arrondissement est à-peu-près de 72,347 hectares, dont 10,460 en vignes, 19,200 en terres labourables, 9,300 en prairies, 3,009 en bois taillis et bois de pin, 8,500 en terres incultes, bruyères et landes.

Cet arrondissement est composé de quatre cantons, qui ont pour chefs-lieux Blaye, Bourg, St-Savin, St-Ciers-

Lalande, et de soixante-une communes. Sa population est d'environ 60,000 habitants.

Dans les cantons de Blaye et de Bourg, le principal produit de l'agriculture est en vin. Dans ceux de *St Ciers-Lalande* et de *St-Savin*, en grains de diverses espèces et en foin. On recueille aussi du vin dans ces deux derniers cantons; mais plus de blanc que de rouge. Cet arrondissement donne, récolte moyenne, 280,000 hectolitres environ de vin.

Le port de Blaye a présenté au cabotage le mouvement suivant : En 1846, 357 caboteurs; en 1847, 594; en 1848, 238; en 1849, 1108; en 1850, 1331; en 1851, 880. Les quantités de vins qu'il a embarquées varient depuis plusieurs années de 10,000 à 15,000 tonneaux, dont la moitié environ pour Rouen, et le surplus pour Bordeaux.

Le canton de Blaye fournit à-peu-près 10,000 à 12,000 tonneaux de vins rouges; la plupart sont mous et ont du terroir; leur couleur, quoique foncée, est terne; il y a cependant quelques crûs qui méritent d'être distingués dans la banlieue de Blaye et dans les communes de *Cars*, *S*te*-Luce* et *St-Paul*. Les communes de *Fours*, de *Cartelègue*, de *Berson*, de *St-Androny*, s'adonnent aussi à la culture de la vigne. Mais les limites que nous devons nous imposer ne nous permettent pas d'entrer à leur égard dans des détails circonstanciés.

Le canton de Bourg est la contrée la plus pittoresque du département. On y trouve les sites les plus gracieux et les points de vue les plus beaux. L'air y est très-sain et l'eau excellente. La nature du sol, ainsi que le remarque fort bien M. Jouannet, y varie beaucoup; là, c'est une terre argilo-calcaire, ocracée par endroits, mêlée de graviers et très-propre à la vigne; ici, vous trouvez des terres marneuses; ailleurs, le sol est léger, sablonneux, mêlé d'une terre, ou noirâtre, ou grise. Sur les bords de la Dordogne et du Moron, ce sont des terres alluvionnelles consacrées aux saussées et aux prairies; sur les coteaux et sur leurs pentes, presque tout est en vignes. Dans la plaine, on cultive le blé, les légumes, surtout la pomme de terre; et comme dans tous les autres cantons de l'arrondissement, un peu de chanvre.

Les vins sont généralement moins colorés que ceux du Blayais; mais ils ont de la finesse, plus de corps et moins de terroir; je dirai même que ceux récoltés dans la banlieue de Bourg, dans les paroisses de La Libarde et Camillac, et dans les premières communes, telles que Bayon, St-Seurin, etc., en sont absolument exempts. Quand ils n'ont pas éprouvé la fatigue de la mer, il faut attendre au moins huit à dix ans pour les boire dans leur bonté. Ces vins ont eu longtemps la préférence sur ceux du Médoc; maintenant le commerce de Bordeaux n'assimile aux petits vins de Médoc que les premiers crûs du Bourgeais; cependant, dans une bonne année, ils sont spiritueux, d'une très-belle couleur et susceptibles d'acquérir en vieillissant de la légèreté, du bouquet et un goût d'amande très-agréable. De tous ceux du Bordelais, ce sont, peut-être, les seuls alors qui se rapprochent le plus des bons vins de Bourgogne.

Toutes les vignes, dans cet arrondissement, se travaillent à bras d'hommes et à la bêche. Les cépages les plus généralement cultivés dans le canton de Bourg, sont, en rouge : le *Merlot*, le *Carmenet*, le *Mancin*, le *Teinturier*, la *Petite-Chalosse noire*, le *Prolongeau*, dans les terrains maigres, et le *Verdot* dans les palus. On trouve encore parmi les vieilles vignes des espèces qu'on ne plante plus.

Les frais de culture de 36 ares (1 journal) de vigne,

dans les bonnes côtes du Bourgeais, sont à-peu-près comme suit :

Pour apprêter la vigne : { Tailler, pauler et plier les bois. .... 15ᶠ / Épamprer, lever et effeuiller la vigne.... 5 }	42ᶠ	»ᶜ
— trois façons de bêche (1). 22		
— échalas et vimes.	25	»
— provins.	1	50
— frais de vendange (2).	10	»
— trois barriques, à 144 fr. la douzaine (3)	36	»
— impositions.	5	»
— fumage (4).	»	»
— entretien des vaisseaux vinaires (5). . . .	2	14
— entretien des clôtures et autres cas imprévus.	1	50
— transport à Bordeaux (trois barriques). .	1	12
— courtage à 2 p. 100.	3	74
	128ᶠ	»ᶜ

PRODUIT BRUT.

Le prix moyen de 912 litres (1 tonneau) de vin rouge

---

(1) On ne donne guère que deux façons de bêche, qui coûtent même prix que la taille.

(2) Subordonnés à la quantité de vin.

(3) On compte en général que le journal du Bourgeais, qui contient 36 ares 65 centiares, c'est-à-dire, à très-peu de chose près 1/7 de plus que le journal bordelais, produit, récolte moyenne, 912 litres (4 barriques) de vin.

(4) On ne fume pas ordinairement les vignobles du Bourgeais.

(5) Nous portons ici le rebattage des barriques de la piquette et le dépérissement des vaisseaux vinaires.

est de 250 fr.; les 36 ares produisent, récolte moyenne,
684 litres (trois barriques). 187ᶠ 50ᶜ

PARTAGE DE CE PRODUIT TOTAL.

Pour les avances annuelles. . . . . 128ᶠ   »ᶜ
— intérêts des avances annuelles,
  à 5 p. 100. . . . . 6 40
— couverture du cellier et cuvier. 1 »
— renouvellement de la vigne,
  tous les cent ans. . . . . . 2 »
— dépense de culture pendant
  cinq ans. 2 45
— la privation du revenu pendant ces mêmes années (1). 4 »
— indemnité des pertes causées
  par la grêle, la gelée, etc.,
  le 20ᵐᵉ du produit total. 9 35

           153 20

PRODUIT NET. 34ᶠ 30ᶜ

  Passons à la description communale du canton de Bourg.
Je commence par les communes de Prignac et de Cazelle,
en faisant remarquer que les vins récoltés dans ces deux
communes ne doivent point figurer spécialement parmi
ceux du Bourgeais; ils n'en ont ni la finesse, ni le corps,
ni le bouquet; ils ne peuvent être considérés que comme
vins de palus. Les vignobles qui les donnent sont principalement peuplés par le *Mancin* et le *Petit-Verdot*.

---

(1) Les vignes commencent à donner à quatre ans.

PRIGNAC.

425 hab^{ts}. — 400 à 500 ton. de vin. — 20 kil. de Bordeaux.

	tx			tx
Castanet.	150 à 200		Geraud.	60 à 70
De Saluces.	50 60		Artaud.	12 15
Bayez.	20 30		Cavignac.	10 12

CAZELLE.

340 hab^{ts}. — 150 à 250 ton. de vin. — 20 kil. de Bordeaux.

De Soyres (avec son bien de Labarde).	60 à 70		De Saluces.	50 à 60
			Donis.	10 12

BOURG.

Cette commune, sur la rive droite de la Dordogne, produit les vins rouges les plus estimés de ceux qui sont connus sous la dénomination générale de *vins de Bourg.* Ils ont une belle couleur, beaucoup de corps, et ils acquièrent en vieillissant un bouquet fort agréable ; leur déclin ne commence pas avant vingt-cinq ou trente ans. C'est dans la banlieue de cette ville que se trouve le *Château-Dubousquet,* à M. le vicomte De Barry, un des premiers crûs du Bourgeais ; on y récolte, année commune, cinquante à soixante-dix tonneaux de vin.

Les vins du Bourgeais se divisent en quatre classes, dont les prix se calculent en général d'après la proportion suivante : Supposez que la première classe se paie de 280 à 300 fr. le tonneau, la seconde obtiendra 230 à 275, la troisième 200 à 225, la quatrième 180 à 200. Les communes classées sont celles dont nous allons donner les listes ; on y joint quelques crûs de St-Trojan, de Tauriac et de Lan-

sac. La première classe contient cinq crûs; la deuxième,
quarante-cinq à cinquante; la troisième, cent à cent dix;
la quatrième comprend quelques vignobles de Marcamps
et de Villeneuve. Nous indiquons par le chiffre 1, entre
parenthèse, et par le chiffre 2, les crûs qui appartiennent
à la première classe et une partie de ceux que l'on range
dans la seconde.

Le produit des vignobles du Bourgeais s'est accru d'une
manière notable depuis quinze à vingt ans, et l'arrondissement récolte maintenant de 10,000 à 15,000 tonneaux.

Le port de Bourg a expédié, en 1842, 401 navires,
jaugeant ensemble 8655 tonneaux; et en 1843, 422, du
port de 10,311 tonneaux. Il a chargé, pour le cabotage,
1072 tonneaux en 1840, 766 en 1841, 920 en 1842,
1569 en 1843; depuis le nombre s'en est accru.

2564 hab^ts. — 1500 à 2000 ton. de vin.— 20 kil. de Bordeaux.

	tx			tx	
Vte Du Barry (1)..	50 à	70	Lafitte......	20 à	25
Peychaud, notaire.	25	30	Etienne (Joseph)..	10	15
Veuve Courpon (2).	80	90	Dusseau.......	25	30
Charlus (Barbier),			Boudrefox......	10	15
maire (1)....	115	120	Magol.......	10	12
Lamons.........	10	12	Aillard........	10	12
Sicard.........	10	15	Labourdette....	12	15
Subercazeaux....	20	30	Subercazeaux....	15	20
Guyard (Louis) (2).	20	25	Pastoureau.....	12	15
Veuve Galice.....	12	16	De Chal.......	10	15
Faure.......	20	25	Dumeyniou....	20	25
Despaignet (Hen-			Demesnil......	15	20
riette)......	15	25	Jagou........	15	20
Latreille......	20	25	Texier (Ulysse)..,	10	12
Marseau (Joseph)..	15	20	Mallard (Jacques).	10	12
Célerier.......	35	40			

CAMILLAC.

Cette paroisse est réunie depuis longtemps à la commune de Bourg. Elle est située sur la même rive, au nord-ouest de la ville. Les vins de Camillac sont légers, agréables, et bons à boire au bout de cinq ans.

	tx			tx	
Gellibert (J.) (2). .	35 à 40		Allard.	15 à 20	
Peychaud (2).. . .	12	15	Audutau, dit Char-		
Leydet-d'Aubie. .	12	15	let (2).	12	15
Pascault.	20	25	Mlle Peychaud , à		
Joubert.	25	30	St-Seurin (2). .	10	12

LA LIBARDE.

La Libarde, située au nord de Bourg, lui a été réunie il y a quarante ans; ses vins ont les mêmes qualités que ceux de la banlieue de Bourg; toutefois, leur plus grande dureté empêche l'entier développement de leurs qualités avant la dixième année.

Bertaud (2).. . .	25 à 30		Peychaud. . . .	15 à 20	
Berniard jeune (2).	10	12	Héritiers Labadie.	15	20
Berniard – Cossade			Bertiaud (Louis). .	10	12
(Pierre). . . .	15	20	Berniard (Pierre),		
Renaud (2). . . .	20	30	à La Libarde...	10	12
Montbrun.	35	40	Labourdette. . . .	15	20
Allard.	10	12	Dumeyniou. . . .	10	12
Noël (2).	20	30	Mallard.	10	15
Raganeau. . . .	15	20			

BAYON.

Bayon, situé sur la rive droite de la Gironde, vis-à-vis l'*Ile de Cazeaux*, fournit de très-bons vins. Ils rivalisent avec ceux des meilleures communes du Bourgeais, quant à la couleur, au corps et au bouquet. C'est cette commune qui possède deux des premiers crûs de la contrée : l'un connu autrefois sous le nom de *Tayac,* et l'autre sous celui du *Château de Falfat.* Ces vins, ayant besoin de vieillir longtemps pour être bus dans toute leur bonté, ne jouissent de la réputation qu'ils méritent que parmi un petit nombre de connaisseurs.

Ajoutons que Bayon, placé dans une position agreste, sur un coteau de la rive droite de la Dordogne, se recommande par une belle église d'architecture romane.

1299 hab^{ts}. — 700 à 800 ton. de vin. — 20 kil. de Bordeaux.

	tx				tx	
Marsaud, à Tayac.	100 à	150	Mlle Cailleux.. . .		20 à	25
Viaud, à Eyquem.	70	100	Gérus de Laborie,			
De Chasteigner, à			au Breuil. . . .		20	25
Falfat.	60	80	Malembic.		20	25
Goyeau, à Blis–			Bonnefon.		10	15
sac (2)..	60	80	Sou.		10	15
Ribadieu, à Millorit	40	60	Bénassit.		10	12
Grimard, nég^t. . .	30	40	Veuve Drouillard..		7 à	10
Dupouy.	25	30	Pierlot, à l'Ile Ca–			
Cailleux aîné.. . .	20	30	zeaux.		200	250

—

GAURIAC.

Cette commune est bornée : au nord, par Villeneuve; au midi, par Bayon; à l'orient, par Comps; et à l'occident, par la Gironde. Son territoire offre en foule les paysages les plus pittoresques; ses terres, bien cultivées, sont, pour la plupart, d'une grande fertilité. Les vins qu'elle produit, regardés comme une classe intermédiaire entre les divers crûs du Bourgeais, sont pourvus d'une belle couleur et de beaucoup de corps; mais ils ont plus de rudesse et de dureté que ceux de Bourg et de Bayon.

1649 hab^ts. — 700 à 800 ton. de vin. — 22 kil. de Bordeaux.

	tx				tx	
Viaud (Jean). . . .	40 à	50	Eymery.	35 à	40
Chambord.	20	25	Mitubert..	12	15
Pastoureau. . . .	40	50	Charruaud (Jean)..	10	12
Veuve de Paty. . .	10	12	Cousteau (Pierre).	15	20
Dechamps (F.-B.).	40	45	Landard (Pierre)..	10	13
Allard (Sébastien).	12	15	Migne (Pierre). . .	12	15
Ve de Jean Allard.	12	15	Goiseau.	12	15
Barril (J.-P). . . .	45	50	Bichon..	80	100
Faugère.	12	15	Sourget, à l'Ile du		
Roy frères	20	25	Nord.	80	100

—

VILLENEUVE.

Les vins de cette commune ont quelque ressemblance avec ceux de Gauriac; dépourvue de bois taillis, elle offre des prairies d'une bonne qualité.

471 hab^ts. — 1000 à 1200 ton. de vin. — 24 kil. de Bordeaux.

Bon de Brivazac (1).	120 à	150	Roy, dit Cadet. . .	12 à	15
Déchand.	50	70	Graveraud, dit Ca-		
Goize (Louis). . . .	40	50	det.	12	15
Mlles Laulanier. . .	40	50	Bellue.	12	15
Sinan (Edmond). .	30	50	Gourdet.	10	12
Bensac.	30	50	Eymery.	10	12
Blay.	30	50	Bouvet.	10	12
Joubert.	20	30	Landard.	8	10
Février.	15	25	Héraud.	8	10
Sinan, dit Cadet. .	15	20	Veuve Ménard. . . .	5	6
Sinan (Gabriel).. .	15	20			

—

SAMONAC.

Cette commune, dont le territoire est très-accidenté, produit les vins les plus estimés parmi ceux qui se récoltent au centre du Bourgeais ; elle est limitée : au levant, par celle de Monbrier ; au couchant, par celle de Comps ; au midi, par celles de St-Seurin et de Lansac ; et au nord, par celle de St-Trojan.

Parmi cent soixante propriétaires environ de vignobles, dans cette commune, il n'y en a guère que dix à douze qui récoltent au-delà de dix tonneaux de vin rouge. Les héritiers Sunder occupent le premier rang ; le vin recueilli dans le beau domaine du *Château-Rousset* participe de toutes les qualités des premiers crûs de ce canton.

516 hab^{ts}. — 1000 à 1500 ton. de vin. — 24 kil. de Bordeaux.

	tx				tx	
Héritiers Sunder,			Sou (M.), maire. .	20	à	25
Chât.-Rousset (1)	110	à 250	Auduteau-Meunier	15		20
Guignerot (Pierre)	60	75	Renaud (Jean) aîné	15		20
Charopin.	50	60	Renaud cadet. . . .	15		20
Gayet (Joseph). .	55	60	Sou (Louis).	10		15
Veuve Héraud. . . .	25	30	Godrie, notaire. . .	10		15
Robert-Janvier. . .	20	25				

SAINT-SEURIN DE BOURG.

Cette commune confine à celles de Bayon, de Comps et de Samonac. Les grands propriétaires sont en petit nombre.

	tx				tx	
De Bellot (2). . . .	30	à 40	Bayard.	15	à	20
Dupuy.	30	40				

COMPS.

Cette petite commune, située sur un terrain ondulé, est bornée : à l'est, par celle de Samonac; à l'ouest, par celle de Gauriac; au nord, par celle de St-Ciers de Canesse; et au sud, par celle de St-Seurin. Elle fournit des vins qui entrent dans la troisième classe de ceux du Bourgeais.

477 hab^{ts}. — 300 à 350 ton. de vin. — 24 kil. de Bordeaux.

	tx			tx	
Paty (Alexis). . . .	40 à	50	Roy (Jean).	10 à	12
Pauvif (François)..	20	25	Bayard (Pierre). . .	10	12
Veuve Roy.	10	12	Duranthon.	10	12
Veuve Garnier. . .	30	40	Fauré.	12	15
Cailleux (Eugène).	20	25	Etiez fils.	12	15
Dusson (Jean). . .	12	15			

SAINT-CIERS DE CANESSE.

Les vins de cette commune sont légers et agréables; on estime surtout ceux qui sont récoltés dans les vignobles du village de Bitot.

925 hab^{ts}. — 1200 à 1500 ton. de vin. — 25 kil. de Bordeaux.

Deschamps , à la Grolet.	80 à	100	Gravereau, au Guireau.	25 à	35
Largeteau frères, à Guibonnet. . .	80	100	Degarde, à Berbillot.	25	30
Abiet , aux Ardouins.	30	40	Eymerit, à Castin.	25	30
Demons, au bourg.	30	40	Hérit, à Berbillot.	25	30
Laveaud, au Sclaponier.	30	40	Laveaud (Aug.), au Seguie.	25	30
Plumeau, à Perroland (2).	30	40	Dulorier, à Todiat.	20	30
			Quimeau, à la Tuilière.	20	25

Garceau, à Berbillot.	tx 15 à 20		Veuve Dulaurier, à Bitot.	tx 10 à 12	
Maurin (Michel) fils, aux Arneaud	15	20	Etier, à Godineau.	10	12
Roy, aux Arneaud.	15	20	Héreaud, aux Arneaud.	10	12
Sinan, à Bitot.. . .	15	20	Héreaud, à Guibonnet.	10	12
Lameau-Nestoir, à Bel–Air.	12	15	Héreaud, à la Renardière.	10	12
Rousset, aux Arneaud.	12	15	Paimchaud, à la Renardière. . . .	10	12
Arneaud, à Roucelle..	10	15	Selou, à Jeansenant.	10	12
Boyer, aux Arneaud.	10	15	Sou, à Calagnon. .	10	12
Dubreuil, à Cugnet.	10	12			

La commune de St-Seurin de Bourg donne des vins estimés ; celles de *Marcamps*, *Tauriac*, *Lansac*, *Pugnac*, *Monbrier*, *Tuilhac et St–Trojan*, situées dans la partie orientale du canton de Bourg, produisent en général des vins inférieurs à ceux connus sous la dénomination de *vins de Bourg ;* ils n'en acquièrent en vieillissant ni le bouquet, ni le corps, ni le goût d'amende.

Quelques crûs cependant, dans Tauriac, occupent le second rang. Lansac récolte de bons vins ordinaires; quelques–uns ont du terroir. Monbrier occupe le même rang que celui de Lansac. Thuilhac, vins ordinaires. St-Eugène récolte en général de bons vins. Ces sept communes fournissent à elles seules de trois mille à quatre mille tonneaux.

La commune de Marcenais (canton de St-Savin), donne des vins blancs fort médiocres et qui sont convertis en eau-de-vie. — 1800 à 2000 tonneaux.

CHAPITRE XII.

VINS BLANCS.

Les vins blancs que produit le sol de la Gironde ne le cèdent point en célébrité à ses vins rouges, et l'on sera bien aise de trouver ici, à leur égard, quelques détails recueillis avec soin et contrôlés par les juges les plus compétents.

Nous avons déjà fait connaître (chapitres III et IV) quels étaient les cépages employés dans les vignes blanches ; nous avons donné des détails sur les modes de culture ; il nous reste à indiquer les frais ; nous reproduirons, avec quelques modifications, un état qu'un agronome célèbre, Bosc, a cité dans les *Annales de l'Agriculture* (1825, t. 30, p. 137), et qui s'applique à un crû de Sauternes, composé de douze journaux et donnant douze tonneaux de vin.

Frais de culture et autres.

Achat d'une paire de bœufs, leur harnais, deux charrues, une charrette et un char-riot, 1,400 fr., dont l'intérêt est	70ᶠ	»ᶜ
Cent cinquante quintaux de foin pour la nourriture des bœufs	450	»
A reporter.	520ᶠ	»ᶜ

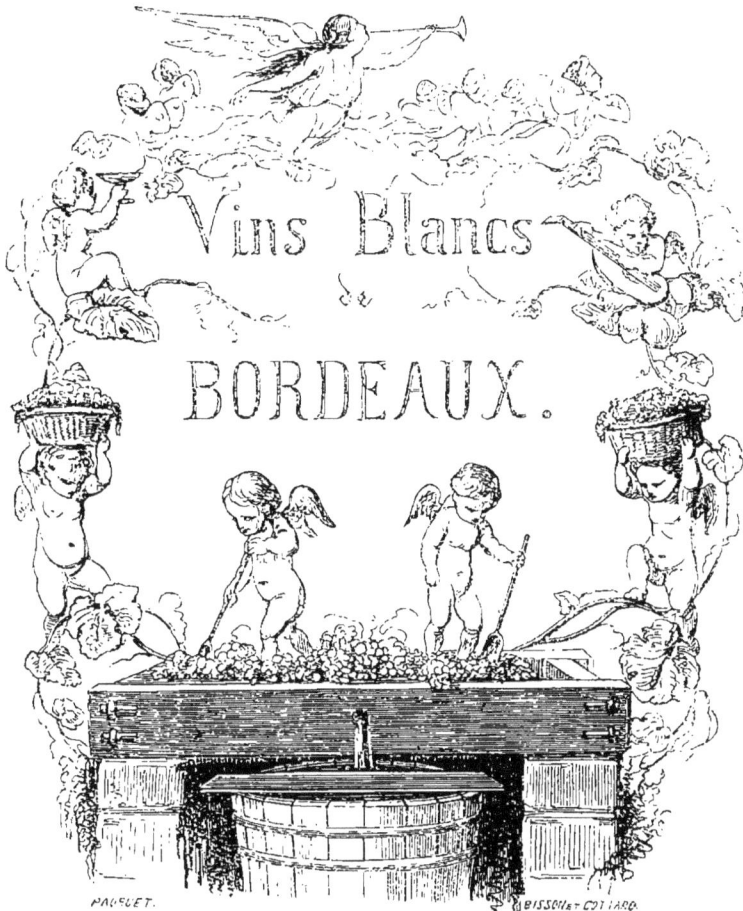

Vins Blancs de BORDEAUX.

PAQUET.   BISSON et COTTARD.

Report.	520ᶠ	»ᶜ
Gages de quatre hommes, en argent, 60 fr. à chacun.	240	»
Nourriture de ces quatre hommes et de leurs familles.	1,008	»
Gages d'un bouvier : argent, 90 fr. ; seigle, 24 boisseaux, à 12 fr. l'un.	378	»
Échalas, 8000, à 40 fr. le mille.	320	»
Quatre quintaux de jonc carré.	60	»
Vingt charretées de bruyère, à 9 fr. l'une. .	180	»
Quarante-quatre barriques, à 181 fr. 80 c. la douzaine.	666	60
Port à Bordeaux, droits de mouvement, à 15 fr. par tonneau.	165	»
Soutirage, à 1 fr. 50 c. par tonneau.	16	50
Courtage, 2 p. 100 sur 7,200 fr. (douze tonneaux, à 600 fr.).	144	»
TOTAL.	3,698ᶠ	10ᶜ

Il faut remarquer que si l'on ne vend pas en primeur, les douze tonneaux sont réduits à onze dès le mois de mars, et que ces frais varient, d'ailleurs, notablement suivant les communes.

Dans les communes de St-Pey, Langon et Toulenne, nous ferons comme M. Jouannet (*Statistique*, t. II, p. 388), nous nous réglerons sur la manière dont le cadastre a établi ses calculs. Le rapport des frais, au produit brut, est là de 78 à 80 p. 100.

Un journal de Langon, 67 ares 11 centiares, rend, année commune, six barriques de vin blanc, à 200 fr. le tonneau, et deux barriques de vin rouge, à 23 fr. 50 c. la barrique, franche de fût.

Les six de vin blanc. . . . . 312ᶠ » ᶜ

Les deux de vin rouge. . . . . 47 »

TOTAL. . . . 359ᶠ » ᶜ

Frais de culture et autres à déduire.

Trois façons de bêche, employant quarante-quatre journées à 1 fr. 50 c.	66ᶠ	»ᶜ
Engrais.	9	»
Planter les échalas, vingt-deux journées à 1 fr. 25 c.	27	50
Mille échalas rendus sur les lieux. . . .	42	»
Osier, trois gerbes.	9	»
Levage, effeuillage, douze journées à 60 c.	7	20
Épamprement, trois journées à 1 fr. 25 c.	3	75
Replantation, provignage, repeuplement, 1/16 du produit brut du blanc.	19	50
Six barriques pour le vin blanc, à 147 fr. la douzaine.	73	50
Entretien du pressoir et des vaisseaux vinaires.	9	50
Entretien des haies et fossés, quatre journées à 1 fr. 50 c.	6	»
Courtage à 2 p. 100.	7	18

280ᶠ 13ᶜ

RESTE NET. 78ᶠ 87ᶜ

Dans les communes de La Brède, St-Selve, St-Morillon, les vignobles ne donnent que des vins ordinaires; le journal de 32 ares rend, année moyenne, trois barriques de vin blanc, 112 fr. 50 c., et une demi-barrique de vin rouge,

25 fr. ; en tout, 137 fr. 50 c. Les frais réunis s'élèvent à 112 fr., et le produit net à 25 fr. 50 c., dont il faut déduire l'impôt ; mais on n'a pas compté le produit des sarments, estimé 3 fr. par journal.

La masse des vins blancs qui entrent dans le commerce est bien moindre que celle des vins rouges, et ces derniers obtiennent, dans les grandes années, et à réussite égale, des prix bien supérieurs ; tandis que les cours, pour les vins rouges, s'échelonnent entre les limites extrêmes de 300 à 3,000 fr., ils restent de 200 à 1,500 fr. pour les blancs.

Ce qu'on demande aux vins blancs, c'est de la liqueur et de la force. L'excès de maturité, qui produit la partie sucrée, transformée plus tard en alcool (liqueur), ne nuit jamais chez eux à la délicatesse de goût ni au développement du parfum. Aussi, peut-on prédire avec assurance la bonne réussite des vins blancs, lorsque, par une température chaude et riche, le raisin a acquis une parfaite maturité, et qu'il a pu être récolté avec soin et sans humidité.

Nous allons suivre la rive gauche de la Garonne, en nous plaçant à l'extrémité orientale de la zone qui donne les vins blancs, et en descendant le fleuve du côté de Bordeaux, le long duquel se placent les communes dont les produits en ce genre sont renommés.

LANGON.

Cette commune est limitée : au nord, par la Garonne ; à l'est, par St-Pey ; au sud, par Fargues ; et à l'ouest, par

Toulenne, Bommes et Sauternes. On y récolte des vins rouges qu'absorbe la consommation du pays, et des vins blancs estimés qui contiennent une grande quantité d'alcool. Ceux des meilleurs crûs se vendent 200 à 250 fr. le tonneau dans les années où la qualité est reconnue bonne, et de 150 à 200 fr. dans les années abondantes ou d'une qualité médiocre.

3953 hab^ts. — 700 à 900 ton. de vin. — 46 kil. de Bordeaux.

	tx			tx	
Colas (à Ludeman).	15 à	20	Lafargue (Edmond)	10 à	12
Goua.........	15	20	Gervais.........	10	12
Merle........	20	35	Brannens.......	30	40
Colas (au Mayne)..	25	30	Boissonneau.. ...	12	15
Fourcassie......	15	20	Fourrat........	12	15
Cluzan........	12	15	De Mirambet. ...	10	12
De Château.	20	25	Grenier........	12	15
Pardiac........	12	15	Cazenave Champré	10	12
Castaing.......	10	12	Dupont........	10	12
Lamalétie......	12	15	Capdeville......	15	20
Bidos.........	12	15	Villefranche.....	12	15
Coycault, notaire..	10	12	De Baritault.....	15	20
Ducasse........	10	12	Ardusset.......	12	15
Lafargue.......	10	12	Durrieu........	12	15

—

SAINT–PEY OU SAINT–PIERRE DE MONS.

Limitée : à l'est, par St-Pardon ; au sud, par la paroisse de Teigne ; à l'ouest, par Langon ; et au nord, par la Garonne. Cette commune donne des vins du même genre et du même prix que ceux de Langon. La nature des terres et les procédés de culture sont les mêmes.

930 hab^{ts}. — 900 à 1100 ton. de vin. — 48 kil. de Bordeaux.

	tx			tx	
De Pontac.	35	à 40	Pauly aîné.	30	à 35
Mme Raritaut du			Aubergier.	25	30
Capriac.	25	30	Colas.	20	25
Mlle de Castelnau. .	30	40	Monclin-Patachon.	12	15
Crannens aîné. . . .	25	30	Lafon.	10	15
Mamie.	18	24	Duzan.	12	15
Boutreau.	20	25	Pauly jeune.	10	12
Dubourg.	20	24	Verdale.	10	12
St-Blancard–Ber-			Palachon.	12	15
nardine.	18	20	Trompette.	12	15
Colas (Pétre). . . .	15	20	Pauly jeune.	7	10
Mme de Reyne. . . .	25	30	Cazenave-Bourbon	7	10
Veuve Lamarque. .	7	10	Saint-Blancard-Se-		
Carpentey (Binist).	12	15	guis.	7	10
Colas-St–Marc. . .	12	15	Gramidon	7	10
Brannens.	30	35	De Lur – Saluces		
Maraste.	50	60	(Alexandre). . . .	7	10

—

TOULENNE.

Cette commune confine : à l'ouest, à Langon; au nord,
à la Garonne; à l'est, à Preignac; et au midi, à Fargues.
Elle donne des vins auxquels on accorde quelque préférence sur ceux de Langon; ils sont plus fins et plus séveux;
les meilleurs viennent dans des terres assolées, d'une nature graveleuse, à fonds d'argile.

700 hab^{ts}. — 200 à 300 ton. de vin. — 44 kil. de Bordeaux.

Catelan.	50	à 60	Lafargue.	10	à 12
Ladonne.	25	30	Grignon.	10	12
Dubourdieu.	15	20	Sarrazin.	6	10
Cazenave.	15	20	Pardiac.	5	10
Fauret.	12	15	Theri, médecin. . .	5	10

FARGUES.

Cette commune a pour limites : à l'ouest, Sauternes ; au nord, Toulenne ; au sud, Léogeats ; à l'est, Roaillan. Le sol est léger et sabulo–graveleux dans le bas de la commune, et argilo–graveleux dans les environs du bourg. Il produit .des vins blancs qui ont de la délicatesse, une sève agréable, et qui ont de l'analogie avec les Sauternes et les Toulenne. Les crûs qui avoisinent l'église sont les plus estimés.

Cette commune renferme dans son sein deux premiers crûs de vins blancs ; il paraît juste de les lui restituer. Ce sont *Romer-Saluces*, à **M.** le comte de la Myre–Mory, qu'on attribue mal à propos à Preignac, et *Rieüsec-Mareilhac*, à **M.** Mayé, qu'on attribue à Sauternes.

813 hab^{ts}. — 220 à 250 ton. de vin. — 43 kil. de Bordeaux.

	tx			tx	
Becquet..	20	à 25	Despujols – Mothes		
Amé.	20	25	jeune.	10	à 12
Brustis, charron. .	10	12	Despujols – Mothes		
St-Blancard aîné. .	10	12	aîné.	10	12
Veuve St-Blancard	10	12	Les Claveries. . . .	10	12
Batsalle.	10	12	Moulette..	6	8
Saintespes-Boyrin.	10	12			

PREIGNAC.

Le sol est formé en grande partie de grave mélangée d'argile sabloneuse et ocracée, ou de terre forte ; il donne des vins doués d'une sève aromatisée ; quelques–uns sont estimés à l'égal de ceux de Sauternes, mais en général ils sont moins fins et ont moins de parfum. Cette commune confine à la Garonne, à Barsac, Bommes, Sauternes,

Pujols et Toulenne. La partie qui borde le Ciron repose sur une roche quartzeuse comme Barsac, dont ce ruisseau les sépare.

2600 hab^ts. — 1000 à 1400 ton. de vin. — 42 kil. de Bordeaux.

	tx				tx	
Héritiers Guilhot			Fabre (à Boutoc)..	15 à	18
(à Suduiraut)..	100 à	120	Jeanti Lafon, id...	15	20
Cte de la Myre-Mory (à Monta-			Lassauvajue-Mo-gey, id.......	12	15
lier).......	30	40	Lassauvajue J^ne,		
Cte Henri de Lur-Saluces (à Malle)	80	100	id........	8	10
			Bertin jeune, id..	8	10
Daney frères (au Sahuc)......	50	60	Bertin cadet, id..	10	12
Apiau (aux Ormes)	40	50	Bertin d'Armiche, id.........	8	10
Théodore Delbos (à Veyres)......	40	50	Lados, id......	10	12
			Bertin frères, id..	10	12
Larrieu (à la Mon-tagne)......	100	120	Boireau - Bouyre-lot, id.......	10	12
Godart (à St Aman)	10	15	Lafon aîné, id....	8 à	10
Betbeder frères (à Picq).......	45	55	Pierre Bertin, id..	8	10
			Capdeville, id....	6	8
Charles Lafon (au Pleytégeat)....	30	40	Divers de Boutoc..	20	25
Dupuy (à Solon)..	12	15	Pinsan-Breton (au Haire).......	15	18
Soubiran (aux Ar-rieux).......	25	30	Pinsan Gressus, id.	12	15
Dutauzin (au May-ne)........	60 à	70	Veuve Pinsan, id..	10	12
			Jac^the Pinsan, id..	8	10
Alary (à Laville)..	20	25	Boireau, id......	8	10
Ladonne.......	20	25	Commets, id.....	12	15
Veuve Dardu....	15	20	Pinsan La Trisote, id.........	8	10
Veuve Fabre....	15	20	Clavier, id......	8	10
Bertin aîné (à Bou-toc)........	12	15	Tauzin-Guilleman-sau, id.......	10	12

	tx				tx	
Divers du Haire. .	25 à 30		Dubrey frères (au			
Rondée Labarbite			Puch)........	10 à	12	
(à Lamothe)...	15	20	Pinsan frères, id..	12	15	
Guichard, id.....	12	15	Dufau.	8	10	
Duron, id.	10	12	Divers au Puch...	15	20	
Despujol aîné, id..	12	15	Dubourg, au bourg	16	20	
Pinsan-Cato , id. .	8	10	De Rolland, id. ..	18	22	
Desplandie, id....	8	10	Despujols jne, id..	12	15	
Divers à Lamothe.	25	30	De Valène, id. ...	10	12	
Patachon (à Méde-			Dubos, id......	8	10	
don)........	15 à 20		Lamothe, id.....	8	10	
Huillete, id.....	12	15	Despiet, id......	10	12	
Soré, id.	8	10	Lahiteau-Paillote,			
Dufau, id.......	8	10	id.	8	10	
Léglise, id......	10	12	Biguey, id.	8	10	
Desqueyroux, id. .	6	8	Lacoste frères, id.	15	20	
Divers à Méde-			Divers du bourg. .	20	25	
don.	12	15				

Il se récolte de plus, dans la palus, chez divers propriétaires, du vin rouge, dont l'ensemble est de 70 à 80 tonneaux.

SAUTERNES.

Pour limites : à l'est, Preignac ; au sud, Fargues ; à l'ouest, Budos ; au nord, Bommes.

Les vignobles célèbres croissent sur des coteaux de gravier sec et presque sans mélange ; ils s'étendent, pour la plupart, sur la rive droite du ruisseau du Ciron; les graves, qui reposent sur une couche d'argile (calcaire-marneuse), donnent des produits bien supérieurs à celles qui s'appuient sur un lit de sable.

Une sève particulière distingue les vins de Sauternes ;

Château d'Yquem (Sauternes).

ils sont fins, savoureux, délicats; et dans les bonnes années, sucrés et très-parfumés. Les prix varient selon les années, qui sont presque toujours très-inégales, de 450 fr. jusqu'à 1,200 fr. en primeur, pour les premiers crûs. Les seconds crûs de 350 à 600 fr.

901 habts. — 500 à 800 ton. de vin. — 45 kil. de Bordeaux.

Le marquis de Lur-Saluces (Châ-teau-Yquem) . .		tx 140 à 180	Lafaurie - Camille jeune (crû d'Ar-che)..		tx 15 à	25
Le marquis de Lur-Saluces (Domaines de Filhot et Pineau réunis).	100	120	Dubedat (Jean). . .	10		15
			Rabat (Pierre). . .	12		15
			Faugas frères. . . .	12		15
			Méricq (Pierre).. .	10		12
Dépons et autres (Domaine du Bayle).	60	80	Lafon frères	8		12
			Ve Lafon (Louis)..	8		12
Baptiste aîné (Domaine de Lamothe)..	25	30	Dupeyron (crû d'Arche).	8		10
			Ducos (Louis).. . .	8		10
			Espagnet(Bernard)	8		10
Ve Déséméri (Domaine de Lamothe).	40	50	Lafon (Cadichot)..	8		10
			Dubourg (Pierre-Erembert). . . .	6		8
Vandier (Domaine de Commarque).	15	20	Lafon (André). . .	6		8

BOMMES.

Bommes touche : du côté du sud, à Sauternes; à l'ouest, à Pujols; à l'est, à Preignac. Le Ciron, au nord, la sépare de Pujols. Son territoire s'étend, partie en plaine et partie sur les coteaux qui bordent la rive droite du Ciron et qui sont couverts de gravier; ils produisent des vins plus légers et aussi frais que ceux de Sauternes. La plaine présente un sable ayant pour sous-sol le roc et l'argile. Les vins qui y sont récoltés ne manquent pas d'une certaine finesse;

mais ils ont moins de parfum et de sucre que ceux qui mûrissent sur les hauteurs.

737 hab^ts. — 450 à 650 ton. de vin. — 42 kil. de Bordeaux.

Lafaurie (P.) aîné, à Peyraguey...	45 à 55	tx	Emérigon, à Lassalle ou Caisse hypothécaire...	110 à 125	tx
Deyme (Gabriel), crû Rabaut....	12	20	Latestère (B.), au Haut-Bommes..	12	15
De Pontac (Gabriel), crû du Vigneau.......	50	60	Daulan (Jean), dit Lajeunesse, au Haut-Bommes..	10	14
Focke (J.), à la Tour-Blanche .	45	55	Ribet St-Pierre...	12	15
Veuve Lacoste, à Peixotto.....	20	25	Lassauvajeu—Magey.........	4	6

Au quartier de Boutoc, une vingtaine de petits propriétaires faisant de 2 à 6 tonneaux: 75 à 100 tonneaux.

BARSAC.

Au levant, la Garonne; au nord, Cérons; au couchant, Ilats; au sud, le Ciron, qui le sépare de Preignac. Le bourg est considérable et bien bâti. Son territoire se partage en Haut et Bas-Barsac; la partie basse présente de belles prairies et des champs de blé. Une couche de terre rougeâtre, argileuse et presque dépourvue de gravier, posée sur un lit de roche quartzeuse ou granitique, forme la consistance des terrains affectés à la vigne dans le Haut-Barsac. Ces vins sont chauds, pleins d'alcool; ils ont un parfum très-prononcé. Les premiers crûs sont aussi estimés que ceux de Sauternes; ils ont autant de finesse et plus de corps. Les prix sont à-peu-près les mêmes.

Le corps que possèdent les vins de Barsac est attribué à ce que le *Sémillon*, ce raisin à grosse graine, très-liquoreux, domine dans les cépages. Le *Sauvignon* y entre aussi en assez grande quantité. Ce que ces raisins auraient de trop vigoureux se trouve mitigé par la sève et la douceur de la *Muscadelle*, variété du *Muscat*. La culture est très-soignée à Barsac; mais elle est très-coûteuse. Une quantité considérable de pierres calcaires se trouve presque partout à fleur de terre ou à peu de profondeur sur les coteaux, et il faut l'arracher au sol.

2894 hab^ts. — 1000 à 2500 ton. de vin. — 39 kil. de Bordeaux.

	tx			tx	
Marquis de Lur-Saluces, à Coutet	100 à 120		Cottineau	15 à	20
Lacoste (Eloi), à Climenz	50	60	Castéra-Dudon	15	20
Veuve Duboscq	50	60	Boireau-Charrette	15	20
Debans (Elie)	30	40	Lacoste et Rey	15	20
Le comte de Lur-Saluces, à Pernaud	30	40	Mme Marion, à Suau	15	18
Capdeville, à Broustet et à Nayrac	30	40	Boireau, à Tréotte	12	15
Môller (Henry), à Myrat	30	35	Guilhem-Clouet	10	15
Malignon	30	35	Amanieu frères, à Labouade	10	15
Danglade frères, au Roumier	25	30	Latournerie (Lami)	12	15
Laborde (Pascal)	25	30	Daenne	10	12
Lacoste-Pinsan	20	30	Mlles Faux	10	12
Sarraute	20	25	Despujols, à Sinan	10	12
Journu (Auguste)	15	25	Ducaule-Laguerre	10	12
Veuve Ledentu	15	20	Sargos, au Tucau	10	12
Veuve Lacoste, à Lapinesse	18	20	Hugonnet, à Lapinesse	10	12
Cazalis (Gaston)	15	20	Morillot, clos Bonnau	10	12
Baulac frères	15	20	Espagne	10	12
			Libéral	10	12
			Coutanceau	10	12
			Veuve Ducasse	10	12

PUJOLS.

Cette commune confine : au nord , à Barsac ; à l'est , à Bommes ; à l'ouest , à Landiras. Les vignobles placés du côté de Bommes et de Barsac , et dont le sol est argileux est pierreux, produisent des vins agréables et qui se rapprochent de ceux de Barsac sous le rapport du corps , tandis que les terrains du côté d'Ilats et de Landiras , et qui sont composés d'un fonds sablonneux froid, donnent des vins pleins , communs , et dont le goût est un peu sauvage. La propriété la plus remarquable est le clos de *St-Robert* , appartenant à Mme veuve Duloyer, qui ne récolte que du vin blanc. Dans le reste de la commune, on cultive principalement les vignes rouges. La liste suivante se rapporte aux vignes blanches.

910 hab^{ts}. — 400 à 600 ton. de vin. — 40 kil. de Bordeaux.

	tx			tx	
Clos St-Robert. . .	15 à	20	Guiaste (Jeannot).	8 à	10
Fonsèque (Isaac)..	15	20	Lacoste – Labartouille (Nicolas)		
Cadillon frères. . .	15	20	touille (Nicolas)	8	10
Dupart (Arnaud), de Cadillac. . . .	12	15	Veuve Bonnet....	8	10
			Audine (Etienne)..	8	10
Guiaste (Minjon).	12	15	Taudin (Jeanton)..	8	10
Labarthe(Bernard)	12	15	Lacoste-Pesiquau.	8	10
Ve Tauzin-Bley..	12	15	Giral frères.	8	10
Dupant (Jean)....	8	10	Cheveaux frères. .	6	8
Bonnet (Pierre)...	8	10	Escudey-Lagnerie.	6	8
Claverie (Pierre)..	8	10	Tauzin-Thierre...	6	8

Divers petits propriétaires faisant au-dessous de 6 tonneaux.

—

ILATS.

Du côté de l'ouest, Ilats est borné par les landes de Landiras ; au sud, il est borné par Pujols ; à l'est, par Cérons et Barsac ; au nord, par Podensac et Saint-Michel de Rieuffret. Ses vignes sont dans des terrains mêlés de grave et de sable ; leurs produits sont beaucoup moins estimés que les vins de Cérons et de Podensac ; ils ont une sève sauvage.

1710 hab^ts. — 700 à 1000 ton. de vin. — 37 kil. de Bordeaux.

	tx			tx	
Fage.	25 à	30	Lalande-Lachaud .	20 à	25
Mme Bastia.	40	50	Dubourg–Lassat. .	20	25
Dubourg.	25	30	Ducau frères (cel-		
Avezou.	15	20	lier à Barsac). . .	40	45
Dubourg-Pontet. .	15	20	Lalande (Joriac). .	20	25
Jeanty Ducau. . . .	15	25	Eloi Lacoste.	20	25
Dubrey frères. . . .	15	25	Daney.	15	20
Taffard..	60	80	Pagonaux-Fort. . .	15	20
Dorgueil	15	20	Destras- Cadillac..	10	15
Lalande-Lapave. .	25	30	Canteau (Laprio-		
Cazeaux, dit La-			me).	25	30
gneau.	20	25	Vincent Menaton..	25	30
Dubourg..	20	25	Lalande.	15	20
Boireau.	15	20	Veuve Vincent. . .	15	18

LANDIRAS.

Cette commune a pour frontière : à l'ouest, les landes de Villagrains et Guillos ; au sud, Budos ; à l'est, Pujols ; au nord, Ilats et Saint-Michel de Rieuffret. Ses vins ne manquent pas d'agrément dans les bonnes années, et se rapprochent de ceux d'Ilats ; ils ne se vendent d'ailleurs qu'à des prix médiocres.

1950 hab^{ts}. — 700 à 1000 ton. de vin. — 40 kil. de Bordeaux.

	tx			tx	
De Chalup (au Portail)........	25 à 40		Dubeau........	15 à 20	
Taffard........	20	30	Ricaud........	10	15
Canteau.......	15	20	Robit........	10	15
Bonifas........	15	20	Dutrenit.......	6	17
Dupuy.........	30	40	Martin la Vincente	15	20
Bacquey.......	12	15	Ricard........	10	15
Jouis.........	15	20	Champagne aîné..	7	10
Isidore Dutrenit...	10	15	Champagne jeune.	7	10
De Tauzin......	10	15	Lasserre.......	10	15
Dutrenit, officier (au Plantey)...	10	15	Canteau........	9	12

—

CÉRONS.

Cette commune est limitée : à l'est, par la Garonne ; au nord, par Podensac ; à l'ouest, par Saint-Laurent-d'Ilats ; au sud, par Barsac. Elle donne des vins liquoreux, fins et spiritueux. Les meilleurs plans sont la *Muscade*, le *Prunerus*, le *Sauvignon*, et le *Sémillion* qui domine en quantité.

1203 hab^{ts}. — 800 à 1200 ton. de vin. — 34 kil. de Bordeaux.

Cte de Calvimont..	35 à 50		A. Ducau, dit Lafretage.......	15 à 20	
Libéral........	20	30			
P. Biarnez.....	40	60	Jacques Ducaule..	10	15
Lataste frères....	15	18	Nicaule-Ducau...	15	20
Lataste, capitaine.	20	25	De Chalup......	10	15
Lataste, dit Citoyen	15	20	Ducau-Lapeley...	20	30
Lataste aîné.....	12	15	Ducau-Thain....	10	15
Lataste cadet....	12	15			

Lescourères-Montille.		20 à 30	Expert, dit Grenadier.		15 à 20
Lataste-Dauphin. .	15	20	Nercam-Bernachon	10	15
Lataste-Expert. . .	10	15	Nercam-Andrille. .	15	20
Laforge-Expert. . .	10	15	Expert-Lamouroux	10	15
Expert-Nant.	15	20	Expert-France. . .	10	15
Expert-Ratié. . . .	10	15	Expert-Farcy. . . .	10	15
Expert-Lamouroux	10	15	Expert La Grèle. .	10	15
Gillard, dit Branque.		10	15	Expert-Quetre. . .	6	10
Gillard (Elie). . . .	15	25	Expert-Pasquet. .	6	10
Expert, dit Cadichon.		15 à 20	Treilhe frères. . . .	15	30
			Chevalier-Loulom.	10	12
			Mederic-Pourquey	10	12
Cadichon Medeville.		30	40	Antoine Pourquey.	8	10
Rosalie Medeville.	20	25	Biloche-Pourquey.	7	10
Cobillon-Medeville	40	50	Ducau-Nicole aîné.	7	10
Ducau-Baston. . .	40	50	Bergez-Avril. . . .	10	15
Expert-Paysan. . .	25	30	Vincent Vincentot.	10	15
			Lanneluc (Jean). .	10	12

PODENSAC.

Cette commune, chef-lieu de canton, est bornée : au nord, par la commune de Virelade ; à l'est, par la Garonne ; au sud, par la commune de Cérons ; et à l'ouest, par la commune d'Ilats. Le sol est une belle grave. Les meilleurs de ses vins ressemblent à ceux de Cérons.

1617 hab[ts]. — 700 à 1000 ton. de vin. — 32 kil. de Bordeaux.

Saintmarc.		45 à 50	Ducau, notaire. . .		35 à 40
Ganies (Alix). . . .	45	50	Péringuey.	20	25
Veuve Jardel.	45	50	Janeau (Pierre). . .	20	25
Vergez.	45	50	Lataste cadet. . . .	20	25
Biarnès (Pascal). .	45	50	Dorgueilh-Pérot. .	20	25
Biarnès (Chéri). . .	35	40	Ballion.	20	25

	tx		tx
Darlan	15 à 20	Amanieu (S.)	12 à 15
Fieuzal	15 20	Ballen aîné	12 15
Expert-Joulle	15 20	Richet	12 15
Veuve Rousseau	15 20	Bordenoulle	12 15
Veuve Yon	12 15	Veuve Lescouzères	12 15
Calmel	12 15	Bergès	10 12
Arnaud	12 15	Marquié	10 12
Raphel	12 15	Mlle Thounens	10 12
Janeau (Joseph)	12 15		

—

VIRELADE.

Cette commune est bornée : à l'ouest, par St-Michel de Rieuffret ; au sud, par Podensac ; à l'est, par la Garonne ; et au nord, par Arbanats. La plaine haute offre un sol de sable et de grave ; la vigne blanche y réussit. La plaine basse donne des grains et des vins rouges ; elle offre aussi de bonnes prairies.

On assimile les vins blancs de Virelade aux seconds crûs de Podensac, dont ils ne possèdent pas tout le bouquet et la fermeté ; en vieillissant, ils acquièrent de la sécheresse ; ils ont obtenu au bout de cinq ou six ans toutes les qualités propres à être mis en bouteilles.

1250 habts. — 350 à 500 ton. de vin. — 28 kil. de Bordeaux.

	tx		tx
Couder	40 à 50	Autin-Gilles	8 à 10
De Carayon-Latour (au Château de Virelade)	20 25	Bedouret	8 10
		Mothes	8 10
		Labat	8 10
Bordessoulles	15 20	Bahans	6 8
Desclaux	10 15	Pemerle	6 8
Tapie	10 15	Blancan frères	6 8
Lasserre-Gaston	10 12	Bernada	6 8
Vincent Cassinet	10 12	Lasserre frères	6 8

ARBANATS.

Cette commune confine : à l'ouest, à St–Selve ; à l'est, à la Garonne ; au nord, à Portets ; et au sud, à Virelade. Elle donne des vins blancs comme ceux de Virelade. La plaine basse qui longe la Garonne est d'une grande fertilité ; la plaine haute présente un sol mêlé de sable et de grave.

525 hab^{ts}. — 300 à 400 ton. de vin. — 26 kil. de Bordeaux.

	tx			tx	
Cte de Calvimont (à			Desmarier.	15 à	20
Le Basque). . . .	10 à	15	Lafitte-Burot. . . .	10	15
Lucbert.	10	15	Amanieu.	10	15
Daguzan.	80	100	Veuve Guillet. . . .	10	15
Labat (Jean–Bart).	15	20	Dulin.	10	16

Arbanats donne aussi 200 à 300 tonneaux de vin rouge d'une qualité médiocre.

—

Dans les communes de Villenave-d'Ornon et de Léognan, dont nous avons déjà parlé à l'égard des vins rouges, la culture des vignes blanches est moins considérable qu'autrefois. Léognan ne fournit guère que 120 à 150 tonneaux ; Villenave-d'Ornon en donne un peu plus.

———

En parlant des vins blancs de Graves, nous ne pouvons nous dispenser d'entrer dans quelques détails sur le *Château de Carbonnieux,* qui est le premier crû. Il appartient à MM. Bouchereau, et il est dans la commune de Villenave-d'Ornon.

Les vins blancs que produit ce domaine, d'une vaste étendue, se distinguent par une sève particulière et un bouquet des plus agréables, qui a quelque analogie avec celui qu'exhalent les vins du Rhin. Plus légers que les autres grands vins des communes de Sauternes, Bommes et Preignac, moins capiteux, moins liquoreux, et tout aussi délicats, ils en sont les dignes rivaux.

Les vins blancs de ce vignoble étaient autrefois, dit-on, expédiés en Turquie. Dans son rapport à la deuxième session du Congrès des Vignerons français, réuni à Bordeaux en septembre 1843, M. Guillory aîné, d'Angers, a signalé, à cet égard, une anecdote qui nous a paru valoir la peine d'être citée :

« La terre de Carbonnieux appartenait autrefois aux Bénédictins de l'abbaye de Sainte-Croix, de Bordeaux. Les bons pères trouvaient un immense bénéfice à expédier leurs vins pour la Turquie; mais la loi musulmane opposait un grand obstacle à leur écoulement. Mystifier Mahomet, quelle bonne fortune pour les enfants de saint Benoît! Ils imaginèrent d'intituler leurs vins blancs, dont la limpidité est remarquable : *Eaux minérales de Carbonnieux;* et sous cette étiquette la liqueur enivrante savait échapper à toutes les prohibitions; elle bravait à Constantinople les anathèmes du prophète. La fraude était énorme, sans doute; mais peut-on exiger d'un Bénédictin qu'il se conforme avec scrupule aux décisions du Koran? Et, d'ailleurs, ne vaut-il pas mieux donner du vin pour de l'eau, que de faire passer de l'eau pour du vin, comme il arrive, dit-on, quelquefois de nos jours? »

A Carbonnieux, ainsi que dans les autres vignobles des Graves, les plants généralement cultivés sont, en blanc : le *Sauvignon,* le *Sémillion,* la *Muscadelle,* le *Prunelat* et quelques autres, surtout dans les vieilles vignes; mais à Carbonnieux, le *Sauvignon* domine; on le reconnaît facilement à une certaine roideur que ce délicieux cépage donne toujours, en nouveaux, aux vins où il se trouve en abondance, et qui ont besoin d'être attendus quelque temps pour se développer complètement.

Les vins rouges de *Château-Carbonnieux*, depuis les nombreux perfectionnements apportés dans la culture par ses propriétaires, sont aujourd'hui classés en première ligne des vins de Léognan, dont ils diffèrent cependant par plus de *spirituosité* ou de corps, et par plus de maturité; ainsi que par un bouquet et une sève plus prononcés, qui leur sont propres et qui les rapprochent un peu, au dire de quelques connaisseurs, de la qualité des vins de Bourgogne de certains clos en renom.

Les plants cultivés en rouge sont, en très-grande majorité : le *Cabernet*, le *Sauvignon*, le *Verdot* que nous voyons avec peine n'être pas assez répandu dans nos bons vignobles; puis, en très-faible proportion : le *Malbeck* ou *Gros-Noir*, et le *Merlot*.

Carbonnieux renferme une des plus remarquables collections de vignes qui existent en France et à l'étranger.

Le rapport de M. Guillory, déjà cité, contient, à cet égard, des détails fort intéressants que nous regrettons de ne pouvoir reproduire ici en totalité. Commencée en 1827, et formée d'abord de toutes les variétés que le célèbre Bosc avait réunies à cette époque au Luxembourg, la collection de Carbonnieux, depuis dix-huit ans qu'elle existe, n'a cessé chaque année de s'enrichir de nouveaux plants; elle a mis à contribution le Portugal, l'Espagne, la Hongrie, l'Italie, la Grèce, la Corse, sans parler des vignobles français. En 1824, le chiffre de cette collection était de huit cent soixante-douze variétés; il s'élève aujourd'hui à mille trente-deux, y compris les divers cépages de l'Ile de Madère, dont l'envoi est récent. Des essais du plus haut intérêt ont été faits à Carbonnieux : des carrés d'une certaine grandeur ont été plantés en *Rischling* de Johannisberg ; d'autres en *Pineau-Blanc* de Montrachet ; d'autres, enfin, en cépages de différentes sortes, tels que ceux qui produisent les vins de l'*Hermitage* et les premiers crûs de Bourgogne.

VINS BLANCS DE LA RIVE DROITE.

Les vignobles qui longent la rive droite de la Garonne sont dans une situation magnifique, car ils occupent une chaîne de coteaux fort élevés au sud et au sud-ouest ; leurs produits sont toutefois bien inférieurs à ceux de la rive gauche. Cette différence tient à la nature du sol, qui offre, sur la rive gauche, un gravier fin, tandis que sur la rive droite c'est une terre argileuse, mêlée de pierres.

Les premiers crûs de côtes du département sont ceux de Loupiac et de Sainte-Croix-du-Mont ; ils se classent même parmi les grands vins blancs (ceux de Sainte-Croix-du-Mont surtout), parce qu'ils gagnent beaucoup en vieillissant ; on leur demande de la maturité, même quand ils sont nouveaux ; du corps et de la finesse, quand ils sont vieux ; on peut les mettre en bouteilles au bout de quatre ou cinq ans. Ils se dirigent vers le Nord et la Hollande.

Les vins que donnent les communes de Baurech, Tabanac, Le Tourne, Langoiran, partie de Listrac, Paillet et Rions, sont connus sous le nom de côtes supérieures ; ce sont des vins très-agréables, avec beaucoup de fermeté et de force quand ils ont bien réussi ; leur qualité augmente sensiblement avec l'âge ; après cinq ou six ans de bouteilles, ils ont acquis une riche saveur. Ils conviennent fort bien pour le Nord ; la Prusse et la Russie en demandaient beaucoup ; malheureusement ces débouchés ont grandement perdu de leur importance. On a reproché à ces vins de prendre, en vieillissant, une teinte jaune, due au cépage appellé *Sémillion* qui croît sur les collines où s'étalent les vignobles en question.

Voici, en remontant la Garonne, les noms des communes de la rive droite que leurs vignes blanches signalent à l'attention du commerce :

BAURECH.

600 hab^{ts}. — 1000 à 1150 ton. de vin. — 14 kil. de Bordeaux.

	tx			tx	
Roujol (Paul).....	80 à	100	Laffitte.........	15 à	18
Veuve Sorbé.....	120	150	Damesil fils aîné..	12	15
De la Chassaigne..	80	100	Calvé et Técheney.	15	18
De Lambert-Des-			Larrieu.........	12	15
granges.......	70	80	Lespagne.......	12	15
Boyrie.........	50	60	Ferchaut frères...	10	12
Veuve de Labadie.	35	40	Vincent (Simon)..	15	20
De Lafaye......	35	40	Géraud (Bernard).	8	10
Ferchaut, maire..	40	50	Deneuville......	12	15
De Laprade....	50	60	Videau (Etienne)..	10	12
De Labordère....	35	40	Bourdère (Pierre)		
Decanole.......	30	35	et Bourdère(Ber-		
Veuve Vitrac.....	20	25	nard)........	15	20
L'Hotellier, au b^{rg}			Dauben.........	6	8
de Baurech....	15	18	Veuve Fieux.....	8	10
Ve Alexandre de			Héritiers Fenelon.	12	15
Lacaussade....	15	20	Cadix-Rémond...	8	10
Héritiers de Ger-			Philipe (Jean)....	7	9
main de Lacaus-			Pareau (Louis)...	8	10
sade.........	20	25	Héritiers de Jean		
Labadie de Lalande			Ricard.......	10	12
fils..........	6	8	Divers petits pro-		
Coullaud (Paul)...	8	10	priétaires.....	40	50

TABANAC.

690 hab^ts. — 850 à 950 ton. de vin. — 17 kil. de Bordeaux.

	tx			tx	
Roujol aîné. . . .	110 à 120	Labadie.	20 à 25
Valette.	110 120	Renou (Jean). . . .	20 25
Clauzel.	75 80	Lataste.	20 25
De Laprade.	60 65	Blanc.	20 25
Seguineau de Lo-		Grossetié.	15 20
gnac.	55 60	Queyrus.	12 15
Longuevue.	25 30	Divers chais au-	
Dupuch.	25 30	dessous de 12	
Lacoste.	25 30	tonneaux.	110 120
De Lacaussade (G.)	20 25		

—

LE TOURNE.

549 hab^ts. — 240 à 300 ton. de vin. — 20 kil. de Bordeaux.

	tx			tx	
Gaston (Château de		Laville.	20 à 25
Pic).	30 à 35	Bertin.	15 18
Cazeau (Mendé). .	20 25	Tapole.	12 15
Laclaverie.	12 15	Divers chais au-	
Cazeau.	12 15	dessous de 10	
Lescours.	12 15	tonneaux.	80 100
Mme Balix.	10 12		

Indépendamment de ses vins blancs, cette commune produit des vins rouges dont la qualite s'est améliorée depuis plusieurs années ; les principaux vins sont ceux de
MM. Gaston, 30 à 35 tonneaux ; Cazeau, 12 à 15 ; Bertin,
15 à 18.

—

LANGOIRAN.

1801 hab^{ts}. — 800 à 1000 ton. de vin. — 22 kil. de Bordeaux.

	tx			tx	
Mlles Faux	60 à	70	Veuve Belro	15 à	18
Veuve Chaize	40	50	Sabès	12	15
Veuve Devèze	40	50	Caussade	12	15
Dureau	40	45	Bourdelles frères	12	15
Veuve Merlande	30	40	Demptos frères (au-		
Dumas	30	40	trefois Dutoya)	12	15
De Ramond	35	40	Labroue	12	15
Gazeau	20	25	Ferchaut	12	15
Andrieu	25	30	Coëffend	10	12
Desbats aîné	25	30	Mandé	10	12
Supsol	25	30	Demptos père	10	12
Gauvry	25	30	Gassiot (autrefois		
Tarteyron	25	30	Carré)	10	12
Veuve Virvalois	20	25	Joly (autrefois Du-		
Erbens (autrefois			vigneau)	10	12
Niquet)	15	20	Divers chais au-		
Roux	15	20	dessous de 10		
Veuve Hazera	15	20	tonneaux	200	250

PAILLET.

929 hab^{ts}. — 400 à 475 ton. de vin. — 27 kil. de Bordeaux.

Monsarat	80 à	100	Vignes	10 à	12
Bourbon (J.-J.)	80	100	Sadran	10	12
Desbats cadet	45	50	Abraham	10	12
Desbats (Aman)	20	25	Dumas (Alexis)	8	10
Couronneau cadet	15	20	Jannaut (Antoine)	8	10
Dumas (Charles)	15	20	Mlles Gros	8	10
Mme Papillon	12	15	Rousset cadet	8	10
Cousseau (Jules)	12	15	Gros (Edmond)	8	10
Sauteyron	12	15	Divers chais au-		
Lahille	12	15	dessous de 10		
Gros (Ernest)	12	15	tonneaux	160	180
Rieutord	10	12			

RIONS.

1200 hab^{ts}. — 1500 à 1700 ton. de vin. — 31 kil. de Bordeaux.

	tx			tx
Lacombe.	60 à 70	Dorgueuilh (M.). .	20 à 25
Constantin.	60 70	Garaud (J.) jeune.	18 22
De Gères.	55 60	Darcos–Guy.	18 22
Péry.	50 55	Mathereau.	18 22
De Galard.	50 55	Veuve Bourdelles..	15 20
Labarthe.	50 55	Arnaud d'Anniche.	12 15
Mutel.	45 50	De Caupenne. . . .	12 15
Roussereau.	30 35	Aribaud.	12 15
Itey de Peyronnein	30 35	Léglise (Baptiste).	12 15
Garaud fils..	25 30	Gassiot-Autapy. . .	12 15
Desessard.	25 30	Gaudin.	12 15
Briol (Auguste). . .	25 30	Tauzin.	12 15
Videau (Guillaume)	25 30	Silliman.	10 12
Martin (D.).	25 30	Sensine.	10 12
Les Carmes.	25 30	Sedrac-Merle. . . .	10 12
Bordes..	25 30	Samonayre (S.). . .	10 12
Héritiers Thibaud.	20 25	Tallet (François). .	10 12
Mlle Dumas. . . .	20 25	Carasset	10 12
Fourcassies–Eliès.	20 25	Clarens.	10 12
Vidau–Pascaut. . .	20 25	Restouilh frères.. .	10 12
Cazentre.	20 25	Pène..	10 12

—

BÉGUEY.

865 hab^{ts}. — 475 à 550 ton. de vin. — 34 kil. de Bordeaux.

	tx		tx
Médeville (Jérôme)	80 à 90	Redeuilh(Clément)	25 à 30
De Parrouty.	50 60	Médeville aîné. . .	25 30
Laspeyrères.	40 50	Worms de Rommil-	
Chiapella.	30 40	ly.	25 30
Maydieu (Hélène).	30 35	Pouchan.	20 25
Brostaret.	25 30	Simon (Étienne). .	20 25

	tx			tx	
Redeuilh (Henri)..	15 à	20	Brousse........	10 à	12
Veuve Grangey...	12	15	Boudinot.......	10	12
Veuve d'Antin....	12	15	Videau, à Bouchet.	10	12
Charriaud(Pierre).	12	15	Espilère.........	10	12
Gassies........	12	15	Divers chais au-		
Dupuy (Léo).....	10	12	dessous de 10		
Chatellier......	10	12	tonneaux.....	100	120
Béziat.........	10	12			

CADILLAC.

1166 habts. — 500 à 600 ton. de vin. — 37 kil. de Bordeaux.

Desbats (Alexis)..	100 à	120	Bichet.........	15 à	20
Baudet.........	35	40	Fourcassies.....	15	20
Bonneval.......	30	35	Beziat (Jeanty)...	15	20
Dupart.........	25	30	Cazeaux-Bernachet	12	15
Bruguière......	25	30	Carasset.......	12	15
Worms.........	25	30	Médeville (Louis).	12	15
Brostaret......	25	30	Médeville aîné...	12	15
Mernais–Tillhet..	20	25	Veuve de Béon...	12	15
Médeville (Jeanty).	20	25	Bonnefoux......	12	15
Cazeaux fils.....	20	25	Faurie.........	12	15
Moreau........	20	25	Piaubert.......	10	12
Mathelot (Louis)..	20	25	Fouquet (B.)....	10	12
Houmau (Adolphe)	20	25	Fouquet (Marc)..	10	12
Dupouy........	15	20	Lataste........	10	12
Dubacquier......	15	20	Mlles Tauzin.....	10	12
Augey fils......	15	20	Divers chais au-		
Mathelot aîné....	15	20	dessous de 10		
Veuve Larroque..	15	20	tonneaux.....	50	70

LOUPIAC.

1001 habts. — 650 à 750 ton. de vin. — 40 kil. de Bordeaux.

Lachassagne.....	50 à	60	De Marcellus....	25 à	30
Leugé.........	30	35	Courèges.......	25	30

	tx			tx	
Goineau	25 à 30		Meyssac	20 à 25	
Mingaud	20	25	Guérin	15	20
Veuve Bidot (au-			Promis	18	20
jourd'hui héri-			Boré (Cadichon)	15	20
tiers Baptiste)	20	25	Fonvielle	12	14
Cluzaut	20	25			

SAINTE-CROIX-DU-MONT.

1034 hab.ts — 675 à 900 ton. de vin. — 43 kil. de Bordeaux.

Lafon	40 à 50		De Marbotin	25 à 30	
De Rolland	40	45	Bayle	30	35
Gensonnet—Feuil-			Garret	30	35
lard	10	12	Andrieu	50	55
Turman	45	50	M.me Lépine	12	15
Dresky	25	30	Boucherie	30	35
Vignal	25	30	Veuve Mazet	25	30

Nombre de propriétaires faisant de 5 à 15 tonneaux.

Voici, à l'égard d'autres vins blancs de la Gironde, quelques détails qu'on trouve dans un ouvrage estimé et auquel l'Institut a décerné, en 1827, le prix de statistique (*OEnologie française*, par Cavoleau) :

« Le Bas—Médoc, dans l'arrondissement de Lesparre, produit à-peu-près 10,000 hectolitres de vin blanc de basse qualité, qui se consomme dans les cabarets. Dans la commune d'Ordonnac se trouve un petit vignoble de 8 hectares, dépendant de l'ancienne abbaye de l'Ile, dont le vin exhale une agréable odeur de rose, et se vend, au bout de quelques années, 700 fr. le tonneau, au lieu de 200 fr. qu'il vaudrait en primeur. Entre autres moyens que le propriétaire emploie pour améliorer son vin, il fait passer au four une certaine quantité de raisins, sans qu'on nous dise à quel degré de chaleur, pendant combien de temps, ni quelle est la proportion des raisins ainsi chauffés.

« Les vins blancs de hautes qualités, surtout les liquo- reux, ne doivent être mis en bouteilles qu'à la septième ou huitième année, et même plus tard ; ils s'y conservent très-longtemps. Après le premier soutirage, il conviendrait de les placer dans des foudres de 30 hectolitres et au-delà, où ils se conserveraient mieux et perdraient moins par l'évaporation. Deux soutirages par an leur sont néces- saires.

» Des propriétaires jaloux de perfectionner leur vin blanc, le font porter, à mesure qu'il sort du pressoir, dans des cuves, où la grosse lie se précipite au fond, s'élève et forme une croûte à la surface ; il y reste à-peu-près vingt-quatre heures ; et lorsqu'on s'aperçoit que la croûte commence à se gercer, on soutire au moyen d'un robinet placé au bas de la cuve. On obtient, par ce procédé, un vin blanc qui est plus tôt clarifié et qui conserve toujours sa blancheur, par le soin qu'on a, malgré les préjugés contraires, de bonder les barriques à mesure qu'on les remplit. »

La constitution géologique du sol qui donne les vins les plus renommés étant un objet d'une importance réelle, nous croyons devoir reproduire ici, telles qu'elles ont été insérées dans le *Producteur* (t. 3, p. 185), quelques détails sur les diverses natures de terrain de la commune de Sau- ternes.

Elles peuvent se diviser en quatre parties :

La première est celle qui se trouve sur les coteaux ; elle se compose, à sa superficie, d'une forte couche de gravier d'une épaisseur de 2 décimètres environ. Plus bas, on rencontre très-communément l'*alios*; et, comme elle est quelquefois superficielle, on est alors forcé de l'extraire. Au-dessous se trouve une couche d'argile franche qui sert de réservoir aux eaux pluviales de l'été, d'où dérivent ordinairement de fortes coulures à l'époque de la floraison.

La deuxième est celle qui se trouve dans des positions moins élevées, appelée vulgairement terrain plat ; elle est d'une nature ferrugineuse, mêlée d'un gravier très-fort que nous nommons *arène*. En défonçant le terrain, on y découvre quelquefois du tuf.

Dans la troisième se trouvent quelques bas-fonds ; composée d'une couche d'argile franche, parfois mêlée de gravier, acquérant, par les chaleurs, une si forte intensité de dureté, qu'on est forcé d'abandonner les travaux en attendant la pluie ; elle est moins sujette à la coulure et produit beaucoup.

La quatrième, enfin, limite la commune dans la partie de l'ouest ; on la nomme *carasse* ; elle est moins graveleuse et contient beaucoup de pierres calcaires.

CHAPITRE XIII.

DU CLASSEMENT DES VINS DE MÉDOC.

Nous voici arrivés à la partie la plus délicate de notre travail. Le classement des vins en renom, établi sur des bases consacrées, à l'égard de quelques-uns, présente quelqu'incertitude quant à ce qui concerne d'autres propriétés qui ne sont plus au premier rang. Tel crû, que certain courtier qualifie de troisième, ne doit pas, au dire de son confrère, sortir de la catégorie des quatrièmes. La liste des cinquièmes s'étend ou se restreint au gré des opinions particulières qui y admettent des crûs relégués, selon d'autres connaisseurs, parmi les bons bourgeois. Nous avons dressé de notre mieux, et soumis à des juges éclairés, l'essai de classification qu'on va lire, essai que nous ne donnons point, il s'en faut, comme un arrêt en dernier ressort; il serait fort possible qu'on y relevât des omissions, qu'on en constestât quelques-unes des assertions. En pareille matière, il est de toute impossibilité d'obtenir un assentiment unanime. Nous avons dû ranger les crûs par ordre alphabétique; prétendre les coordonner par ordre de mérite serait une tâche qui soulèverait d'inextricables difficultés.

Des crûs de la même classe, placés dans des communes parfois éloignées, donnent des produits de mérite égal, mais différents entre eux d'une manière sensible; tandis que parfois, dans les mêmes communes, des propriétés limitrophes fournissent des vins qui, souvent, ont entre eux fort peu de rapport. Pour introduire de l'ordre dans ces éléments multipliés, l'on a, de longue date, choisi dans chaque commune les vins qui, doués d'une supériorité égale, devaient se payer le même prix; et c'est ainsi que se sont formées des classes que sanctionne un usage qui a acquis force de loi.

Les récoltes se suivent et rarement se ressemblent; aussi pour avoir une idée exacte d'un vin, il est indispensable de connaître l'année. Une proportion assez régulière s'est établie entre tous les vins du Médoc, de telle sorte que lorsque les premiers vins ont été vendus, chacun sait ce qu'il doit vendre, à peu de chose près.

On tomberait dans l'erreur la plus complète, en considérant tous les vins qui ne sont pas compris dans les catégories des grands crûs, comme étant inférieurs et sans qualité. Dans les bonnes récoltes, les vignobles non classés donnent souvent d'excellents vins; mais c'est surtout dans les grandes années que la différence des crûs est tranchante.

Les crûs classés se subdivisent en cinq classes, et la différence de prix de l'une à l'autre est d'environ 12 p. 100. On compte en tout soixante à soixante-cinq crûs classés.

Les premiers crûs vendent parfois 1,800 fr., plus souvent 2,400 fr.; ils ont été payés 3,500 fr. dans de bonnes années, et parfois bien plus cher. Prenons pour base de notre calcul qu'ils se soient vendus 2,400 fr., il devient facile d'établir la valeur relative des autres crûs, valeur qui doit subir une hausse ou une baisse proportionnelle, selon que les prix des premiers crûs se trouvent supérieurs ou inférieurs à 2,400 fr.

Premiers crûs.

Les quatre premiers crûs suivaient autrefois le même prix; pendant quelque temps, Haut-Brion, situé dans les graves, près Bordeaux, était un peu déchu de la valeur de ses trois confrères.

Château-Margaux....	Margaux.........	100 à	110 tx
Château-Laffitte.....	Pauillac.........	120	150
Latour...........	Idem..........	70	90
Haut-Brion, Larrieu...	Pessac..........	100	120

Seconds crûs.

Les seconds crûs vendent ordinairement 300 fr. de moins que les premiers; il y en a quelques-uns qui vendent tant soit peu au-dessous des autres, mais ils n'en doivent pas moins appartenir à cette classe.

Quand les premiers vendent 2,400 fr., les seconds vendent 2,100 à 2,050.

De Brannes, ci-devant Gorse..........	Cantenac..........	50 à	60 tx
Cos-Destournel, aujourd'hui Martyns......	St-Estèphe.........	70	80
Durefort, de Vivens...	Margaux..........	30	35
Gruaud–Laroze , divisé entre Mrs Bethmann, Boisgérard et les héritiers du Bon Sarget.	St-Julien..........	100	150
Lascombe (L.-A. Hue), ci-devant Fabre....	Margaux..........	10	15
Léoville, divisé en trois :			
Marquis de Lascazes.	St-Julien..........	80	100
Bon Poyféré de Cères.	Idem..........	40	50
Barton..........	Idem..........	50	70
Mouton-Thuret.......	Pauillac..........	120	140
Pichon de Longueville.	St-Lambert........	100	120
Rauzan–Rauzan (baronne de Sigla), et Rauzan-Gassies (Chabrier)..........	Margaux..........	70	75

Troisièmes crûs.

Ceux-ci vendent à-peu-près 300 fr. au-dessous des seconds; quand les prix des premiers ne sont pas bien élevés, la différence n'est pas si forte; mais elle suit toujours la même proportion. Dans les années où les premiers vendent 2,400 fr., les troisièmes vendent 1,800 fr.

Blanchy, Chât.-d'Issan	Cantenac..........	50 à	70 tx
Desmirail..........	Margaux..........	30	40
Dubignon (Philippe), ci-devant Talbot......	Idem..........	15	20

Ducru (1), à Maucaillou, ci-devant Bergeron..	St-Julien..........	100	à 120 tx
Fruitier, ci-dev. Brown	Cantenac.........	60	70
Ganet (vicomte de La-salle)...........	Idem..........	20	25
Giscours, Pescatore...	Labarde.........	80	100
Kirwan (de Scryver junior)...........	Cantenac.........	35	40
Lagrange, Duchâtel, ci-devant Brown.....	St-Julien..........	120	150
Langoa, Barton, ci-devant Pontet.......	Idem..........	100	120
Lanoire...........	Margaux.........	20	25
Montrose, Dumoulin...	St-Estèphe........	100	120
Pougets, de Chavaille..	Cantenac.........	25	30
Comtesse de St-Exu-péry, ci-devant Malescot.........	Margaux..........	25	30

Quatrièmes crûs.

Ils appartiennent pour la plupart à St-Julien et Pauillac; on y assimile quelques crûs de Margaux et de Cantenac.

Ils vendent à-peu-près 300 fr. au-dessous de la troisième classe, toujours dans l'hypothèse que les premiers vendent 2,400 fr.; en général, ils varient de 1,200 à 1,500 fr.

Marquis d'Aux.......	St-Julien, à Talbot, crû de Delage.....	70	à 80 tx
Beychevelle (Guestier junior)...........	St-Estèphe........	100	120
Calon-Lestapis (2), anciennement Ségur...	Idem..........	120	160

(1) Montrose et Ducru vendent souvent comme seconds crûs.

(2) Calon et St-Pierre ont vendu quelquefois comme troisièmes crûs, et c'est le rang que leur assignent certains connaisseurs.

Carnet (héritiers Luet-kens).	St-Laurent.	100 à	120 tx
Castéja , ci-dev. veuve Duhard, Milon.. . . .	Pauillac	40	50
Dubignon (M.).	Margaux.	12	15
Duluc aîné.	St-Julien.	80	90
Ferrière.	Margaux.	10	15
Lafon-Rochet, Camar-sac.	St-Estèphe.	30	40
La Lagune , Mme veuve Joffray	Ludon.	40	50
Lesparre-Duroc, Milon-Mandavy.	Pauillac.	25	30
Solberg.	Margaux.	25	30
Pagès, ci-dev. Durand, au Prieuré.	Cantenac.	25	30
Palmer (propriété de l'administration de la Caisse hypothécaire).	Idem.	50	60
St-Pierre divisé entre :			
Bontemps du Barry. .	St-Julien.	25	35
Roullet et Galoupeau.	Idem.	25	35

Cinquièmes crûs.

Cette subdivision se compose des grandes propriétés de Pauillac et de St-Estèphe, auxquelles on assimile quelques autres de Labarde et de Margaux ; ils vendent la moitié des premiers crûs.

Dans cette classe nombreuse, il y a nécessairement quelque différence dans le mérite des vins ; aussi les prix ne sauraient-ils se déterminer rigoureusement. Ils varient de 1,000 à 1,200 fr., toujours dans l'hypothèse de la valeur de 2,400 fr., attribuée aux premiers crûs.

Batailley, Lawton....	Pauillac..........	60 à	80 tx
De Bedout, anciennement Duboscq.....	St-Julien.........	50	55
Canet-Pontet.......	Pauillac..........	100	120
Cantemerle (baron de Villeneuve).......	Macau..........	120	130
Chollet, ci-devant Duclerq, à Bages....	Pauillac..........	15	18
Vᵉ Constant, à Bages..	Idem..........	80	100
Cos-Labory.......	St-Estèphe.......	40	50
Coutanceau-Devez...	St-Laurent.......	20	30
Croizet, à Bages.....	Pauillac..........	50	60
Veuve Ducasse......	Idem..........	80	90
Grand-Puy, Lacoste, ci-devant St-Guirons..	Idem..........	50	60
Jurine, à Bages......	Idem..........	100	120
Libéral, à Bages.....	Idem..........	20	25
Liversan-d'Anglade...	St-Sauveur.......	40	50
Lynch-Moussas.....	Pauillac..........	30	40
Mission (la) près Haut-Brion (Chiapella)...	Pessac..........	30	40
Mouton, Tharet.....	Pauillac..........	100	120
Monpelou, autrefois Castéja, maintenant divisé entre MM. Badimon et Constant...	Idem..........	25	30
Popp............	St-Laurent.......	30	40
Perganson, E. Lahens.	Idem..........	70	80

En cumulant tous ces vins, on trouve que l'on récolte environ de 3500 à 4500 tonneaux; mais comme les très-bonnes années ne sont jamais fort abondantes, on ne doit guère, en supposant une réussite distinguée, évaluer la production totale au-dessus de 3000 tonneaux de vins classés.

A la suite de la cinquième classe, on range, dans la catégorie des bons bourgeois, presque tous les bons vins de St-Estèphe, de Pauillac et de St-Julien, autres que ceux ci-dessus indiqués ; quelques bons vignobles de Soussans, Labarde, Ludon et Macau, ainsi que les petits propriétaires de Margaux et de Cantenac ; en supposant, comme ci-dessus, que les premiers crûs se paient 2,400 fr., ceux-ci obtiennent de 700 à 1,000 fr. Ils ne vendent pas toujours d'après une proportion uniforme ; leurs prix se calculent d'après des règles traditionelles, particulières presque pour chacun d'eux, et qui dépendent d'ailleurs de la réussite particulière. C'est ce qui empêche de les placer au nombre des crûs classés. Nous rangeons parmi eux, et nous ne prétendons point les nommer tous :

Bons bourgeois.

Mme de Pomereu (Château de Bel-Air)....	Soussans..........	50	à	60 tx
Minvielle (Château-Paveuil)..........	Idem...........	40	50	
Le Boscq, Camiran aîné	St-Estèphe.......	120	150	
Crû de Morin, Camiran père..........	St-Corbian, St-Estèphe	100	120	
Lanessan, Louis Delbos..........	Cussac..........	80	90	
Pedesclaux........	Pauillac.........	25	30	
Tronquoy-Lalande....	St-Estèphe.......	80	100	

Après ces vins arrivent les petites propriétés de Pauillac et de St-Estèphe, quelques grands vignobles de Cissac, de St-Sauveur, de Lamarque, de Cussac, de St-Seurin, de Verteuil et de St-Germain d'Esteuil ; ainsi que les paysans de Margaux, de Cantenac, de Saint-Julien et de Pauillac, qui vendent de 500 à 700 fr.

Enfin, les paysans et petits paysans des communes célèbres font parfois d'assez bons vins; ils trouvent volontiers acheteurs de 275 à 425 fr.

Il se rencontre, parmi les propriétés, dites des paysans, des vignes éparses au milieu de celles qui appartiennent aux crûs classés; mais leurs produits manquent toujours du bouquet, de la sève, de l'arôme, qui donnent tant de prix à ces derniers. Cette différence s'explique sans peine par les procédés imparfaits de vendange que suivent les petits propriétaires, et par la différence des cépages; c'est à obtenir le plus de vins possible que s'attachent les petits bourgeois et les paysans, tandis que, dans les grands crûs, la quantité n'est qu'une considération secondaire; c'est la qualité qu'on ambitionne par-dessus tout.

Il nous sera maintenant facile de parcourir rapidement le Médoc, en retraçant le mérite de chaque commune importante.

Lorsqu'on s'éloigne de Bordeaux, en se dirigeant vers l'embouchure de la Gironde, la qualité des vins gagne de plus en plus depuis Blanquefort jusqu'à Margaux; là, elle éprouve un temps d'arrêt; c'est à St-Julien, à 8 kilomètres plus loin, qu'elle s'élève de rechef à la plus haute distinction; après Pauillac, cette zone privilégiée perd de son éclat; elle s'arrête aux confins de St-Seurin de Cadourne.

A Blanquefort, les vins rivalisent avec ceux des bonnes graves de Bordeaux; mais ils n'ont point la sève médoquine. Dans cette commune, nul crû classé; Ludon présente, pour sa partie graveleuse, des vins supérieurs à ceux de Blanquefort. Le crû de la Lagune est classé dans les premiers quatrièmes; le *Château-Pommiers* jouit en

Hollande d'une antique et solide réputation (1); à Macau, nous citerons avec distinction le crû de *Cantemerle* (2). Plusieurs autres crûs de cette commune, tels que la *Houringue*, les *Trois-Moulins*, la *Pelouse*, *Préban*, sont renommés en Hollande; mais ils se vendent au-dessous de la quatrième classe. Les bourgeois supérieurs de Ludon vendent, dans les bonnes années, 400 à 500 fr.; les bourgeois secondaires, 75 à 100 fr. de moins; et les petits propriétaires, 275 à 325 fr.; les palus de Ludon se payent 250 à 300 fr. pour les premières qualités, et 50 fr. de moins les secondes.

---

(1) A l'égard de Ludon, nous devons mentionner un domaine omis dans notre liste, celui de *Morange*, situé dans la partie la plus élevée du quartier Haut-Gilet; il est la propriété de M. le comte de Lavergne; il donne 70 à 80 tonneaux d'un vin doué de belles qualités, que développent favorablement le temps et les voyages.

(2) Nos lecteurs trouveront sans doute ici, avec plaisir, quelques détails intéressants relatifs à ce crû renommé.

La terre de *Cantemerle* est située partie dans la commune de Ludon et partie dans celle de Macau. Elle comprend, dans son étendue, une vaste couche de cailloux roulés dont le gisement est d'une élévation remarquable et d'une heureuse exposition. C'est à cette circonstance, ainsi qu'à la combinaison bien entendue des meilleurs cépages, qu'on attribue la supériorité de ses vins. Une de leurs qualités bien reconnues est de supporter merveilleusement l'épreuve des longs voyages et des années.

Depuis un temps immémorial, la totalité de la récolte de *Cantemerle* est expédiée en Hollande par le propriétaire et pour son compte.

La terre de *Cantemerle* a toujours été une propriété de la famille de Villeneuve-Durfort. Dès le xve siècle, elle avait pour possesseur Jean de Villeneuve, président au Parlement de Bordeaux, baron seigneur de Macau et de Ludon-Dehors. Elle n'a jamais été divisée, et aucune parcelle n'en a été distraite. La production moyenne de *Cantemerle* est de 120 à 130 tonneaux, non compris 10 tonneaux de deuxième vin et 12 tonneaux de vin de presse, qui sont vendus sur place pour la consommation du pays.

Les palus de Macau valent 160 à 240 fr., selon la réus-site (1).

La commune de Labarde occupe un rang distingué; elle possède *Giscours*, troisième crû, et elle obtient des prix supérieurs à ceux de Ludon et de Macau; après *Giscours*, les meilleurs crûs qu'elle renferme se sont payés, en de bonnes années, 900 à 1,200 fr. Les bons bourgeois peuvent prétendre à 400 ou 500 fr.; les petits propriétaires, à 300 ou 350 fr.

Cantenac et Margaux sont au rang des communes du premier ordre; les vignes y produisent fort peu; mais elles donnent les vins les plus délicats, les plus agréables du département.

Château Margaux et *Rouzan*, plusieurs seconds crûs et un grand nombre de troisièmes, attestent l'excellence de ces deux communes. La moyenne des prix, pour les crûs rangés dans la classe des troisièmes, est de 1,000 à 1,500 fr.; et pour les quatrièmes, de 750 à 1,200 fr. Les bour-geois supérieurs valent 600 à 900 fr.; les petites propriétés se classent parmi les vins fins; les paysans même obtiennent parfois, à Margaux, des prix supérieurs à ceux des grands propriétaires de Macau et de Ludon.

Les vins de Soussans ne sont pas supérieurs à ceux de Ludon; ils sont plus durs et manquent de bouquet; les propriétés, connues sous le nom de *Château-Bel-Air* et *Château-Paveil*, donnent les meilleurs produits de cette commune; on rend de même justice aux vins de *Latour de Mons*, aujourd'hui de *Lejeard*. Les meilleurs crûs de

---

(1) On comprend sans peine qu'il ne saurait rien y avoir d'absolu dans ces prix; une foule de circonstances générales ou individuelles peuvent exercer sur eux la plus grande influence, et tout est subordonné, d'ail-leurs, à la réussite de l'année et à celle du crû.

Soussans vendent 500 à 750 fr. le tonneau; les bourgeois secondaires, 300 à 400; les bons paysans, 225 à 375; les palus, 130 à 175. A Arcins, les vins des propriétés du premier rang obtiennent 450 à 525; au second rang, 250 à 325; les paysans, 190 à 260 fr.; St-Lambert et Pauillac sont contigus à St-Julien; on y remarque deux premiers crûs : *Laffitte* et *Latour;* deux seconds : *Mouton,* qui vient d'être acheté par M. de Rothschild, et *Pichon-Longueville.*

Les autres vignobles de ces deux communes n'atteignent pas tout-à-fait au même degré de mérite que les St-Julien.

St-Estèphe possède des crûs distingués; mais ces vins, riches en sève, n'offrent point, en général, le même corps que ceux de Pauillac.

On y trouve *Cos,* jadis à M. Destournel, aujourd'hui à M. Martyns, qui est second crû ; *Montrose,* que les uns placent dans les seconds et les autres dans les troisièmes; *Calon-Lestapis* dans les quatrièmes; puis *Lafon-Rochet, Tronquoy-Lalande,* le *Bosq* et *Morin,* dont les vins sont assimilés à ceux de Pauillac; le reste de la commune se vend un peu moins. A Lamarque, les premiers bourgeois vendent de 450 à 600 fr.; les bourgeois secondaires, de 375 à 425 fr.; les petits propriétaires, de 260 à 300 fr. A Cussac, les prix sont à-peu-près les mêmes; à Moulis et à Listrac, les meilleurs crûs se payent 500 à 800 fr.; les bourgeois descendent graduellement selon leur ordre jusqu'à 275 à 350 fr.

Nous avons déjà indiqué les prix des grandes communes riches en crûs classés, ajoutons que les paysans de St-Julien se payent 350 à 500 fr.; à St-Laurent, les bourgeois secondaires valent 350 à 400 fr.; et les petits bourgeois, 275 à 350 fr.

A St-Seurin de Cadourne, où se font remarquer les crûs

14

des premiers bourgeois, tels que *Verdignan* (de Parouty), *Charmail* (Louvet de Paty) et plusieurs autres, les prix varient de 350 à 650 fr.

A Cissac, St-Sauveur, Verteuil, St-Germain d'Esteuil, commune *de derrière*, faisant partie du Haut-Médoc, nous signalerons les crûs principaux, tels que *Château du Breuil* et *Château-Larrivaux* (Cissac), *Fonpiqueyre* (St-Sauveur), *Picourneau* (Verteuil), *Château-Livran* (St-Germain d'Esteuil). Les prix de ces vins, recherchés pour la Hollande et l'Allemagne, varient de 350 à 650 fr. comme à St-Seurin de Cadourne.

Le cachet des vins signalés dans ces diverses classes du Haut-Médoc est la finesse, le bouquet, le moelleux, et surtout l'absence du *terroir* qui se retrouve plus ou moins dans les vins du *Bas-Médoc.*

Les vins des communes qui composent le Bas-Médoc, agréables dans les années bien réussies, manquent généralement de finesse et de bouquet ; on leur reproche un goût de terroir, défaut qu'il serait facile aux propriétaires de neutraliser, par un meilleur choix de cépages et d'expositions pour leurs plantations. St-Christoly, Valeyrac, Uch, St-Trélody, Potensac, offrent au commerce des vins favorables à l'exportation, et où se rencontrent des marques appréciées en Hollande et en Belgique. Les prix peuvent s'établir, en moyenne, de 250 à 350 fr. le tonneau.

Les dernières communes du Bas-Médoc, dépourvues de grave ou de sable graveleux, plantées généralement en cépages communs, font des vins moins estimés et plutôt propres à la consommation intérieure ; ils se distinguent par la couleur, sont recherchés pour les emplois de Paris, et se payent ordinairement de 200 à 250 fr., et même jusqu'à 300 fr. le tonneau.

CHAPITRE XIV.

DES RÉCOLTES DE VINS

DANS LE DÉPARTEMENT DE LA GIRONDE, DEPUIS 1815.

Il faut qu'une assez longue période de temps se soit écoulée avant qu'une récolte ait été l'objet d'une appréciation définitive et irrévocable; souvent même quatre ou cinq années sont nécessaires, et il est arrivé plus d'une fois qu'une récolte n'ait été appréciée que lorsqu'elle commençait à s'épuiser; les bonnes années vivent dans le souvenir bien plus que dans le présent. Des intérêts qui se heurtent, des opinions que dictent une foule de circonstances souvent complexes, voici bien des motifs pour faire mettre en avant une foule de jugements contradictoires qui se perpétuent; celui qui tente d'esquisser un résumé très-succinct des récoltes qui se sont succédées depuis 1815, ne doit pas compter sur un assentiment unanime.

Nous aurions à entrer dans des détails bien délicats, dans des appréciations que la plume a grand'peine à rendre, si nous voulions mettre en relief les qualités diverses dont la réunion donne aux vins de la Gironde leur haute valeur; la combinaison de tel caractère avec tel autre, l'absence de telle qualité souvent bien fugitive, des nuances inappréciables à tout palais non exercé, amènent dans les prix des différences énormes; mais ces nuances, dont la perception nette, rapide, soudaine, se révèle promptement aux papilles nerveuses d'un connaisseur, les mots ne sauraient en donner qu'une idée fort imparfaite.

On convient généralement qu'il est bien plus facile de juger les vins blancs que les rouges, même à partir de la récolte. Le goût actuel veut, dans les rouges, un équilibre parfait de diverses propriétés opposées, et qui se détrui-sent mutuellement, telles que le corps, la belle couleur et la maturité parfaite, réunies à un agrément et à une souplesse qui n'admettent pas la moindre dureté ; on exige encore une rondeur et un parfum exquis qui ne veulent pas d'enveloppe ; mais à l'égard des blancs, on est content d'eux s'ils possèdent de la liqueur et de la force.

Pour la complète réussite des vins rouges, il faut une succession bien rare de températures variées, tantôt chau-des pour mûrir le raisin, tantôt humides pour amollir sa peau, tantôt sèches pour arrêter la sève, etc. Le sort dé-finitif des vins déjoue donc maintes fois les prévisions les plus subtiles ; et, remarquons-le ici, plusieurs des années que le commerce bordelais a tenues en une juste estime, avaient été précédées d'un été qui avait fait presque déses-pérer de la récolte ; que l'on se rappelle 1819, 1823, 1828 et 1835.

En parlant de la réussite des vins rouges, il faut les diviser en deux classes. Les classes inférieures, telles que celles de Blaye, de Bourg, des Côtes, des Palus, etc., sont le produit de cépages de toute espèce, qui, plantés sur un terrain gras et dans des expositions diverses, mûrissent ordinairement plus tard que les crûs distingués de Graves ou de Médoc ; d'ailleurs, ils sont récoltés en masse et avec peu de soin ; aussi, dans les mauvaises années, ces vins sont le produit de raisins d'une maturité imparfaite ou très-inégale ; ils restent verts et faibles, tandis que le Médoc, avec une maturité plus précoce, et grâces aux soins donnés à l'effeuillage des ceps, au triage des raisins,

au dérapage, en un mot à toutes les opérations de la vendange, peut encore faire de très-bons vins. Ajoutons que
le bouquet et l'agrément que les vins fins acquièrent dans
leur vieillesse ne peuvent pas se rencontrer dans les vins
communs; c'est le résultat des propriétés des terrains, du
choix des cépages et de l'intelligente activité des propriétaires; aussi l'on ne doit chercher dans les vins rouges
que de la couleur, du corps, une parfaite maturité, sans
jamais craindre l'excès de ces qualités.

Les bons vins du Médoc et les vins de Graves viennent
sur un terrain léger, caillouteux, légèrement ondulé;
c'est ce terrain qui donne aux vins cette sève inimitable
de parfum distingué, que l'on compare à l'odeur de la
violette. Tous les vins du Médoc possèdent ce bouquet,
mais à des degrés différents.

Il y a des cépages grossiers, produisant beaucoup, mais
de médiocre qualité; ils doivent être entièrement exclus
des bons crûs. Parmi les bons cépages, la diversité des
qualités est encore très-grande : les uns donnent un vin
délicat, mais faible en couleur; d'autres ont plus de corps;
ceux-ci se distinguent par la couleur et ceux-là par la
douceur. Il faut donc choisir, entre ces diverses qualités,
dans la proportion convenable pour faire un vin parfait;
mais, malgré ce choix, comme ces divers cépages fleu-
rissent, se développent et mûrissent à des époques différentes, il arrivera presque toujours que l'un deux prédo-
minera ou nuira aux autres. C'est à ces motifs qu'il faut
attribuer la réussite si différente d'un même crû dans
plusieurs années, ou celle de deux crûs de la même classe
dans une même année.

Nous avons mis en tête de nos indications sur le résultat de chaque récolte quelques notes sur la température

de l'année ; il serait à désirer que ce travail pût être complété par des renseignements plus détaillés et basés sur des observations météorologiques auxquelles nous ne saurions donner place ici, mais d'où l'on pourrait tirer des inductions plus sûres au sujet de l'influence du temps sur la récolte.

En général, les premiers six ou sept mois de l'année exercent une grande influence sur le produit des récoltes, par des circonstances faciles à saisir, telles que gelées, grêles, intempéries pendant la floraison et le coulage qui en résulte. La qualité, par contre, paraît surtout dépendre de la température des deux ou trois mois qui précèdent les vendanges et du temps qui les accompagne. On pourrait citer de nombreux exemples de grands changements produits sur la vigne à cette époque; plusieurs fois un court espace a suffi pour réparer de grands dommages.

Ces réflexions préliminaires n'étaient peut-être pas tout-à-fait inutiles; passons maintenant successivement en revue les récoltes à partir du rétablissement de la paix et des relations commerciales :

1815. — Qualité des rouges et blancs également supérieure; année des plus remarquables sous tous les rapports; prix assez bas. Développement parfait; vins corsés, moelleux, agréables, parfumés.

1816. — Pluies continuelles durant le printemps et l'été; temps froid. La plus mauvaise récolte qui se soit jamais vue; beaucoup de propriétaires ne ramassent pas le raisin. On paie les premiers crûs de 400 à 500 fr. le tonneau, encore pour y perdre son argent.

1817. — Temps humide et peu favorable. Récolte peu supérieure à la précédente. Le commerce achète à des prix très-élevés et fait des pertes énormes sur ces vins, qui tournent fort mal.

1818. — Temps assez chaud et favorable. Vins rouges colorés, mais durs. Prix très-élevés. En se développant, les vins restent durs et désagréables. L'Allemagne n'en veut pas.

1819. — Température, durant l'été, assez douce, mais variable ; il pleut pendant la récolte. Les vins rouges sont d'une qualité douteuse au commencement ; on n'achète qu'au printemps. Quantité extrêmement abondante. Au bout de quelques mois, les vins se montrent pourvus de toutes les qualités qui constituent une excellente année. Les côtes et palus sont un peu maigres et faibles en couleur ; les petits Médoc ont un peu de dureté ; mais les classes supérieures se distinguent par la finesse, l'élégance, le bouquet, et surtout par l'agrément et le moelleux. Les blancs se montrent pleins d'agrément et de douceur ; mais n'ayant pas assez de corps pour constituer une grande année.

1820. — Hiver très-rigoureux : la vigne souffre par la gelée ; été variable.

Les vins rouges se montrent corsés, d'une belle couleur et d'une bonne maturité.

Enhardi par le succès et les bénéfices de 1819, le commerce achète à des prix fort élevés, et qui dépassent de 50 p. 100 ceux de 1819 ; à mesure qu'il se développent, les vins restent durs, dépourvus d'agrément et de bouquet ; ils font perdre beaucoup d'argent. Les blancs sont également d'une qualité inférieure.

1821. — Été pluvieux. Récolte tardive et contrariée par un temps affreux ; elle est abondante et d'une qualité extrêmement médiocre ; les vins manquent de corps, sont verts et échaudés. Les prix des rouges sont assez bas, mais c'est encore trop cher pour la qualité. Les blancs, assez cher ; développement mauvais.

1822. — Hiver pluvieux, assez doux. En avril (le 20), de fortes gelées de nuit ravagent la vigne déjà très-avancée; mais, favorisée par une température extrêmement chaude en mai, la vigne pousse des contre-boutons et entre en fleur avant la St-Jean. L'été continue à être sec et très-chaud ; et, le 25 août, l'on est en pleines vendanges, même dans les vins blancs.

Par suite des gelées et de quelques grêles, le produit est des plus minimes. Les rouges se distinguent par une belle couleur, de la sève et de la finesse. Les blancs sont corsés et excellents sous tous les rapports.

Les bons vins étant devenus très-rares, par suite de deux mauvaises récoltes, on enlève tout le produit de celle-ci dès décembre, en payant des prix très-élevés.

En se développant, les vins rouges supérieurs conservent de la dureté ; ils n'ont pas beaucoup de bouquet ; ils sont peu goûtés dans le Nord. Les classes inférieures, vu leur rareté et leur bonne réussite, se placent assez bien. A l'égard des blancs, l'année est remarquable ; et, malgré les prix d'achat très-élevés, ces vins donnent de beaux bénéfices.

1823. — Hiver peu rigoureux, été orageux et pluvieux. Récolte tardive. En août, et au commencement de septembre, un temps chaud qui mûrit le raisin ; mais il y a une grande inégalité dans la récolte. Pluies continuelles pendant les vendanges, avec une température froide. La récolte est d'une abondance extraordinaire ; dans plusieurs endroits, dans les côtes et palus, on donne le vin pour le logement.

Les blancs sont verts, échaudés, faibles; les rouges, très-inférieurs, sont plats, sans couleur ni corps; dans le Médoc seul, on remarque l'absence de toute verdeur et un joli bouquet.

En décembre, quelques maisons commencent à acheter dans le Médoc; et grâce à la défaveur générale, elles obtiennent à de très-bas prix. Les achats deviennent plus animés dans le printemps, et continuent jusque vers l'automne.

Les vins du Médoc, vieillissant promptement, à cause de leur extrême légèreté, ont bientôt acquis un bouquet et une finesse remarquables : ces qualités sont rehaussées par l'absence de verdeur et de toute dureté. Par suite de leur bas prix, ces vins plaisent beaucoup en Allemagne; c'est une des bonnes années pour le commerce.

A l'égard des blancs, dans les bons crûs, il se trouve des vins qui ne sont pas dépourvus d'agrément. Achetés à bas prix, ils s'emploient avec avantage.

1824. — Temps pluvieux et défavorable durant toute l'année. Récolte très-abondante; vins verts, durs; réussite des plus mauvaises.

1825. — Dans l'hiver, quelques gelées; printemps assez froid; dès le mois de mai, il règne une chaleur tempérée, interrompue par des pluies de peu de durée. Beaucoup de vents d'ouest. La récolte se fait par un temps magnifique. Les mois d'août et de septembre avaient été constamment beaux.

Cette année sera longtemps célèbre; elle a laissé des souvenirs fâcheux dans l'esprit du commerce bordelais; mais parmi les propriétaires de vignobles, elle est réputée l'année par excellence. La quantité en rouges et en blancs était celle d'une année extraordinaire et des plus abondantes. L'engouement du commerce pour cette récolte, et son avidité pour s'en emparer furent tels, que les achats commencèrent avant que la récolte ne fût terminée; une portion des vins du Médòc fut traitée avant d'être écoulée, et le reste immédiatement après.

Les rouges paraissaient présenter, dès la récolte, toutes les qualités exigées pour une réussite parfaite; ces vins étant riches en couleur, séveux, pleins de bouquet et d'une maturité parfaite, on ne se douta pas du danger que présentait cet excès de richesse pour le développement futur des vins.

Les achats ayant été ouverts avant la fin des vendanges à des prix élevés (1), et chacun craignant de ne pas arriver assez tôt, les vins furent rapidement poussés aux prix les plus élevés qui se soient jamais vus. On enleva ainsi, dans moins de quatre semaines, pour 20 à 25 millions de vins, dont les trois quarts restèrent dans les caves des négociants bordelais.

A l'arrivée des vins en Allemagne, l'on convint de leur supériorité, tout en se récriant sur les prix énormes. Peu à peu l'on s'aperçut avec quelle lenteur ils se dévelop-

---

(1) Il ne sera pas sans intérêt d'énumérer ici, en détail, les prix qu'obtinrent certains des crùs les plus renommés :

Margaux. Le Château, 3,600 fr.; Rauzan et Lascombe, 3,000.

Cantenac. Gorse, 2,450; Kirwan, 2,150; Desmirail, 2,050.

St-Julien. Léoville, 3,150; Gruau-Laroze, 3,000; Lagrange-Cabarrus, 2,700; St-Pierre-Roulet et Delage-d'Aux, 1,800.

Pauillac. Laffitte, 3,450; Branne-Mouton, 3,250; Pontet-Canet, Ducasse et Darmailbac, 1,500; Lynch, 1,800; Mandavit-Milon, 1,800.

St-Lambert. Latour, 3,000; Pichon-Longueville, 2,700.

St-Estèphe. Gaston-Labory, Arbouet et Lafon-Rochèt, 1,500; Tronquoi, 1,400.

St-Laurent. Luetkens-Carnet, 2,000.

paient. Le mécompte fut grand pour les acheteurs étrangers. Ayant pour la plupart des notions peu exactes sur les diverses qualités, ils s'étaient imaginés que le développement des vins serait conforme aux prix payés.

Les illusions étaient si généralement répandues, qu'il a fallu de longues années pour reconnaître la véritable valeur des 1825. Il est avéré, aujourd'hui, que cette récolte, par l'excès de corps et de maturité, était entièrement dépourvue de finesse, d'élégance, de rondeur et d'agrément, qualités essentiellement recherchées aujourd'hui dans les vins rouges. Les vins des premières classes, entretenus avec soin, ont fini, il est vrai, par acquérir, à la fin, une sève distinguée et quelques-uns des caractères d'une grande année ; mais toujours en conservant une certaine roideur et un peu de sécheresse qui ne plaisaient point aux consommateurs. Dans tout ce qui est au-dessous des deuxièmes et troisièmes crûs, le développement a été absolument le contraire de ce qu'on attendait. Les vins restèrent durs, dépourvus de bouquet, devenant secs en même temps que potables. Le commerce de Bordeaux est resté bien longtemps sans comprendre toute l'étendue de sa méprise ; et, par là, il n'a fait qu'aggraver ses pertes. Jusqu'en 1831, l'opinion que les 1825 acquèreraient toutes les qualités d'une grande année, a prévalu ; et nous avons vu faire, à cette époque, par des négociants très-respectables, l'estimation désintéressée et consciencieuse d'une partie de ces vins, évalués 60,000 fr., et qui ne purent être réalisés un an après que pour 30 ou 35,000 fr. On peut avancer que la spéculation de 1825 a coûté au commerce de Bordeaux 10 à 12 millions.

Quant aux vins blancs, négligés par le commerce, qui s'arrêta tout court après avoir pris quelques crûs à des prix élevés, ils ont pourtant, beaucoup mieux que les rouges, répondu à l'idée d'une grande année. Ils se sont parfaitement développés; ils ont acquis une finesse remarquable; c'était des vins généreux, corsés, liquoreux.

1826. — Été assez froid et pluvieux. Récolte mauvaise. Vins blancs échaudés, verts et sans liqueur; les rouges sont faibles en corps et en couleur. Épuisé par les achats de 1825, le commerce néglige entièrement cette récolte, dont les prix ne s'établissent que très-tard et dans des proportions assez raisonnables. On n'achète que fort peu. Les rouges acquièrent, en vieillissant, un peu plus de couleur et de corps; cependant la qualité en reste fort médiocre. Les blancs demeurèrent très-inférieurs.

1827. — Récolte assez bonne. Vins rouges corsés, un peu durs, colorés; blancs, qualité moyenne. Il y eut peu d'empressement pour les achats; les prix ne furent point élevés. Les vins, à quelques exceptions près, conservèrent de la roideur et restèrent durs.

1828.—Hiver doux, été chaud; pluie pendant la récolte. Vins rouges, légers, ayant de la finesse, peu de corps et de couleur. Dans les blancs, beaucoup d'agrément, de la liqueur et de la maturité. Il y eut de l'hésitation à acheter cette récolte; on attendit jusqu'au printemps pour se décider à traiter à des prix très-modérés. En se développant, les vins rouges inférieurs restent faibles et petits, mais les classes moyennes tournent favorablement; ce sont des vins légers, fins, pleins d'agrément et de bouquet. Les vins supérieurs sont distingués par l'élégance, le parfum et le velouté. Les blancs, malgré leur agrément, manquent de corps et ont un principe de fermentation qui les détruit de bonne heure.

1829. — Hiver pluvieux, printemps assez doux, été

inconstant ; à partir d'août, température très-froide ; pendant la récolte, des pluies continuelles. Quantité des plus abondantes. Qualité des plus mauvaises; le raisin manquait généralement de maturité : rouges et blancs sont verts, échaudés, sans couleur et sans corps ; la qualité est tellement décriée que personne n'en veut. Les premiers et deuxièmes crus du Médoc furent achetés, quelques années après la récolte, à 400 et 500 fr.; les quatrièmes crûs, de 250 à 300 fr. Les vins supérieurs, quoique dépourvus de couleur, présentèrent, en vieillissant, un parfum assez prononcé; les autres restèrent inservables, et les meilleurs même conservèrent de la verdeur.

1830. — Hiver des plus rigoureux. La vigne souffre par suite de gelées, de 12 et 13 degrés Réaumur, jusqu'en février. Des gelées de nuit, dans le printemps, occasionnent aussi des ravages assez considérables. L'été est assez chaud. La quantité fort réduite, tant en rouges qu'en blancs. La qualité se ressent des désastres du printemps. Les rouges sont corsés et colorés, mais durs et verts; les blancs n'ont pas assez de maturité. La rareté des vins rouges fait mettre un prix assez élevé à cette récolte.

1831. — Hiver très-rigoureux : la Garonne charrie des glaçons en abondance. A partir du mois de juin, temps chaud, mais souvent orageux; en août, la grêle enlève une partie de la récolte. Les vendanges se font par un beau temps qu'interrompent quelques légères pluies. Quantité extrêmement réduite. La vigne se ressent des rigueurs de l'hiver.

La température favorable avait fait concevoir une haute idée des produits de cette récolte; cependant quelques personnes crurent apercevoir dans les vins rouges un fond de dureté et un excès de maturité; mais leur avis fut peu écouté. Dès novembre, l'on acheta presqu'en totalité la récolte à des prix élevés et s'approchant de ceux de 1825. Les vins blancs présentèrent du corps, de la force et de la finesse.

En fait de rouges, les crûs supérieurs du Médoc offrirent réellement le type d'une grande année ; leur développement fut tardif. Les vins des classes moyennes possédaient quelques-uns des caractères que réunit une qualité distinguée.

1832. — Hiver assez doux, printemps très-beau ; dans l'été, chaleurs excessives. Depuis le 6 juin jusqu'à la fin des vendanges, il ne tomba pas une goutte de pluie. Récolte très-abondante. Le raisin fut d'une maturité parfaite ; seulement l'absence de toute pluie empêcha la peau du raisin de s'amollir, et les vins rouges manquèrent de moelleux.

Il se manifesta une vive demande pour le nord de la France, et presque tous les vins rouges de Côtes, les Palus, les Blaye furent enlevés à de bons prix. Une assez grande partie des vins supérieurs fut également traitée à des prix modérés. La grande abondance rendit les propriétaires faciles.

Les blancs restèrent délaissés, malgré leur excellente qualité ; on ne peut attribuer cette fâcheuse circonstance qu'au peu de débouchés qui s'offraient alors pour ces vins.

Si les prix d'achats avaient été élevés, cette année aurait donné des pertes comme 1825 ; car les rouges conservèrent une certaine dureté et manquèrent de parfum ; heureusement leur bas prix permit d'en écouler la majeure partie dans l'année 1833.

L'on avait rendu justice à l'excellente qualité des vins blancs, qui furent achetés peu à peu à des prix excessivement bas ; par exemple, des Cérons, en 1834, à 300 fr.

1833. — Hiver peu rigoureux, printemps beau, été
chaud et pluvieux. Le mois de septembre froid et humide;
des pluies pendant la récolte. Quantité extrêmement abondante en rouges et en blancs; les premiers ont de la couleur, assez de corps, de la sève, mais aussi beaucoup de
verdeur. Ayant devant eux les bonnes années de 1831-32,
les vins blancs de 1833 ne purent jouer qu'un triste rôle;
aussi furent-ils peu appréciés; ils restèrent tout-à-fait négligés dans le principe; ils donnèrent lieu à peu d'affaires
et à des prix excessivement bas. Quant aux rouges, la
spéculation d'une compagnie suisse donna de l'impulsion
aux achats; elle traita en janvier pour 1,500,000 fr. environ de vins de Médoc, des crûs supérieurs, dans les prix
de 400 à 1,000 fr. Ces achats trouvèrent des imitateurs;
et malgré l'abondance de la récolte, une bonne partie en
était placée, dès les premiers mois de 1834, à des prix assez
bas, il est vrai.

Les vins rouges perdirent, en vieillissant, une partie de
cette verdeur qui avait effrayé d'abord, et ils montrèrent
de la finesse et un joli bouquet; c'est une des années qui
s'est le mieux développée en raison de ce qu'elle promettait; il est vrai que certains crûs conservèrent toujours
une certaine sécheresse et un peu de dureté. Les blancs
tournèrent également bien; et quoique généralement un
peu maigres, ils présentèrent de l'agrément et une jolie
sève.

1834. — De fortes gelées dans le mois d'avril firent de
grands ravages dans tous les vignobles. L'été fut favorable
au développement de la récolte, mais très-orageux; et à
diverses reprises la grêle fit beaucoup de mal, surtout
dans les communes blanches. A de fortes chaleurs, en août,
succéda, en septembre, un froid et un temps pluvieux. Le

raisin commençait à souffrir, lorsqu'à la fin de ce mois la chaleur revint ; elle dura jusqu'à la fin d'octobre avec une force et une intensité inconnues dans cette saison. Plusieurs crûs avaient déjà été ramassés et ils avaient donné un produit des plus mauvais : des vins échaudés, verts et d'un goût détestable ; ce qui restait sur pied eut le temps de mûrir complètement ; toutefois, il y avait déjà beaucoup de raisin pourri et la peau était excessivement fine. La fermentation dans les cuves se manifesta avec une rapidité et une force sans exemple, et il fallait décuver le troisième ou le cinquième jour ; beaucoup de vins furent piqués, pour être demeuré trop longtemps dans les cuves ou pour n'avoir pas été récoltés avec assez de promptitude. En général, tous les vins rouges de 1834 avaient un goût de pourriture prononcé, goût qui s'était rencontré quelquefois dans des crûs particuliers, mais jamais d'une manière aussi universelle. Les gelées et la grêle avaient réduit cette année à une très-petite récolte ; les vignes rouges, surtout, avaient produit peu.

Le goût particulier dont nous avons parlé existait dans tous les vins rouges ; mais dans quelques-uns si fortement, qu'il rebuta les dégustateurs, et l'on ne se trompa point en déclarant ces vins défectueux. L'un des premiers crûs (*Laffitte*) se trouva dans cette catégorie. Excepté ce défaut, les vins réunissaient toutes les qualités désirables, ayant du corps, de la couleur, du parfum, réunis à la moelle, une rondeur, un velouté et un agrément très-séduisant.

La spéculation s'empara bientôt de ces vins ; on les paya comme une grande année ; et presque tous les grands vins, ainsi que les classes moyennes, furent achetés. Il n'y eut de l'hésitation que pour les vins douteux, et plusieurs de ceux-ci restèrent entre les mains des propriétaires.

En se développant, les rouges de 1834 perdirent, en grande partie, le goût vicieux qui avait fait craindre pour leur réussite ; c'est incontestablement une de nos grandes années ; elle a réuni à beaucoup de couleur et de force, une souplesse et un agrément bien rares.

Au sujet des blancs, si l'on en excepte quelques parties récoltées trop tôt, la réussite fut parfaite ; elle justifia pleinement les hauts prix auxquels on avait acheté. Ces vins se distinguent surtout par une grande finesse, jointe à de la force et à une parfaite blancheur. La partie sucrée, dont ils étaient abondamment pourvus dans le principe, s'est parfaitement convertie en alcool, et l'on put leur prédire une très-longue durée, sans craindre qu'ils ne devinssent secs comme les 1819 ou les 1828.

1835. — Après quatre années d'une bonne réussite, l'on pouvait s'attendre à une mauvaise récolte ; l'état atmosphérique de l'année 1835 semblait confirmer cette opinion. L'été était d'une température très-inégale, tantôt froid, tantôt pluvieux ; le mois de septembre se signala par des tempêtes et un froid très-désagréable ; la maturité du raisin était d'une grande inégalité ; la récolte, dans les côtes, les palus et les communes blanches, se fit sous les auspices les plus défavorables. Le Médoc, grâce à la maturité précoce du raisin, eut cependant le bonheur de profiter de quelques beaux jours pour ramasser sa récolte. La quantité fut très-abondante, excepté dans quelques paroisses qui avaient souffert de la gelée ou de la grêle.

Faibles en corps et en couleur, et avec une verdeur assez prononcée, les vins rouges de 1835 se présentèrent d'abord d'une manière très-désavantageuse ; cependant la première dégustation, dans le Médoc, fit déjà apercevoir qu'il y avait des vins droits de goût, sans trop de verdeur

15

et offrant un bouquet remarquable. Les Graves, par contre, se présentaient mal, et les Palus étaient excessivement verts.

Les achats ouverts en décembre à des prix modérés, continuèrent, dans le Médoc, pendant les premiers mois de 1836.

Quant aux blancs, aucune année, depuis 1829, n'avait été aussi mauvaise que celle-ci.

Durant les années 1836 à 1839, il n'y eut pas de récolte qu'on put appeler décidément mauvaise dans les vins rouges; cependant les 1836 ne purent se placer que difficilement et à bas prix; on peut ranger les autres dans l'ordre suivant : 1837, 1838, 1839.

Dans les vins blancs : 1839, 1837, 1838, qualité moyenne; 1836, qualité très-inférieure.

1840 donna une récolte très-abondante et qui avait plus d'une analogie avec celle de 1832. Un printemps pluvieux et assez froid avait été suivi d'un été très-chaud et très-sec; mais septembre eut en partie des pluies froides et qui contrariaient la récolte des raisins qui étaient restés un peu tard sur pied. Le Médoc put vendanger plus tôt et faire des vins parfaitement mûrs; ces vins jouirent d'une faveur marquée, et cependant on reconnut plus tard qu'ils ne se développaient pas d'une manière brillante; ils manquèrent de bouquet, et ils eurent cette même tendance à la sécheresse, caractère des trois ou quatre récoltes qui précèdent 1840.

1841. — Ces vins, en se développant, ont acquis du moelleux, tout en conservant plus de corps et de parfum que les 1840, auxquels ils ont été généralement préférés, quant aux vins rouges. Les blancs étaient bons, mais moins estimés que les 1840. Les prix, d'abord très-modérés, reçurent une forte impulsion de hausse, lorsque, dans l'été de 1842, l'on reconnut la bonne qualité des 1841, en même temps que le résultat peu favorable de la récolte pendante.

1842.—Cette année s'est trouvée très-réduite en quantité, et les vins ne s'élevaient pas, en général, au-dessus du médiocre. Les rouges étaient d'une bonne couleur et sans défauts marqués, mais faibles de corps et un peu verts. Les blancs, d'une qualité très-inférieure. — Prix modérés.

1843. — Des froids tardifs, et un été excessivement humide et froid, avaient produit une maturité très-inégale dans la vigne, et par suite une des récoltes les plus médiocres en qualité et quantité que nous ayons vues depuis longtemps. Les vins rouges se sont trouvés maigres, durs, verts et faibles de couleur. Les blancs, quoique d'une qualité très-inférieure, se placèrent à des prix proportionnellement plus avantageux, grâce à la rareté des vins de ce genre.

1844. —La succession régulière des saisons, qui paraissait dérangée depuis quelques années, revint enfin dans celle-ci. A un hiver froid succéda un printemps précoce et un été chaud, mais tempéré par des pluies bienfaisantes. La récolte s'annonça avec tous les signes d'une grande abondance et d'une réussite parfaite ; le résultat vint dépasser encore les espérances que l'on avait conçues. Les vins rouges de 1844 parurent sans défaut aux dégustateurs même les plus difficiles. Aussi riches en couleur que tendres et moelleux, ces vins étaient d'ailleurs pourvus d'un bouquet délicieux, et ils possédaient ce goût de fruit, qui est le signe d'un développement parfait.

Les vins blancs, qui pour acquérir un degré supérieur

demandent une chaleur plus constante, étaient bons, mais loin de valoir les vins rouges.

L'excellente qualité de ceux-ci étant reconnue de bonne heure, les grands vins de 1844 s'enlevèrent de suite après la récolte à des prix extrêmement élevés et tels qu'on n'en avait pas payé depuis 1825. C'était une chance défavorable pour le commerce ; car il fallait que cette année répondît à toutes les espérances conçues, et, de plus, qu'elle restât sans rivale pendant longtemps, pour qu'on pût obtenir une réalisation tant soit peu avantageuse ; elle pouvait donner de bien grandes pertes si la qualité tournait mal comme en 1825. Cette considération arrêta l'ardeur des achats dans les vins moyens et inférieurs, dont les prix restèrent toujours au-dessous de ceux de 1825.

Les vins blancs s'obtinrent à des prix modérés, excepté les Yquem, qui atteignirent le prix élevé de 1,200 fr.

1845.—Cette année, pluvieuse et froide, et dont l'hiver se prolongea outre-mesure, a donné les vins les plus mauvais que le commerce ait connus depuis vingt ans. Maigres, secs, dépourvus de couleur, les rouges n'égalèrent peut-être pas les 1829, et ils demeurèrent longtemps invendus, soit chez les propriétaires, soit chez quelques spéculateurs assez malheureux pour s'être chargés d'une pareille marchandise. Les blancs étaient également inférieurs ; il a fallu une rareté extrême de vins pour qu'il se présentât quelques acheteurs disposés à faire emplette de ceux de 1845.

1846. — La température du printemps se présenta d'abord d'une manière aussi avantageuse que celle de 1844 ; mais quelques gelées et une température assez froide en avril produisirent une forte coulure après la floraison, et diminuèrent considérablement les richesses attendues. Les chaleurs furent extrêmes durant juin, juillet et août ; la récolte fut précoce, et elle se fit sous des auspices favorables.

Les vins de 1846 portèrent le caractère d'une grande année. Offrant une sève extrêmement riche, pourvus de plus de corps et de couleur que les 1844, ils n'en eurent pas tout le moelleux et la finesse.

Les vins rouges de 1846 sont restés longtemps invendus. D'après l'opinion générale des propriétaires, ils égalaient les 1844; aussi on demanda longtemps, et on obtint quelquefois les prix de cette année.

Quant aux vins blancs, ils furent achetés, en 1847, à des prix assez élevés, justifiés par leur excellente qualité qui s'est parfaitement développée.

1847. — Hiver peu rigoureux, suivi d'un printemps et d'un été assez tempérés. Récolte très-abondante, produisant des vins rouges un peu légers, mais pleins d'agrément, de bouquet, et qui se développent promptement. Prix excessivement bas, et favorables au commerce par la réussite des vins, dont l'Allemagne et la Hollande demandent des quantités majeures. Les colonies, et surtout les États-Unis, en absorbent tout ce qui est d'un prix très-modique.

Les blancs, sans être de grande qualité, furent également d'une bonne réussite; ils trouvèrent facilement acheteurs, à de bas prix, il est vrai.

1848. — Janvier assez froid; il y a des glaçons dans la rivière; mais, grâce à une neige abondante, la vigne n'en souffre pas. Février et mars sont tempérés; avril beau, quelques pluies; mai chaud; juin tempéré; juillet et août, grandes chaleurs. En septembre, refroidissement assez marqué de la température, et pluies fortes vers la fin du mois.

Récolte très-abondante. Vins rouges de bonne maturité,

un peu trop peut-être ; les vins sont assez colorés, tendres
et moelleux, tout en ayant un peu plus de corps que
l'année précédente ; quelques-uns ont une légère tendance
à la fermentation.

Vins blancs. Ce qui fait surtout la qualité des vins
blancs, c'est le temps convenable un peu avant et pendant
la récolte. Cette époque commence presque toujours lorsque déjà la récolte dans le Médoc est terminée ou très-
avancée ; elle se prolonge ensuite beaucoup au-delà du
temps nécessaire pour vendanger les vins rouges. Il arrive
donc fréquemment que le temps favorable aux vins rouges
ayant amené le raisin blanc à sa presque maturité, le mauvais temps vient ensuite contrarier la récolte, et le vin,
sans être mauvais, reste inférieur au vin rouge. Cela arriva
un peu en 1847, et plus encore en 1848 ; les produits de
cette année', de même que ceux de la précédente, se sont
vendus à bas prix.

1849. — Hiver extrêmement doux, absence complète de
glace ; gelées en avril et température assez froide jusqu'au
milieu de mai ; chaleurs excessives et vents fréquents du
midi pendant juin, juillet et août. Récolte précoce et très-
réduite par la longue sécheresse. Vins rouges un peu durs
et dépourvus d'agrément, quoique assez corsés et colorés.
Vins blancs inférieurs au deux années précédentes.

CLASSEMENT

DES VINS ROUGES DURANT TRENTE-CINQ ANNÉES.

1815-19.	1821-29.	1830-39.	1840-49.	
*1815.	»	1831, 34.	1841, *44, 46.	Types des grandes années, achetés à des prix élevés, et se développant bien.
*1819.	1828.	»	*1840, *47, 48.	Types de bonnes années légères, achetés à des prix modérés; développement parfait.
»	*1823.	*1835.	1842.	Types des années très légères, achetés à très-bas prix.
»	*1825, 22.	*1832.	»	Vins réputés de grande qualité, payés cher, et qui n'ont pas répondu à l'attente qu'on en avait conçue.
1818.	1821, 27.	*1833, *37, 38, 39.	1849.	Vins de qualité médiocre, et généralement reconnus pour tels.
»	1820, *24, 26.	1830, 36.	1843.	Vins reconnus mauvais.
1816, 17.	*1829.	»	1845.	Types des années les plus inférieures.

* *Récoltes très-abondantes.*

Ce qui frappe dans le tableau ci-dessus, c'est l'amélioration dans la production de nos vignobles rouges. Les premières quinze années n'en ont que trois dans les deux classes supérieures et six dans les deux dernières. Dureté et maigreur, tel est le caractère dominant de cette période.

La seconde période, 1830-39, présente deux grandes réussites, mais d'une quantité très-réduite; elle n'offre rien qui rentre dans notre dernier type. La dureté est le caractère dominant de cette période jusqu'en 1837.

La troisième période, de 1840-49, au contraire, offre six années dans les deux premières classes et deux dans les deux dernières. Ici, et déjà à partir de 1837, ou même de 1834, dominent les vins séveux, moelleux, parfumés. Ces qualités ont, il est vrai, une tendance à disparaître trop tôt dans les grands vins, mais enfin elles existent dans le principe, et elles favorisent singulièrement l'écoulement des vins ordinaires et de classe moyenne.

1850. — L'hiver était sans gelées comme le précédent, et une température entièrement douce en février et en mars favorisa la pousse précoce de la vigne. En avril, elle éprouva quelques atteintes de gelées, et elle souffrit encore plus d'une température humide et inconstante en mai. Les fortes chaleurs de l'été cessèrent de bonne heure, et, contrarié en septembre par des pluies constantes, le raisin était loin d'avoir acquis une maturité égale. Les vins rouges de 1850 manquent de corps; ils ont de la verdeur, mais ils sont droits de goût et d'une couleur assez vive; ils ont trouvé un emploi avantageux, grâce aux bas prix auquel on les a cédés.

Les vins blancs étaient encore plus médiocres, et ils ne se sont écoulés qu'à la longue.

1851. — Très-favorisée dans son développement, la vigne promettait une abondante récolte, lorsque des chaleurs constantes et exagérées durant tout l'été vinrent resserrer le fruit, et, en diminuant considérablement la quantité, nuire aussi à son parfait développement. Les vins rouges de cette année se distinguent par une belle couleur et un goût droit; mais ils ont longtemps conservé un peu de dureté et un fond de verdeur. Les premiers achats eurent lieu à des prix modérés; depuis, les circonstances les ont fait hausser considérablement.

Les vins blancs de 1851 ont très-bien réussi, et ils ont été payés à des prix élevés.

1852. — Les belles apparences du printemps furent bientôt diminuées par des gelées, de fortes grêles et une coulure extraordinaire après la floraison. Il restait, en définitive, peu de raisin sur pied, et des pluies abondantes pendant la récolte vinrent en altérer le produit.

Les vins rouges de 1852 sont assez tendres, mais légers et faibles de couleur.

La récolte des blancs a été très-réduite, et la qualité a laissé beaucoup à désirer; beaucoup de crûs sont verts.

La demande pour les vins inférieurs ayant été fort vive, la moitié de ce qui reste des trois dernières années a favorisé la hausse des prix, qui, malgré la qualité défectueuse des vins, a porté les petits vins à un taux presqu'inconnu précédemment; les qualités supérieures ont été moins récherchées.

En jetant un regard rétrospectif sur les années précédentes, nous ne trouvons que peu de modifications à apporter dans les jugements que nous avons énoncés. Parmi les grandes années de vins rouges, celle de 1841 brille en première ligne; ce qui en reste dans les bons crus est le type d'un vin exquis. La récolte de 1844 n'a pas tenu tout ce qu'elle promettait, un peu de sécheresse nuit à leur perfection; 1846 maintient dans les grands crus l'opinion favorable qu'on avait conçu d'elle, mais son développement est tardif. Les vins de 1847 sont tendres et élégants, mais un peu faibles de bouquet; 1848 promet un développement parfait, quoique moins prompt que 1847.

Les vins blancs de cette dernière année (1847) ont acquis une haute réputation; les 1848 sont beaucoup plus faibles.

—

CHAPITRE XV.

ANALYSE CHIMIQUE DES VINS DE BORDEAUX.

Nos lecteurs nous sauront gré de rappeler ici le remarquable travail d'un chimiste fort distingué, dont les recherches portent un cachet tout particulier de sagacité et d'attention scrupuleuse. M. J. Fauré, membre de l'Académie des sciences, belles-lettres et arts de Bordeaux, a inséré dans le *Recueil des Actes* de cette Société savante (cinquième année, quatrième trimestre, p. 603 et suiv.), un Mémoire étendu sur l'analyse chimique et comparée des vins du département de la Gironde; nous regrettons bien vivement de ne pouvoir enrichir notre volume de l'énonciation complète des précieuses découvertes de M. Fauré; du moins pouvons-nous, grâce à l'obligeante autorisation de l'auteur, lui emprunter quelques passages qui feront connaître quelle lumière a jeté ce beau travail sur la composition intime de ces boissons que notre ville expédie dans le monde entier :

De tous les principes constitutifs du vin, l'alcool est, sans contredit, le plus important; c'est à lui que cette boisson doit sa force, sa chaleur, sa conservation, et aussi sa faculté enivrante. Les vins qui en contiennent peu sont fades, plats, sans énergie; ils s'altèrent facilement, surtout si certains autres principes s'y trouvent en fortes proportions.

L'alcool étant le produit de la décomposition du principe sucré pendant l'acte de la fermentation vineuse, il est évident que plus le raisin sera doux et mûr, plus il y aura d'alcool formé, et plus le vin qui en résultera sera fort et généreux. Il ne faut pas croire, cependant, comme quelques auteurs le supposent, que l'alcool constitue seul la qualité des vins; s'il leur donne l'énergie, la chaleur qu'on désire, il faut encore qu'il soit accompagné d'autres principes qui en adoucissent la saveur trop brûlante, et qui donnent à cette précieuse boisson ce moelleux, ce velouté agréable, sans lesquels elle ne serait plus que de l'eau-de-vie affaiblie.

La quantité d'alcool contenue dans les vins rouges du département de la Gironde est assez variable; les vins qui en renferment le plus ne dépassent pas 11 p. 100; ceux qui en contiennent le moins ne vont que de 7,50 à 8; mais la moyenne, pour les bons vins ordinaires, est de 9 à 10 p. 100; les vins fins supérieurs en contiennent de 8,50 à 9,25.

Le tanin est une substance particulière de nature végétale, ayant une saveur âpre et astringente; il est peu styptique, son âpreté n'est pas non plus très-prononcée; il colore en noir les sels de fer, et forme avec la gélatine et avec l'albumine, des précipités volumineux; il se dissout dans l'alcool faible, et il a une si grande affinité pour la matière colorante du vin, qu'on serait tenté de les croire de même nature; car cette affinité n'est pas la même pour le principe colorant des autres fruits; c'est dans les pepins, la grappe et les pellicules des raisins, que le tanin réside. Loin de regarder sa présence dans le vin comme nuisible, je crois, au contraire, qu'elle y est d'une grande utilité.

La qualité la plus recherchée dans le vin, après le bouquet, c'est l'onctuosité, le moelleux, le velouté, qu'on retrouve dans les grands vins et qui distinguent d'une manière si agréable les vins du Haut-Médoc. Personne ne s'était occupé de rechercher à quelle cause ou à quel principe il fallait l'attribuer, et cependant on avait reconnu depuis bien longtemps que certains vins très-chargés en sève et en arôme étaient secs, durs et sans agrément. En isolant les divers principes contenus dans le vin, je me suis aperçu que les vins fins, délicats, renommés par leur saveur et leur qualité, contenaient une substance glutineuse, filante, élastique, qui ne se retrouvait qu'en très-faible quantité dans les vins ordinaires, et pas du tout dans les vins inférieurs. Cette substance se dissout dans l'eau et dans l'alcool faible, en leur donnant de la consistance ; elle se liquéfie à la chaleur, se boursoufle au feu, et laisse dégager des vapeurs épaisses, ramenant au bleu le papier de tournesol rougi. Elle paraît servir admirablement à unir, à lier les principes constitutifs du vin, peu propres à former entre eux un tout homogène.

Je lui ai donné la dénomination d'*œnanthine,* non qu'elle donne aux vins fins leur parfum ; mais parce qu'elle leur communique un moelleux, un velouté, qui fait ressortir leur arôme.

Je regarde donc l'œnanthine comme une substance particulière, qui ne préexiste pas dans le raisin, puisque le moût ne la contient pas, mais qui se forme, soit sous l'influence de la fermentation tumultueuse de la cuve, soit sous l'influence des combinaisons lentes qui s'opèrent dans la barrique par une modification de la pectine et du mucilage, car elle paraît participer des deux.

L'œnanthine n'est point précipitée par le tanin et l'alcool affaibli, comme le sont l'albumine, la pectine, etc. ; elle reste en solution dans le vin, et, à mesure que celui-ci se dépouille des principes qui y étaient en excès et que le tanin entraîne en se combinant avec eux, elle devient plus appréciable, parce qu'alors ses propriétés se développent et transmettent au vin l'onctuosité recherchée. Les éléments de l'œnanthine, comme ceux du principe sucré, ne se complètent que vers la fin de la maturation du raisin. Lorsqu'une température convenable ne favorise pas cette maturation, et que la récolte s'opère avant qu'elle ne soit terminée, il se produit beaucoup moins d'œnanthine. J'ai remarqué que des vins de 1842, provenant d'une propriété dont les vignes avait été fortement grêlées, et où les raisins n'avaient pu acquérir le degré de développement qu'ils auraient dû atteindre, ne contenaient pas d'œnanthine, tandis que ceux de 1841, récoltés sur le même sol, en contenaient une assez grande quantité. J'ai observé aussi que tous les vins qui renferment une assez forte proportion de ce nouveau principe, proviennent de terrains secs, pierreux ou caillouteux, tandis que les mêmes cépages, plantés dans des terrains gras, forts et argileux, fournissent des vins qui en contiennent beaucoup moins, et quelquefois pas du tout.

En opérant sur les grands vins du Médoc, récolte de 1840, M. Fauré y a trouvé de 25 centigrammes à 1 gramme 25 d'œnanthine, sur 500 grammes ; les Graves lui ont donné de 35 à 60 centigrammes ; Blaye, 10 à 20 ; les Palus encore moins, si ce n'est les Queyries qui renferment ce principe en assez grande quantité. Les vins de l'arrondissement de La Réole et de celui de Libourne presqu'en entier n'en contiennent point ; mais les St-Émilion en présentent 50 à 70 centigrammes.

La couleur du vin, ainsi que presque toutes les couleurs rouge ou violette de nature végétale, est due à une matière bleue, rougie par un ou plusieurs acides libres. C'est dans la pellicule du raisin que réside cette matière colorante.

Étudiant ensuite l'arôme ou bouquet des vins, cette émanation si fugitive, objet de tant de recherches, cause de tant de déceptions, M. Fauré montre qu'on n'est encore parvenu ni à saisir, ni à étudier les caractères de ce principe inconnu; il n'a pu l'obtenir à l'état de pureté, mais du moins il a retiré de chacun des grands crûs un esprit très-subtil qui paraît renfermer la plus grande partie de leur arôme; il indique les caractères les plus tranchés de chacun de ces principes dans les vins de Laffitte, de Latour, de St-Émilion, de Château-Margaux, etc.; il montre que ce parfum est formé d'éléments qui se modifient ou s'exaltent sous diverses influences.

Un fait du plus haut intérêt, que M. Fauré a signalé le premier, et qui n'avait jusqu'à présent été indiqué par personne, c'est la présence d'un sel de fer dans les vins rouges de la Gironde, fait d'autant plus remarquable, qu'on ne supposait pas qu'ils en continssent, et que l'analyse qui a été faite des vins de plusieurs autres départements n'indique pas qu'on y ait trouvé ce métal. C'est, sans doute, à ce sel ferrugineux qu'est due la réputation que les vins de Bordeaux ont anciennement acquise en médecine, comme étant les plus propres à fortifier les enfants, à ranimer les convalescents et à soutenir les vieillards. On n'admettait pas généralement que cette propriété bienfaisante fût exclusive aux vins de la Gironde; on ne l'attribuait qu'à la quantité de tanin qu'ils contiennent, et on pouvait supposer que d'autres vins étaient aussi *tannifiés* qu'eux. Actuellement que l'analyse vient de révéler à la thérapeutique la cause de cette supériorité, on ne pourra plus la leur contester, et leur usage médical doit prendre une grande extension.

Quant aux vins blancs de la Gironde, ils contiennent tous des sels végétaux et minéraux, de l'alcool en assez forte proportion, peu de matière colorante, très-peu de tanin; quelques-uns renferment de l'œnanthine, et ont une sève particulière, connue sous le nom de *pierre à fusil.* Lors même qu'ils sont de qualité supérieure, les vins blancs n'ont que peu de bouquet, mais ils possèdent une sève qui varie d'intensité et d'agrément.

Ils renferment généralement plus d'alcool que les vins rouges : les premières qualités en produisent jusqu'à 15 p. 100; les plus inférieures en ont de 7 à 8 p. 100.

Ajoutons, au sujet des grands vins de Sauternes, de Barsac et de Bommes, qui offrent la sève de *pierre à fusil,* que cette saveur particulière paraît due au sel de fer que ces vins renferment en plus forte quantité que les autres vins blancs.

Nous croyons devoir faire suivre ces détails de quelques mots au sujet du traitement des vins :

TRAITEMENT SUR LES VINS EN BARRIQUES.

A la réception des vins vieux en barriques, il faut enlever la double futaille, ouiller avec du vin de bonne qualité, et placer la barrique dans une cave, la bonde sur le côté, en la tournant de *gauche à droite,* pour éviter tout contact du vin avec l'air extérieur.

Après deux ou trois semaines de repos, on doit s'assurer, avant de tirer le vin en bouteilles, s'il est parfaitement limpide. On ne peut en être certain qu'en examinant le vin dans un verre à pied contre une lumière *dans l'obscurité.* Si l'on met le vin en bouteilles quand il n'est pas limpide, il dépose beaucoup et contracte de la dureté, parce qu'il n'est pas purgé de ses lies. Dans le cas où le vin ne deviendrait pas limpide naturellement après un peu de repos, il serait urgent de le coller, avec huit blancs d'œufs. Quinze ou vingt jours après le collage, et surtout si le vent vient de l'est, on trouvera le vin brillant et prêt à être mis en bouteilles.

On recommande une grande propreté des bouteilles et le choix de bons bouchons, qui doivent entrer avec assez de force pour boucher hermétiquement les bouteilles; il faudra les placer sur le flanc, dans un endroit frais et à l'abri de tout courant d'air. L'emploi du mastic est utile pour les vins que l'on veut garder longtemps, afin d'éviter que les bouchons ne soient rongés par les vers.

Les vins ne se développent parfaitement qu'après un séjour de plusieurs mois dans la bouteille.

OBSERVATIONS SUR LES VINS EN BOUTEILLES.

Les vins en bouteilles forment un dépôt plus ou moins considérable, selon que l'année a plus ou moins de vinosité. Ce dépôt ne nuit en rien à la qualité du vin, pourvu qu'on prenne la précaution de déboucher la bouteille (de préférence avec un tire-bouchon à vis), en la laissant sur le flanc, dans la même position où elle se trouvait dans le caveau, et sans la secouer aucunement.

Le bouchon étant enlevé adroitement, on tient la bouteille penchée sur le même flanc et placée contre une lumière, pour la décanter dans une bouteille propre jusqu'à ce qu'on aperçoive que le dépôt, qui forme une tache noire sur le flanc de la bouteille, arrive vers le goulot de la bouteille.

Il vaut mieux alors arrêter le décantage, car le dépôt, mêlé avec le vin, lui enlève son bouquet et lui donne de la dureté.

On peut aussi décanter après avoir laissé la bouteille vingt-quatre heures debout, et la déboucher dans cette position, ce qui est plus facile.

On ne saurait assez recommander le décantage fait avec soin, car un vin fin de Bordeaux perd toute sa valeur lorsqu'il est bu trouble, et ne vaut alors guère plus qu'un vin ordinaire; tandis que, bien décanté, il développe le bouquet qui distingue nos vins fins, et ce moelleux et velouté qui est si recherché par les gourmets.

Il est essentiel de ne jamais laisser les bouteilles débouchées; plus le vin est séveux, et plus il est sujet à s'éventer.

CHAPITRE XVI.

EXAMEN ANALYTIQUE

DES BOIS DE CHÊNE EMPLOYÉS DANS LA TONNELLERIE, ET DE LEUR ACTION
SUR LES VINS ET ALCOOLS,

Par M. FAURÉ, pharmacien, membre de l'Académie des sciences, belles-
lettres et arts de Bordeaux.

L'accueil bienveillant fait à l'analyse comparée des vins
de la Gironde m'encourage à compléter ce travail, en y
joignant quelques études sur les bois de chêne, vulgairement connus sous le nom de *merrains*.

Les personnes qui s'occupent du commerce des vins ont
cru remarquer que les barriques neuves ont sur la couleur, la saveur et le velouté des vins qu'on y renferme,
une action favorable ou nuisible, suivant le lieu de provenance des bois dont elles sont construites.

Ce fait, digne d'intéresser l'industrie vinicole tout en-
tière, et principalement les localités qui fournissent les
vins les plus suaves et les plus délicats, m'a engagé à en-
treprendre une série d'expériences comparatives pour reconnaître la nature des principes solubles que le bois de
chêne peut céder aux vins et aux spiritueux, et la quantité
relative qu'en contiennent les diverses espèces de bois em-
ployées dans la tonnellerie.

L'analyse du bois de chêne a dû être faite par plusieurs
chimistes, et cependant je ne l'ai trouvée consignée nulle
part; quelques auteurs parlent, il est vrai, de l'écorce de
chêne, qui seule paraît avoir été l'objet de leur attention,
en raison de la richesse de son principe astringent et de
l'application qu'on en fait au tannage des peaux; d'autres

16

ont minutieusement analysé la galle de chêne, dont le principe actif a été isolé et est devenu un agent précieux pour la thérapeutique ; mais personne ne paraît avoir dirigé ses recherches vers le but que je me suis proposé, la constitution des bois de chêne et l'action qu'ils exercent sur les vins et les spiritueux. Sous ce rapport, ce travail présentera, je l'espère, quelques faits dignes d'intérêt.

On donne le nom de *merrain* à des fragments de bois de chêne coupés, refendus, et disposés de manière à pouvoir servir à la fabrication des barriques. Il existe une grande variété de bois de merrains quant à la forme, l'épaisseur et la provenance ; on peut, sous ce dernier rapport, les diviser en quatre grandes séries, qui se subdivisent ensuite en plusieurs sortes.

La première série comprend les bois du Nord, dits *merrains* de Dantzig, de Lubeck, de Riga, de Mémel, de Stettin (1).

---

(1) Une observation relative aux bois du Nord peut trouver ici sa place.

Il y a sur la place de Dantzig deux espèces de chêne qu'on expédie en poutres, planches et merrains :

1° Chêne de Volhynie, bois dur, fin et serré, très-estimé dans la construction navale.

Les merrains de cette provenance se paient plus cher ; ce sont des bois des mêmes dimensions que ceux de Mémel, et l'on assure qu'ils ont la même origine ;

2° Chêne de Vistule ou de Galicie, bois lisse, moins dur. Les merrains de cette provenance sont travaillés à l'instar de Stettin, c'est-à-dire presque tous en longueur de barrique, mais ils sont moins réguliers en largeur et épaisseur.

Une grande partie de ces bois sont *flottés*, c'est-à-dire apportés à Dantzig sur des radeaux de poutres, ce qui leur donne une couleur noirâtre. L'on assure que la majeure partie des bois de Stettin sont de la même provenance, c'est-à-dire de la Galicie.

La deuxième série est formée des bois d'Amérique, où se trouvent confondus les merrains de New-York, de Philadelphie, de Baltimore, de Boston et de la Nouvelle-Orléans.

La troisième série renferme, sous le nom de *bois de Bosnie,* tous les bois de merrains venant par la mer Adriatique.

Enfin, la quatrième série se compose des bois, dits *de pays,* où se trouvent réunis les bois qu'apporte la Dordogne et ceux de l'Angoumois et du Bayonnais.

Pour arriver à des conclusions qui présentassent les garanties d'exactitude nécessaires, je me suis procuré des échantillons de tous les bois employés dans le département à ce genre de construction; et afin de tenir compte des différences que peuvent présenter les bois d'une même localité, soit à cause de la nature du sol, soit en raison des circonstances qui se sont produites depuis leur abattage, j'ai porté mes investigations sur trois échantillons de chacun de ces bois, récoltés à des époques différentes; puis j'ai pris pour résultat la moyenne des produits obtenus dans les trois opérations.

Je dois à l'obligeance d'honorables négociants les renseignements et les échantillons qui m'étaient indispensables pour donner à ce travail l'extension qu'il comportait. Qu'ils trouvent ici l'expression de ma gratitude !

Les échantillons de merrains, exactement numérotés, ont été pulvérisés isolément et renfermés dans des flacons destinés à abriter ces poudres contre l'action de l'air et de l'humidité.

Il n'était pas sans importance d'adopter pour ce genre de recherches un *modus operandi* qui permît de recueillir tous les principes contenus dans ces bois, de manière à constater le degré d'action que chaque dissolvant exerce sur eux. Dans ce but, j'ai traité directement chaque espèce de bois par l'éther, par l'alcool et par l'eau distillée, au lieu de faire succéder ces dissolvants sur les mêmes échantillons de bois, comme cela se pratique d'ordinaire dans les analyses végétales.

Les résultats partiels de ce minutieux travail présentent des différences si tranchées, ses résultats d'ensemble donnent lieu à des observations si importantes sur le constitution élémentaire des bois, qu'ils m'ont mis à même de pouvoir indiquer avec exactitude l'essence de chêne appropriée à chaque espèce de vin; de telle sorte que, loin de trouver dans la barrique des éléments qui le dénaturent, le vin, convenablement logé, y puise des principes propres à l'améliorer ou à en faire ressortir les qualités.

Chacun de ces bois, pulvérisés et conservés comme je l'ai dit, a été traité successivement par l'éther, l'alcool et l'eau distillée.

1er *Véhicule.* — Cent grammes de chaque merrain pulvérisé ont été soumis isolément à l'action de l'éther dans un appareil à déplacement, à une température de 25 degrés centigrades, jusqu'à ce que ce liquide ne leur enlevât plus rien. Les liqueurs éthérées, provenant du traitement de chaque bois, ont été placées dans des cornues en verre convenablement disposées, puis distillées à une très-douce chaleur pour en retirer les 4/5es du liquide. Les liqueurs restées dans les cornues ont été versées dans des capsules en porcelaine ayant chacune un numéro, puis évaporées à siccité; les résidus ont été exactement pesés.

Tous les résidus éthérés paraissent être de même nature; ils diffèrent seulement par la quantité des composants. Ils ont tous une couleur jaune serin plus ou moins foncée; la matière qui les compose est de deux sortes : l'une soluble dans l'éther et insoluble dans l'alcool froid, l'autre soluble à froid dans ces deux menstrues.

La matière insoluble dans l'alcool froid est de couleur blanche; elle est sans saveur ni odeur appréciables; elle se fond au feu, tache le papier comme le font les corps gras; enfin, elle a tous les caractères de la matière grasse contenue dans l'écorce de chêne et désignée sous le nom de *cérine*. L'autre matière extraite par l'éther, et qui est soluble à froid dans l'alcool et dans l'éther, a une couleur ambrée; la chaleur la ramollit sans la fluidifier; mise sur les charbons ardents, elle se boursoufle et brûle en répendant de la fumée; elle a une odeur balsamique particulière et une saveur qui rappelle celle du bois de merrain.

L'acide azotique la dissout et la colore en rouge violet; les alcalis la dissolvent aussi et la colorent en jaune foncé; la saturation de l'alcali par un acide la précipite sous forme de poudre blanche qui, en se desséchant, reprend sa couleur ambrée primitive. Je regarde cette substance comme une résine particulière à laquelle je donne, par dérivation, le nom de *quercine*.

La solubilité de la quercine dans les liqueurs spiritueuses me fait penser qu'elle n'est pas sans action sur la saveur que les vins et les alcools peuvent acquérir dans la barrique.

La quercine extraite par l'éther est toujours accompagnée d'une petite quantité de matière colorante, d'acide gallique et de tanin, dont je parlerai plus tard; je me borne à signaler la *cérine* et la *quercine* comme les deux principes enlevés au bois de merrain par l'éther. (Voir le tableau n° 1 pour les quantités.)

2ᵉ *Véhicule*. — Cent autres grammes de chaque bois de

merrain en poudre ont été traités isolément par l'alcool, jusqu'à ce que ce véhicule fût sans action sur eux. Les liqueurs alcooliques ont été ensuite distillées jusqu'au 4/5e, et le résidu de chaque opération placé dans des capsules, suivant le mode précédemment employé et avec la même exactitude. Les résidus évaporés à consistance d'extrait sec ont tous été pesés et leurs poids notés.

Chacun de ces résidus alcooliques a été plus tard délayé dans des quantités égales d'eau distillée, une grande partie s'y est dissoute; filtrés, les solutums présentaient tous dans leur couleur des nuances diverses; les parties insolubles restées sur les filtres ont été séparées et conservées isolément pour être examinées plus tard : je les avait pesées et désignées A.

Ces mêmes solutums *filtrés* ont été décomposés par une solution de gélatine, versée avec beaucoup de soin en quantité suffisante pour précipiter tout le tanin; ces précipités, jetés sur des filtres, puis lavés et séchés, ont été exactement pesés et notés.

Les liqueurs d'où le tanin avait été séparé, et dans lesquelles la solution de gélatine ne produisait plus d'effet, précipitaient encore en noir les persels de fer; attribuant cet effet à la présence de l'acide gallique, j'ajoutai dans chacune de ces liqueurs 1 gramme de magnésie calcinée : après vingt-quatre heures de contact et une agitation fréquente, je filtrai de nouveau pour séparer la magnésie; ces liqueurs furent dès-lors sans action sur les sels de fer; les précipités magnésiens furent lavés, puis séchés à l'étuve et pesés; la différence qu'ils présentaient dans leur poids fut exactement notée.

Les liqueurs séparées des précipités magnésiens avaient une couleur citrine, qui se rapprochait de la couleur jaune

observée dans les solutions éthérées ; je versai dans chacune de ces liqueurs du sous-acétate de plomb, jusqu'à ce
que la matière colorante fût entièrement précipitée, puis
les liqueurs furent filtrées ; elles passèrent incolores, les
précipités furent lavés et décomposés par quelques gouttes
d'acide sulfurique faible ; repris ensuite par de l'alcool
bouillant, celui-ci se colora en jaune, et son évaporation
laissa pour résidu une matière colorante citrine, la même,
sans doute, que celle que fournit le *quercus tinctoria* et à
laquelle je conserve le même nom de *quercitrin* ; elle fut
séchée à l'étuve et exactement pesée.

Repris par l'alcool pur, les précipités A, restés sur les
filtres dès les premières solutions aqueuses, se sont dissous
en grande partie, en lui communiquant une couleur ambrée et une saveur qui rappelle celle du merrain ; l'alcool
évaporé laisse pour résidu une matière résineuse, d'odeur
balsamique, soluble dans l'éther, ayant tous les caractères
de la *quercine;* le poids en a été noté.

En résumant les divers produits enlevés par l'alcool
aux bois de merrain, nous trouvons qu'ils sont de quatre
espèces : le *tanin*, l'*acide gallique*, le *quercitrin* et la
quercine. (Voir pour les quantités le tableau général n° 1.)

3° *Véhicule.*—L'eau a sur le bois de merrain une action
dissolvante bien supérieure à celle de l'alcool et de l'éther.

Comme dans les opérations précédentes, 100 grammes
de chaque merrain en poudre ont été traités isolément par
l'eau distillée jusqu'à épuisement complet ; l'évaporation
lente de tous ces solutums a laissé pour résidus une matière extractiforme de couleur brune, de saveur âpre
styptique, d'odeur peu prononcée, mais dans laquelle on
reconnaissait cependant l'odeur *sui generis* du merrain.
Ces résidus extractifs, formés de toutes les matières solu-

bles contenues dans le bois de merrain, ont été exactement
pesés, et leur poids noté : recueillis avec soin, ils présentaient des différences considérables, comme on le verra
dans le tableau général, puisque les moindres ne pesaient
que 8,50, et que les plus volumineux atteignaient 22,75.

A chaud, le dépouillement du bois de merrain par l'eau
distillée est encore plus grand ; ces merrains, soumis à des
ébullitions successives, jusqu'à ce que l'eau bouillante ne
leur enlevât plus rien, se sont trouvés avoir perdu de 11,75
à 29,50 de leur poids ; il est vrai que j'opérais sur des
bois non flottés.

Le dépouillement de ces résidus aqueux extractiformes
par l'éther et par l'alcool, successivement à froid et à
chaud, puis enfin par l'eau distillée froide et par l'eau distillée chaude, m'a permis d'extraire une matière amère
très-abondante dans quelques bois et beaucoup moindre
dans d'autres, du mucilage, de l'albumine, et finalement
de séparer complètement le ligneux. J'ai, de plus, constaté dans ces résidus la présence des principes que m'avaient
déjà fournis l'éther et l'alcool, quoique ces principes soient
insolubles dans l'eau lorsqu'ils sont isolés.

Pour terminer l'analyse chimique des merrains, il me
restait à recueillir les sels minéraux qu'ils contiennent ; à
cet effet, j'ai fait calciner isolément 100 grammes de chacun de ces bois dans une capsule de platine : les cendres
obtenues étaient très-peu volumineuses, un centième environ ; et, chose remarquable, le bois de merrain qui
n'avait pas été dépouillé de ses principes solubles ne lais-
sait après son incinération que très-peu de cendres de plus
que celui qui avait été entièrement épuisé. Les cendres recueillies avaient toutes une couleur grise ; elles étaient très-
légères, ne cédaient à l'eau distillée ni à l'alcool aucun prin-

cipe soluble ; elles se dissolvaient presque en entier dans l'acide hydrochlorique faible en faisant une légère effervescence. Le dépouillement de ce solutum m'a permis de constater dans ces cendres la présence du sulfate de chaux,

du carbonate de chaux,
de l'alumine,
et de l'oxide de fer.

L'examen de la petite partie de cendres insolubles dans l'acide hydrochlorique m'a démontré que c'était de la silice.

Il résulte donc de l'ensemble de ces opérations, que les bois de merrain contiennent :

1° De la cérine,
2° De la quercine,
3° Du quercitrin (matière colorante jaune),
4° Du tanin,
5° De l'acide gallique,
6° De la matière extractive amère,
7° Du mucilage,
8° De l'albumine,
9° Du ligneux.
10° Du carbonate de chaux,
11° Du sulfate de chaux,
12° De l'alumine,
13° De l'oxyde de fer,
14° De la silice.

Parmi les principes qui constituent les bois de merrain, il en est d'une innocuité complète, soit parce qu'ils s'y trouvent en trop faible quantité pour être appréciables, soit parce qu'ils sont entièrement insolubles dans les liquides spiritueux ; je les ai laissés de côté et ne me suis occupé dans la suite de mon travail que de ceux dont la quantité, la solubilité, la couleur, l'odeur et le goût peuvent avoir quelque influence sur ces liquides.

C'est ainsi que la cérine, l'albumine, le ligneux, les sels minéraux ont été délaissés, réservant pour un examen minutieux la quercine, le tanin, la matière extrative, la matière mucilagineuse, la matière colorante et l'acide gallique.

Quercine. — La quercine, nous l'avons déjà dit, est une substance particulière d'apparence résineuse, très-soluble dans l'alcool, assez soluble dans l'éther, et fort peu soluble dans l'eau pure, à moins qu'elle ne soit associée au mucilage ou à la matière extractive, comme elle l'est dans le bois de merrain.

C'est à la quercine qu'est due la saveur particulière au bois de chêne, et c'est à son abondance que certains merrains du Nord doivent l'odeur balsamique qu'ils communiquent aux liquides. Les merrains qui contiennent le plus de quercine sont ceux dans lesquels la matière muqueuse est le moins abondante; tous les bois de chêne en contiennent, mais dans certains d'entre eux cette résine se trouve en si petite quantité, ou bien son élaboration a été si incomplète, qu'elle n'a pas la suavité de celle qu'on lui trouve dans les merrains du Nord.

Tanin. — Le tanin, substance bien connue, est âpre, astringent, acerbe; on le rencontre fréquemment dans les végétaux, notamment dans les chênes, dont il est un des principes conservateurs.

Le tanin a la propriété de crisper, de coaguler plusieurs autres principes immédiats des végétaux, et de former avec eux des combinés insolubles qui en modifient la nature, en diminuant ou affaiblissant leurs caractères distinctifs. C'est ainsi que l'albumine, la matière colorante, la matière extractive, abandonnent en partie les liquides dans lesquels elles sont dissoutes pour s'unir au tanin, et former avec lui des combinaisons qui se déposent en perdant leur solubilité.

On conçoit, dès-lors, les changements qui peuvent s'opérer dans un liquide dépourvu de tanin, et chargé de matière colorante, d'albumine et de mucilage, lorsqu'on le place dans une barrique neuve en bois de chêne. Presque aussitôt, le tanin contenu dans le bois se dissout, se combine avec les principes que je viens d'indiquer, et les entraîne avec lui sous forme de dépôt. La liqueur se trouve alors décolorée, dépouillée, et souvent, si le tanin prédomine, elle acquiert la saveur âpre et acerbe qui caractérise ce produit végétal.

Matière extractive. — On appelle matière extractive une substance particulière soluble, se colorant à l'air, ou par sa concentration, même lorsqu'elle a lieu dans le vide. La matière extractive a une couleur foncée, une saveur amère plus ou moins prononcée ; on l'obtient par l'évaporation complète de la sève, de l'infusum, ou du décoctum des végétaux. Desséchée, cette substance prend une couleur brune noirâtre, un aspect brillant, une cassure lisse, et devient beaucoup moins soluble qu'au moment où elle a été extraite du végétal.

La difficulté qu'on éprouve à l'obtenir pure a fait douter de son existence. Plusieurs chimistes pensent qu'elle n'est qu'un composé des divers principes solubles des végétaux. Toujours est-il que, si l'on fait évaporer à siccité le décoctum ou le macératum d'un ou de plusieurs végétaux dans l'eau distillée, on obtiendra un produit qui contiendra, indépendamment des principes particuliers à ces végétaux, une matière brune, amère, se dissolvant dans l'eau et dans l'alcool faible, se desséchant complètement à la chaleur, et devenant cassant et d'un aspect luisant : c'est à cette substance que je donne le nom de *matière extractive*, me réservant d'examiner plus tard si c'est une substance simple ou une substance composée.

Les alcalis la dissolvent et *augmentent l'intensité de sa couleur* ; les acides minéraux *la décolorent en partie* et diminuent sa solubilité.

Matière muqueuse. — On appelle matière muqueuse, gommeuse, ou mucilage, un produit immédiat des végétaux se dissolvant dans l'eau plus facilement à chaud qu'à froid, et lui donnant de la consistance, de la viscosité qui la fait mousser abondamment quand on l'agite. Elle est sans saveur, sans odeur, sans couleur ; *mais elle s'acidifie promptement*, si on abandonne sa solution à l'air libre à une température élevée.

Le mucilage est insoluble dans l'alcool et dans l'éther ; il accompagne presque toujours la matière extractive avec laquelle il a une grande affinité, et c'est sans doute à sa présence que celle-ci doit son extrême solubilité dans l'eau.

Matière colorante jaune. — Indépendamment de la matière extractive colorée, commune à tous les végétaux, le bois de chêne contient un autre principe colorant, jaune citrin, qui lui est particulier, et qui a été désigné sous le nom de *quercitrin*.

Cette matière colorante est peu abondante dans le chêne employé à la fabrication du merrain ; elle est soluble dans l'éther et dans l'alcool, peu soluble dans l'eau à l'état de pureté ; mais elle s'y dissout assez bien, quand elle est combinée avec les autres principes constitutifs du merrain. Elle n'a point d'odeur ; sa saveur légèrement amère est peu appréciable, et, si ce n'était la teinte safranée qu'elle communique aux liqueurs alcooliques avec lesquelles on la met en contact, je l'aurais placée dans les produits inertes du bois de chêne.

Acide gallique. — L'acide gallique est un acide particulier qui existe dans quelques végétaux astringents, notamment dans le chêne, et qui accompagne le tanin, avec lequel il a une si grande affinité, qu'il est rare de les rencontrer séparément.

L'acide gallique est plus soluble dans l'alcool et dans l'éther que ne l'est le tanin, et son soluté aqueux ne précipite pas la solution de gélatine. Il a la plus grande affinité pour l'oxyde de fer qu'il enlève à presque toutes ses combinaisons, et forme avec lui un précipité bleu noirâtre ; la coloration de ce précipité est plus ou moins intense, suivant le degré d'oxydation du fer.

Le bois de chêne contient peu d'acide gallique, mais l'action de cet acide sur les sels de fer est si sensible, qu'il n'en faut qu'une très-faible quantité pour produire un changement notable dans la couleur des liquides ferrugineux avec lesquels il se trouve en contact.

Tels sont les caractères particuliers et distinctifs de chacun des principes solubles contenus dans le bois de merrain ; il me reste à examiner maintenant quelle est l'action qu'ils exercent sur les vins et sur les liqueurs alcooliques.

La plupart des principes contenus dans le bois de merrain, la quercine, le quercitrin, la matière extractive amère, perdent, en s'isolant, une grande partie de leur solubilité dans les liquides peu spiritueux. J'ai donc été contraint de renoncer à étudier directement l'action de chacun de ces principes pris isolément, et d'étudier l'action combinée de ces diverses matières, telles que la nature les présente dans le merrain; pour cela, voulant apprécier exactement ces effets et arriver à des résultats positifs, j'ai fait macérer séparément 20 grammes de chaque espèce de merrains pulvérisés dans 500 grammes de vins blancs divers, de vins rouges de diverses qualités, d'eau-de-vie et d'alcool, de manière à ce que les mêmes vins et les mêmes alcools se trouvassent en contact avec les diverses qualités du bois de merrain.

Après huit jours de contact, tous ces liquides ont été filtrés; ils présentaient entre eux, soit pour la couleur, soit pour l'odeur et le goût, des différences bien tranchées qui coïncidaient parfaitement avec la nature particulière de chaque bois.

Vins blancs. — Les vins blancs, dans lesquels avaient macéré les bois de Dantzig et de Stettin, n'avaient pas sensiblement changé de couleur; le tanin ne leur avait donné qu'une très-légère âpreté, en partie masquée par la saveur balsamique de la quercine. Cette saveur agréable s'harmonise parfaitement avec la sève du vin, dont elle semble être une émanation, de telle sorte que des vins blancs sans sève et sans arôme acquièrent, par leur contact avec les bois de chêne de Dantzig et de Stettin, un arôme qui n'est pas sans agrément.

Les vins blancs de même sorte, dans lesquels avaient été mis en macération des bois de Lubeck, de Riga, de Mémel, avaient acquis une coloration très-marquée et une saveur âpre qui empêchait de distinguer la saveur balsamique de la quercine, que ces bois leur avaient cependant fournie en quantité très-appréciable.

Les bois d'Amérique ont peu d'action sur les vins blancs;

ils ne les colorent pas et ne leur communiquent aucune odeur, aucune saveur étrangère, si ce n'est une légère amertume appréciable dans ces expériences, mais qui doit passer inaperçue, quand ces liquides ont été simplement en contact avec des bois de cette nature non pulvérisés. C'est que ces bois contiennent peu de tanin, peu de quercine ; la matière extracto-muqueuse y domine ; et, comme celle-ci est peu soluble dans les vins liquoreux, ces bois doivent particulièrement convenir pour les vins blancs.

Le merrain de Bosnie est celui dont l'action est le plus marquée sur les vins blancs délicats ; la grande quantité de tanin qu'il renferme leur donne de l'âpreté et une saveur désagréable ; de plus, la matière extractive qu'il leur cède en abondance les colore plus ou moins, suivant leur nature : il est même des vins qui, après avoir séjourné dans ce bois, prennent au contact de l'air une teinte noire. Cette teinte noire est due à l'acide gallique emprunté au merrain, et qui réagit alors d'une manière très-apparente sur les vins blancs riches en sels ferrugineux.

D'après cela, il faut éviter de loger les vins blancs délicats dans des futailles construites en bois de Bosnie, et réserver celles-ci pour les vins communs, de préférence pour les rouges.

L'emploi du bois de pays, et particulièrement celui de l'Angoumois, ne présente pas de si graves inconvénients ; car, quoiqu'ils contiennent tous du tanin et de la matière extractive en assez grande quantité, ils sont loin d'en fournir autant que les bois de Bosnie.

En me résumant, voici l'ordre dans lequel doivent être classés les bois de merrain par rapport à leur action sur les vins blancs :

Amérique, qui est sans action apparente ; Dantzig,

Stettin, qui leur donnent une saveur agréable; Lubeck,
Riga, Mémel, qui en modifient sensiblement la couleur et
leur donnent une légère âpreté; Angoulême, Dordogne,
Bayonne, qui en altèrent également la couleur et le goût.
(Voir le tableau n° 2.)

Vins rouges. — Les vins rouges éprouvent aussi des
modifications plus ou moins marquées par leur contact
avec le bois de chêne; mais il est des éléments que le
merrain peut éliminer ou augmenter dans les vins rouges,
tels que le tanin, la matière colorante, etc., sans que la
qualité de ces vins en soit altérée d'une manière aussi
sensible que le sont les vins blancs de crus analogues.
(Voir le résumé de mes expériences au tableau n° 3.)

Ainsi que je l'ai indiqué dans mon analyse des vins de
la Gironde, le tanin est l'un des éléments constitutifs dont
la quantité proportionnelle importe le plus à la dépuration
et à la conservation des vins rouges; il en est pourtant
qui, très-chargés en couleur et trop riche en matière
muqueuse, se trouvent, surtout en certaines années, dépourvus d'une quantité suffisante de tanin; on conçoit,
dès-lors, l'avantage qu'il y a à les loger dans des futailles
dont le bois puisse leur céder le complément de tanin qui
leur manque, pour parcourir tous les degrés de la fermentation vineuse et se dépouiller du mucilage et de la
surabondance de couleur : telles sont les futailles construites en merrain de Bosnie et en merrain de pays.

Mais, pour les vins fins du Haut-Médoc, pour les vins
délicats de nos graves, pour les vins légers de nos coteaux
dont la couleur et la saveur doivent être respectées, et qui
péricliteraient dans les futailles en bois de Bosnie, il faut
les loger dans des barriques construites en bois du Nord.
Ainsi aux gros vins de palus, de l'Entre-deux-Mers, des

bords de la Dordogne, de Saint-Macaire, etc., les bois de Bosnie et de pays; à ceux de Médoc, de graves et de côtes, les bois du Nord, particulièrement ceux de Dantzig et de Stettin.

Ce que je viens de dire de l'action des bois de merrain sur les vins blancs et sur les vins rouges est applicable aux eaux-de-vie et aux alcools, observant toutefois que la quercine, le tanin et la matière colorante sont les seuls agents qui puissent agir sur ces spiritueux, la matière muqueuse, l'albumine, etc., n'étant point solubles dans les liqueurs très-alcooliques. (Voir le tableau n° 3.)

Les bois qui ont le moins d'action sur les spiritueux sont ceux d'Amérique.

Ceux qui leur communiquent la sève la plus agréable sont ceux de Dantzig, de Stettin, de Riga et d'Angoulême.

Ceux qui leur donnent le plus de couleur sont les bois de Bosnie, de pays, de Mémel et de Lubeck.

On a remarqué depuis longtemps que les eaux-de-vie acquièrent en vieillissant une suavité particulière et un goût de rancio très-recherché; il est évident que ces qualités si précieuses s'obtiendront, et mieux et plus vite, si on renferme cette agréable liqueur dans des futailles du bois le plus propre à les lui donner; or, les bois les moins chargés de matière extractive amère, contenant le plus de quercine et de quercitrin, doivent être préférés, et ce sont ceux du Nord et de l'Angoumois.

Comme il n'est pas toujours possible de se procurer des barriques appropriées à la nature des vins qu'on veut loger, et que, d'ailleurs, la plupart des propriétaires ne sont pas aptes à reconnaître le genre de merrain employé à la fabrication des barriques, il est bon de leur donner le moyen de mettre leurs vins suaves et délicats à l'abri

17

des dangers que leur ferait courir un long contact avec
la matière extractive et avec le tanin contenus dans le bois
de chêne.

On n'a pas oublié que les alcalis agissent sur la matière
extractive, lui donnent une couleur plus foncée et en
facilitent la solution, tandis que les acides minéraux affaiblissent la couleur et la solubilité de ce principe ; dès-lors,
il est évident qu'au lieu de laver, comme d'usage, les barriques neuves avec des eaux alcalines, telles que lessive
de cendres, lait de chaux, solution de potasse, tous véhi-
cules qui produisent un effet opposé à celui que l'on désire,
il faut les laver avec de l'eau acidulée ; pour cela, versez
dans les barriques neuves vingt litres d'eau de fontaine
dans laquelle vous aurez ajouté 500 grammes d'acide sulfurique (huile de vitriol).

Laissez séjourner vingt-quatre heures, agitez de temps
à autre, de manière à renouveler les surfaces mouillées et
que l'acide puisse agir sur toutes les parois de la barrique,
puis versez cette eau acidulée dans une autre barrique
neuve, rincez la première avec de l'eau fraîche, afin de lui
enlever l'acidité que le bois aurait pu retenir ; lavez ensuite
à l'eau bouillante, puis laissez égoutter vingt-quatre heures (1).

Les modifications que le bois de merrain de certaines
localités exerce sur les vins n'avaient point échappé à l'observation réfléchie de certains propriétaires de vignobles ;
beaucoup d'entre eux ont aussi remarqué les avantages que
présente, sur l'emploi des barriques neuves, l'emploi de
barriques ayant déjà servi à contenir de bon vin. En effet,
comme nous l'avons déjà fait observer, la barrique neuve

---

(1) L'eau acidulée peut servir à traiter successivement plusieurs barriques, si l'on a soin d'ajouter de temps en temps un peu d'eau et un peu
d'acide pour remplacer ce que les barriques en ont absorbé.

peut agir sur les vins de deux manières, soit en leur four-
nissant des éléments nuisibles, soit en les privant en partie
des principes qui sont indispensables à leurs propriétés
physiques, tels que le tanin et la matière colorante.

Les barriques qui ont déjà servi ne peuvent plus agir de
la sorte, attendu qu'il s'est formé dans leur intérieur et
sur toute la surface des douves une croûte imperméable
de matière colorante, de matière muqueuse et de tartre.
Mais il y a de nouveaux dangers à courir : ces barriques
peuvent avoir contracté de l'acidité, un goût vicieux ; et
elles les communiqueraient aux vins, si elles n'avaient pas
été convenablement lavées. Pour celles-ci, les lavages à
l'eau alcaline sont très-utiles, d'abord parce que l'alcali
sature l'acide acétique qui peut s'être formé dans la barrique, puis parce qu'il aide la solution d'une partie du tartre adhérent aux parois, et rend ainsi leur *nettoiement* plus
facile et plus complet.

Il faut donc laver *à l'eau acidulée* les barriques *neuves*,
et *à l'eau alcaline* les barriques de *vidanges ;* les barriques
récemment vidées n'ont pas besoin de lavages alcalins.

La nécessité reconnue de faire séjourner de l'eau dans
les barriques neuves, afin de les dépouiller le plus possible de la matière soluble, doit faire comprendre l'avantage
inappréciable qu'il y aurait à n'employer, pour la fabrication des barriques, que du *bois flotté*, c'est-à-dire du bois
qui a séjourné pendant trente à quarante jours, au moins,
dans de grandes masses d'eau, où il ait pu se dépouiller
des parties les plus solubles qu'il contenait, notamment
de la matière extractive et de la matière muqueuse. La
présence de cette dernière a un fâcheux résultat pour les
vins plats, peu corsés, chargés de mucilage, et qui se pi-
quent et s'aigrissent facilement. Ce sont surtout ces sortes
de vins qu'il importe de loger dans des futailles construites

en bois flotté, au tout au moins en chêne noir ; car il est digne de remarque que les merrains mucilagineux proviennent le plus souvent des chênes blancs.

Les bois de chênes blancs peuvent être employés avec avantage à loger les vins blancs capiteux, d'abord parce que ces bois sont moins susceptibles de les colorer, puis parce que les vins blancs contiennent ordinairement peu de matière muqueuse, et que la quantité d'alcool qu'ils renferment s'oppose à la solution de cette matière.

Des expériences et des faits qui précèdent je conclus :

1° Que les bois de merrain employés dans la tonnellerie contiennent tous les mêmes principes, mais que, dans chaque bois, les proportions de ces principes varient selon les lieux de production ;

2° Que les principes solubles du bois de chêne peuvent influer d'une manière notable sur la qualité des liquides spiritueux qu'on y renferme, principalement sur les vins ;

3° Que cette action est plus appréciable sur les vins blancs que sur les vins rouges, et beaucoup plus sur les crus légers et délicats que sur les vins colorés et corsés ;

4° Que les bois d'Amérique et ceux du Nord contiennent moins de principes solubles que ceux des autres provenances ;

5° Que les merrains d'Amérique, de Dantzig et de Stettin sont ceux qui ont le moins d'action sur les spiritueux en général, et que, toutefois, les vins trouvent dans ces deux dernières espèces des éléments de conservation et de bonification ;

6° Que les alcalis exaltent la couleur et la solubilité de la matière extractive des bois de merrain ; que les acides minéraux, au contraire, affaiblissent la couleur et la solubilité de ce principe.

(Ce Mémoire est extrait des Actes de l'Académie des sciences, belles-lettres et arts de Bordeaux.)

TABLEAU *indiquant la composition chimique des bois de merrain employés dans la tonnellerie* (1).

SÉRIES.	LIEUX de provenance du MERRAIN.	MATIÈRES SOLUBLES DANS								MATIÈRES INSOLUBLES.			
		L'ÉTHER.		L'ALCOOL.			L'EAU.			Ligneux.	POIDS TOTAL des MATIÈRES solubles.	CENDRES obtenues de 100 gr. merrain.	NATURE des cendres (2)
		Cérine.	Quercine.	Tanin.	Quercitrin.	Acide gallique.	Extractif.	Mucilage.	Albumine.				
	Dantzig....	0,150	0,950	2,500	0,680	0,170	8,900	1,250	0,250	85,150	14,850	0,410	
	Stettin.....	0,165	0,920	3,100	0,670	0,210	9,100	1,300	0,250	84,255	15,765	0,405	
1re.	Lubeck.....	0,210	0,900	3,800	0,640	0,230	8,200	1,400	0,210	84,510	15,490	0,400	
	Mémel......	0,185	0,910	4,400	0,650	0,315	10,450	1,200	0,215	81,675	18,325	0,510	
	Riga........	0,155	0,870	3,950	0,690	0,270	11,100	1,250	0,100	81,615	18,385	0,515	Carbonate de chaux, sulfate de chaux, alumine, oxyde de fer.
2e.	Amérique..	0,115	0,630	1,700	0,350	0,110	6,250	3,800	0,290	86,705	13,295	0,500	
3e.	Bosnie.....	0,170	0,825	9,900	0,720	0,360	15,150	2,100	0,420	70,355	29,645	0,610	
	Angoulême.	0,145	0,805	6,750	0,690	0,220	11,500	1,900	0,310	77,680	22,320	0,520	
4e.	Dordogne..	0,140	0,780	6,900	0,580	0,270	11,750	1,950	0,270	77,560	22,640	0,555	
	Bayonne....	0,145	0,690	8,850	0,695	0,290	14,250	2,265	0,390	72,445	27,555	0,580	

(1) Toutes les opérations ont été faites isolément sur 100 grammes de chaque merrain en poudre.

(2) Les cendres de bois de merrain sont toutes composées des mêmes principes, dont les proportions diffèrent fort peu.

SÉRIES.	LIEUX de provenance du MERRAIN.	LIEUX de provenance DU VIN.	CHANGEMENTS PHYSIQUES.			MATIÈRES ABSORBÉES PAR LE VIN			
			Couleur.	Saveur.	Odeur.	Tanin.	Extractif	Quercine	Mucilag
1re.	No 1. Dantzig.	Barsac. Sauterne Podensac Paillet.	Pas de change- ment.	Agréable. Id. Id. Pas chan- gée.	Pas chang, Id. Id. Agréable.	8 9 8 10	1,90 1,90 2 2,20	0,180 0,175 0,175 0,190	Peu.
	No 2. Stettin.	Barsac. Sauterne Podensac Paillet.	Légère colora- tion.	Un peu âpre.	Agréable	28 27 30 34	1,80 1,80 1,90 2,10	0,180 0,180 0,190 0,195	Peu.
	No 3. Lubeck.	Barsac. Sauterne Podensac Paillet.	Colora- tion pronon- cée.	Plus d'âpreté que les pré- cédents.	Odeur de merrain. marquée	37 39 40 48	1,90 1,90 1,95 2,20	0,170 0,170 0,170 0,190	Peu.
	No 4. Riga.	Barsac. Sauterne Podensac Paillet.	Colora- tion plus pronon- cée.	Même âpreté que le no 3.	Odeur plus marquée que le n.3	24 24 25 27	2,5 2,10 2,25 2,50	0,160 0,160 0,160 0,165	Peu.
	No 5. Mémel.	Barsac. Sauterne Podensac Paillet.	Couleur foncée.	Plus âpre que le no 4.	Odeur de bois désagréa- ble.	31 51 32 34	2,75 2,75 2,75 2,90	0,085 0,085 0,090 0,090	Peu.
2o.	No 6. Amérique	Barsac. Sauterne Podensac Paillet.	Pas de change- ment.	Pas d'âpreté apprécia- ble.	Peu ap- préciable	9 9,50 10 12	0,60 0,60 0,65 0,75	0,110 0,110 0,115 0,120	Abondan
3o.	No 7. Bosnie.	Barsac. Sauterne Podensac Paillet.	Coloration foncée, noirâtre. Id. foncée un peu noirâtre.	Apreté très-forte et amer- tume prononcée	Odeur de bois très- désa- gréable.	96 97 97 100	3,10 3,10 3,20 3,70	0,110 0,115 0,110 0,115	Abondan
	No 8. Angou- lême.	Barsac. Sauterne Podensac Paillet.	Moins co- loré que le no 5.	Même âpreté que le no 5.	Odeur de merrain assez agréable.	58 58 59 64	2,50 2,50 2,60 2,90	0,117 0,117 0,120 0,120	Assez abondant
4e.	No 9. Dordogne.	Barsac. Sauterne Podensac Paillet.	Colora- tion comme le no 5.	Plus âpre que le no 8.	Odeur moins agréable que le n.8	63 64 64 68	2,80 2,80 2,90 3,00	0,105 0,105 0,110 0,110	Comme le n. 8.
	No 10. Bayonne.	Barsac. Sauterne Podensac Paillet.	Coloration plus foncée que le n. 9.	Bien plus âpre que le n. 9, un peu moins que le n. 7.	Odeur de bois très- marquée, mais un peu moins que le n.7.	70 70 71 74	2,90 2,90 2,95 3,30	0,129 0,120 0,125 0,130	Plus abon- dant que le n. 8, moins que le n. 7.

TABLEAU *des changements apparents opérés sur les vins rouges par leur macération sur le bois de merrain en poudre.*

SÉRIES.	LIEUX de provenance du MERRAIN.	LIEUX de provenance DU VIN.	CHANGEMENTS PHYSIQUES.			MATIÈRES ABSORBÉES PAR LE VIN.			OBSERVATIONS.
			Couleur.	Saveur.	Odeur.	Tanin.	Extractif	Quercine	
re.	N° 1. Dantzig.	Latrêne. Queyries. Haut-Brion Margaux.	Pas de changem. Un peu plus fonc.	Un peu d'âpreté, sève agréable.	Pas de changement.	21 27 16 10	1,20 1,25 1,15 1,10	0,185 0,180 0,170 0,170	Il est digne de remarque que les vins très-chargés de matière colorante absorbent une plus grande quantité de tanin et autres principes solubles du bois de merrain, que les vins légers en couleur, que le bois de Bosnie a servi de type pour mesurer celle des autres merrains. La quantité de tanin fournie par le bois de Bosnie a servi de type pour mesurer celle des autres merrains.
	N° 2. Stettin.	Latrêne. Queyries. Haut-Brion Margaux.	Pas de chang. Plus coloré.	Un peu plus âpre que le n. 1, sève agréable.	Légère odeur de merrain.	32 34 36 25	1,30 1,35 1,20 1,18	0,180 0,175 0,110 0,175	
	N° 3. Lubeck.	Latrêne. Queyries. Haut-Brion Margaux.	Pas de chang. Plus foncé.	Un peu plus âpre que les précédens, sève moins agréable.	Odeur de merrain	38 36 29 27	1,50 1,75 1 30 1,35	0,180 0,170 0,165 0,160	
	N° 4. Riga.	Latrêne. Queyries. Haut-Brion Margaux.	Un peu plus col. Bien plus coloré.	Même âpreté que le n. 5.	Odeur de merrain plus marquée que la précéd.	26 28 24 25	1,40 1,45 1,20 1,50	0,155 0,165 0,160 0,160	
	N° 5. Mémel.	Latrêne. Queyries. Haut-Brion Margaux.	Plus coloré. Color. très marquée.	Apreté plus prononcée que le précédent.	Même odeur que le n. 4.	35 37 28 37	1,60 1,60 1, 1,55	0,180 0,175 0,165 0,090	
le.	N° 6. Amérique	Latrêne. Queyries. Haut-Brion Margaux.	Pas de chang. Légère décolaon.	Pas de changement.	Pas de changement.	14 14 11 11	0,90 0,95 0,85 0,80	0,095 0,090 0,095 0,020	
je.	N° 7. Bosnie.	Latrêne. Queyries. Haut-Brion Margaux.	Coloration plus marquée que le n. 5.	Apreté plus forte que le n. 5.	Forte odeur de bois.	100 100 96 95	2,90 3,10 2,85 2,80	0,110 0,120 0,110 0,105	
	N° 8. Angoulême.	Latrêne. Queyries. Haut-Brion Margaux.	Pas de chang. Plus coloré.	Apreté sensible comme le n. 4.	Même odeur que le n. 5.	66 63 61 61	2,10 2 1,90 1,85	0,125 0,120 0,115 0,120	
e.	N° 9. Dordogne	Latrêne. Queyries. Haut-Brion Margaux.	Légère coloration Coloration très-sensible.	Un peu plus âpre que le précédent	Odeur de bois plus prononcée que le n. 8.	72 78 71 70	2,25 2,20 1,90 1,95	0,115 0,115 0,120 0,115	
	N° 10. Bayonne.	Latrêne. Queyries. Haut-Brion Margaux.	Plus coloré que le n.9	Plus âpre que le n. 9, un peu moins que le n.7.	Odeur de bois plus marquée que le n. 9, moins que le n.7.	79 80 69 78	2,45 2,45 2, 2,05	0,120 0,125 0,115 0,110	

TABLEAU indiquant les changements apparents opérés sur les alc et les eaux-de-vie par leur macération sur le bois de merrain en poudre

SÉRIES.	LIEUX de provenance du MERRAIN.	ALCOOL.	EAU-DE-VIE.	CHANGEMENTS PHYSIQUES.			MATIÈRES DISSOUTE par les spiritueux.		
				Couleur.	Odeur.	Saveur.	Tanin.	Quercine	Que. tri
1re.	No 1. Dantzig.	A 85.	A 52.	Légère coloration.	Balsamique.	Agréable	5	0,720	4!
	No 2. Stettin.	A 85.	A 52.	Coloration plus marquée que le précédent.	Légèrement balsamique.	Agréable	14	0,710	4!
	No 3. Lubeck.	A 85.	A 52.	Coloration très-marquée.	Pas d'odeur.	Moins agréable que le n. 2, un peu âpre.	17	0,670	4'
	No 4. Riga.	A 85.	A 52.	Foncée.	Id.	Apre.	13	0,680	4!
	No 5. Mémel.	A 85.	A 52.	Plus foncée.	Id.	Apreté marquée.	16	0,620	3'
2e.	No 6. Amérique	A 85.	A 52.	Ambrée.	Id.	Pas de changement.	4	0,340	3(
3e.	No 7. Bosnie.	A 85.	A 52.	Plus foncée que le no 5.	Odeur de bois.	Très-âpre.	52	0,670	48
4e.	No 8. Angoulême.	A 85.	A 52.	Coloration comme le no 3.	Moins balsamique le no 2.	Agréable un peu âpre.	26	0,590	45
	No 9. Dordogne.	A 85.	A 52.	Coloration comme le no 4.	De bois.	Apreté marquée.	31	0,510	36
	No 10. Bayonne.	A 85.	A 52.	Comme le no 5.	De bois.	Très-âpre.	42	0,515	38

CHAPITRE XVII.

DE L'EXPORTATION DES VINS DE BORDEAUX

AU MOYEN-AGE ET AU DIX-HUITIÈME SIÈCLE.

Dès le XIIᵉ siècle, on trouve des traces du commerce actif dont Bordeaux était redevable à ses vins ; l'union de la Guienne à l'Angleterre, effectuée en 1152, mit notre province en rapports directs avec les consommateurs britanniques ; le premier acte qui nous soit connu, relatif à l'importation des vins dans les ports d'outre-Manche, porte la date de 1154. Il fut suivi d'une foule d'autres statuts qui se succèdent rapidement et qui démontrent quelle était déjà, à l'égard des boissons, l'importance des échanges entre les deux peuples. L'autorité, obéissant aux notions d'économie politique alors en vigueur, croyait faire merveille en fixant un *maximum* que le prix du vin ne pouvait dépasser ; c'est ainsi qu'un édit, rendu dans la première année du règne de Jean-sans-Terre, fixe à 20 sous sterling par tonneau le prix du vin de Poitou, et à 24 sous le vin d'Anjou ; il limite les autres vins de France à 25 sous, à moins qu'ils ne soient si bons qu'on ne veuille en donner deux marcs et au-delà (1). Le

---

(1) Johannes rex statuit quod nullum tonellum vini Pictavensis vendatur carius quam xx solidis, et nullum tonellum vini Andegavensis carius quam xxiv solidis, et nullum tonellum vini Franciæ carius quam pro xxv solidis, nisi vinum illud adeo bonum sit, quod aliquis velit pro eo dare circa duas marcas et altius.

(Annal. Monast. Burton, p. 257.)

fisc n'avait pas perdu un instant pour frapper des droits élevés sur une denrée qui semble prédestinée à supporter de lourdes taxes ; sur chaque chargement de vin importé, le roi prenait un tonneau devant le mât et un tonneau derrière, et ce droit portait le nom de *prisa*. En 1213, on trouve sur le compte des finances du roi Jean une somme de 517 livres 11 sh. pour achat de 348 tonneaux de vin, dont 222 tonneaux vin de Gascogne, non compris 45 tonneaux de prise, de la même provenance, ce qui indique l'arrivée de vingt-trois cargaisons (1). En 1209, Jean avait exempté de tout droit une partie de cent muids de vin que le roi de France envoyait en cadeau aux moines de l'église du Christ, à Cambridge.

Henri III succède à Jean, et, sous son règne, en 1246, on voit figurer sur les comptes du chancelier de l'Echiquier une somme de 404 livres pour 404 tonneaux *(dolia)* vin de Gascogne et d'Anjou, importés à Londres et à Sandwich, et une somme de 1,846 livres pour achat de 901 tonneaux vins de Gascogne et d'Anjou.

Ce monarque établit sur l'entrée de tous les vins un nouveau droit d'un denier sterling (1/240 de livre), et ce droit reçut la désignation de *gauge*. Depuis le jour de St-

---

(1) On voit figurer sur ce compte 5 tonneaux vins de Saxe (ce qui signifie, peut-être, vins du Rhin), tous vins de prise ; la cour n'en achète point : indice du peu de cas qu'on en faisait. N'oublions pas 2 tonneaux vins d'Auxerre, de prise, et 14 tonneaux achetés. La célébrité des vins d'Auxerre, on le voit, est de vieille date ; on sait de quelle estime jouissent encore les produits des crus qui ont été, jusqu'à la Révolution, la propriété de l'évêché ; de tous ces vins, d'une couleur brillante et prononcée, d'un bouquet charmant, le plus renommé était celui que donnait le clos de *Migraine*, liqueur vive et nerveuse dont les gourmets du dernier siècle ont tous parlé, et qu'un homme d'esprit a caractérisée avec justice, en disant qu'elle descendait torrentueusement dans le gosier.

Michel, 1272, jusqu'à la fête de St-Martin, 1273, le produit de cette taxe fut de 36 liv. 17 sh. 2 d. C'est la preuve d'une importation de 8846 tonneaux, indépendamment des vins adjugés au roi par le droit de *prise*, et exempts de la contribution de *gauge*.

En 1299, il arriva soixante-treize navires portant chacun plus de 19 tonneaux de vin, et en 1300, soixante-onze. En 1290, le prix du vin avait été fixé à 3 d. le gallon, et celui de la cervoise (bière) à 1 d. Il avait été défendu d'augmenter ces prix à l'occasion de la prochaine réunion du Parlement.

En 1300, Edouard Ier demanda à la commune de Londres pourquoi on ne permettait pas aux marchands bordelais d'avoir un logement dans la ville, où ils puissent conduire leurs denrées ; pourquoi on exigeait d'eux un droit de *pontage* de 2 deniers par tonneau de vin. La réponse de la commune porte que les marchands bordelais, ainsi que tous les autres marchands étrangers, n'ont jamais le droit d'avoir un domicile dans la ville, et qu'il leur est seulement permis d'y déposer leurs vins dans des celliers pendant un certain temps déterminé par la coutume et qui ne saurait dépasser quarante jours. Quant au droit de pontage, il a été établi, en vertu d'une permission du roi lui-même, sur tous les vins qui passeraient sous le pont de Londres, afin de subvenir aux frais d'entretien et de réparation (1).

Un acte de 1302 nomme six dégustateurs jurés, chargés

---

(1) Nous devons ce renseignement, et plusieurs de ceux qui suivent, à l'obligeance de M. Jules Delpit, chargé par M. le Ministre de l'Instruction publique d'une mission scientifique en Angleterre ; cet érudit, aussi laborieux que modeste, a rapporté de ses infatigables investigations dans les archives britanniques, une foule de renseignements sur l'histoire de l'Aquitaine au moyen-âge.

de vérifier si les vins sont corrompus, et leur enjoint, en ce cas, de les faire jeter.

En 1311, ordonnance touchant la vente des vins, qui sont plus chers qu'ils ne l'avaient jamais été; nul, si ce n'est le bouteiller du roi, ne doit aller au devant des marchands pour leur acheter. Le fonctionnaire en question ne doit empléter que ce qui est nécessaire à la consommation du monarque; divers réglements de la même époque stipulent qu'aucun tavernier ne pourra mettre son vin en vente avant qu'il n'ait été inspecté par les dégustateurs, marqué des deux bouts et la valeur indiquée; le meilleur vin est taxé 5 deniers le gallon, et deux qualités secondaires à 4 et 3 deniers.

En 1365, il est permis à trois taverniers seulement de se livrer à la vente des vins doux.

En 1342, le vin de Gascogne est taxé 4 deniers, et le vin du Rhin (Rhenis) à 6 deniers. Défense de mettre dans le même cellier, sous peine de confiscation, des vins d'origine différente.

En 1352, cette même évaluation est portée à 6 et à 8 deniers.

Edouard III, durant les nombreuses années qu'il porta la couronne, rendit diverses ordonnances au sujet du commerce des vins. En 1354, il défendit, sous des peines sévères, à tout Anglais d'aller en Guienne acheter directement des vins (1); mais, en 1370, cette prohibition fut modifiée, à la requête du Prince-Noir. En 1372, au dire de Froissard, on vit arriver à Bordeaux une flotte de deux cents bâtiments anglais qui vinrent charger des vins.

(1) L'édit enjoint que tout contrevenant *soit pris et aresté par le Séneschal de Gascoigne, en la conestablie de Burdeux, et le corps mandé en Engleterre à la Tour de Londres.*

Nous ne suivrons pas ce commerce dans toutes ses vi-
cissitudes durant le moyen-âge ; au xvme siècle, les vins
de Guienne avaient souffert en Angleterre des caprices de
la mode, qui prit sous sa protection les vins doux de Ca-
narie et d'Espagne. Richard iii prescrivit de n'importer
des vins qu'en pièces *(butts)* de 126 gallons (572 litres) ;
cette loi était faite pour empêcher la fraude commise au
détriment du fisc ; et il est de fait que des futailles de cette
dimension ne pouvaient guère échapper à l'œil de la
douane. En 1504, au festin de l'installation de l'archevêque
Warham, on voit figurer 6 tonneaux de *claret*, au prix de
73 shellings 4 den. Sous Henri viii , en 1532 , il est fait
défense de vendre des vins de Gascogne au-dessus de 8
pences le gallon (à 25 fr. la livre st., ce prix correspond
à 30 c. le litre). Deux ans plus tard, nous trouvons une
pétition des marchands de vins, qui réclament contre cette
ordonnance, en exposant qu'ils ne peuvent avoir de bons
vins de Gascogne sans les payer 7 à 8 livres sterling par
tonneau.

Au xvie siècle, l'Angleterre s'attache de plus en plus
aux vins d'Espagne et de Grèce, au détriment des crus
de l'Aquitaine. Edouard vi défend qu'il y ait dans une
ville plus de deux tavernes pour la vente au détail des
vins, excepté à Londres où il en autorise quarante, et à
Bristol qui en conserve six. La consommation des vins était
alors fort considérable parmi les classes privilégiées de la
société. Il fallait 80 tonneaux de *claret* par an à la maison
d'Henry Bowet, archevêque d'Yorck, mort en 1467, et,
au banquet d'intronisation de son successeur, G. Nevil,
il se vida cent pièces de la purée septembrale. Dans la
maison du duc de Northumberland, réglée avec une sévère
économie, il se consommait, par an, 42 barriques vin de

Guienne (dont 10 barriques vin blanc), du prix de 43 à 49 shellings le tonneau.

En 1633, une ordonnance de Charles Ier enjoint de ne pas vendre les meilleurs vins de Gascogne au-delà de 18 livres st. le tonneau, et de 6 d. le quart au détail. Les vins de La Rochelle et autres sortes inférieures sont limités à 15 livres. En 1672, Charles II borne à 16 deniers le prix au détail des vins d'Aquitaine; et huit ans plus tard, une autre loi, la dernière de ce genre, élève cette limite jusqu'à 24 deniers.

Les vins de Bordeaux trouvaient en Angleterre un débouché considérable, lorsque l'accession au trône de la maison d'Orange vint changer la politique britannique; la guerre à coups de tarifs se joignit à la guerre à coups de canon. Les écrits du temps montrent que les importations de vins de France furent soudain suspendues, et l'on se rejeta sur les vins de Porto, dont aucun palais britannique n'avait goûté avant 1690. Le fameux traité de Méthuen, signé en 1703, assura, pour plus d'un siècle, l'approvisionnement des marchés anglais aux produits des vignobles du Douro, à l'exclusion des crus de la Guienne.

Nous ne possédons point, sur les expéditions dirigées vers les Pays-Bas et vers le nord de l'Europe, des renseignements aussi étendus qu'à l'égard de l'Angleterre; mais il est avéré que, dès le XVe siècle, plusieurs de nos crus jouissaient d'une haute réputation.

En 1535, Rabelais faisait mention très-honorable du vin de Grave et du vin Clémentin, c'est-à-dire des vignobles de Pessac, qui portent encore le nom du pape Clément v (1).

_____

(1) Élu en 1305, ce pontife mourut en 1314.

Le Médoc était alors un désert couvert de bois et complètement improductif. L'ami de Montaigne, Etienne de la Boëtie, publiait, en 1593, à Bordeaux, un opuscule intitulé : *Historique description du sauvage et solitaire pays de Médoc ;* malheureusement, ce livret, qu'il serait curieux de relire, paraît entièrement perdu ; les recherches les plus actives n'en ont fait retrouver nulle part un seul exemplaire.

Dans leurs remontrances au roi Louis XIII, les États-Généraux de 1626 s'exprimaient en ces termes : « Il y a trente ans ou environ que le tonneau de vin valait 60 ou 80 écus à Bordeaux ; les Anglais, les Écossais, les Hollandais, l'enlevaient tout à ce prix-là ; maintenant il ne vaut plus que 15 à 16 écus. »

Le XVIIᵉ siècle présente une multitude d'arrêts et d'édits de la Jurade et du Parlement, relatifs au commerce des vins ; nous ne citerons qu'une seule de ces dispositions : «En 1683, le Parlement, renouvelant ses arrêts de 1612, 1616 et 1619, défend de couper, mêler, transvaser ni falsifier en façon quelconque, les vins, à peine de 10,000 livres d'amende, de la confiscation des vins, de déchéance du droit de bourgeoisie et de punition corporelle si le cas y échoit.»

Durant le XVIIIᵉ siècle, les expéditions de vins de Bordeaux, pour les divers pays de l'Europe, offraient une grande importance.

L'exportation était alors rigoureusement constatée, non que l'on s'occupât, comme aujourd'hui, de travaux statistiques, mais parce qu'un droit considérable frappait les vins à la sortie ; et ce droit variait de 18 à 50 livres par tonneau (1).

---

(1) Voir le *Dictionnaire de Commerce*, de Savary, 1748, I. 39, et la

Les registres des fermes ont constaté quel était le mouvement des envois de notre port; et le relevé que nous en avons fait s'accorde avec ce qu'a mentionné la Chambre de Commerce de Bordeaux, dans son Mémoire sur l'Union douanière belge (1), d'après les états que renferment ses archives.

Entrons dans quelques détails :

Bordeaux, sous le règne de Louis xv et sous celui de Louis xvi, envoyait à la Hollande 25 à 35,000 tonneaux de vin par an. Cette quantité était souvent dépassée; en 1724, par exemple, les expéditions furent de 40,359 tonneaux; en 1729, de 40,671; en 1737, de 36,714; en 1759, de 39,038; en 1760, de 39,995.

Il fallait de bien mauvaises récoltes, des circonstances désastreuses, pour faire tomber l'exportation pour la Hollande au-dessous de 20,000 tonneaux. Pendant une série de près de quatre-vingts années que nous avons examinées, nous avons noté comme les trois plus mauvaises : 1741, 11,661 tonneaux; 1778, 14,388 tonneaux; 1750, 15,008 tonneaux.

Dans le cours du xviiie siècle, il partait habituellement de Bordeaux 1500 à 1800 tonneaux de vin pour la Suède; à partir de 1734, date où commencent les renseignements que nous avons recueillis, nous ne trouvons que cinq ou six années qui soient restées au-dessous de 1000 tonneaux (911 tonneaux en 1752, 974 en 1755, 962 en 1763). Maintes et maintes fois le chiffre de 2000 tonneaux s'est trouvé dépassé (2224 tonneaux en 1742, 2599 en 1743,

---

brochure de G. Brunet, *sur la Consommation des vins de France en Angleterre*, 1843, p. 21.

(1) *Bordeaux*, 1843, in-4°, p. 180.

2043 en 1747, 3745 en 1760, 2229 en 1761, 2526 en 1762, 2461 en 1765, 2941 en 1766, 3799 en 1767, 2276 en 1768, 2339 en 1769).

Les expéditions pour le Danemarck étaient supérieures à celles pour la Suède. Elles roulaient d'ordinaire de 1000 à 3000 tonneaux ; et, dans une période de soixante-cinq ans, nous les voyons vingt-deux fois s'élever au-delà de ce chiffre de 3000 (3470 tonneaux en 1742, 3822 en 1743, 4532 en 1745, 5620 en 1753, 4405 en 1757, 4606 en 1758, 5762 en 1761, 5382 en 1763, 4431 en 1765, etc.)

Pour la Prusse, la Pologne et les villes Anséatiques, on expédiait alors, année commune, 20,000 tonneaux de vin par an (22,886 en 1776, 20,129 en 1777, 21,419 en 1779). Souvent on allait bien au-delà ; en voici quelques exemples : En 1758, 24,617 tonneaux ; en 1760, 25,619 ; en 1770, 26,255 ; 31,724 en 1767. On arriva jusqu'à 36,796 tonneaux en 1761, jusqu'à 37,468 en 1765. Les expéditions de 1766, plus élevées, il est vrai, que de coutume, atteignirent même 47,832 tonneaux.

La Russie, encore dans un état voisin de la barbarie, offrait toutefois à nos vins un débouché plus important que celui qu'elle nous présente après tous les progrès qu'elle a faits dans l'opulence et dans les raffinements de la civilisation. Sujettes à de brusques fluctations, dont les causes nous échappent, les expéditions bordelaises pour les états du Czar avaient atteint, de 1770 à 1774, un développement dont voici l'expression : 1770, 5512 tonneaux ; 1771, 7307 ; 1772, 6768 ; 1773, 6712 ; 1774, 3882 tonneaux.

Nos vins n'eurent longtemps à acquitter, en Russie, que des droits modérés ; le *Dictionnaire de Commerce*, de Savary,

18

nous apprend que cette taxe était de 5 p. 100 sur la valeur. Le traité de commerce, signé en 1787, fixa les droits à 15 roubles argent par barrique, par bâtiment étranger, et 12 roubles par navire russe ou français. A 4 fr. le rouble, c'était 192 fr. par tonneau.

Quant à l'Angleterre, pays qui devrait, en raison de son opulence et de l'étendue de ses consommations en tout genre, ouvrir à nos vins des débouchés bien précieux, mais que des tarifs hostiles ont toujours fermés, nous renverrons, pour des détails trop spéciaux et trop étendus pour trouver place ici, à la brochure déjà citée de M. G. Brunet.

Un document curieux, que renferme un ouvrage fort estimé *(History of ancient and modern wines,* by Henderson, 1824, 4°), présente le tableau des importations de vins de France en Angleterre durant une période de près de cent ans, c'est-à-dire depuis 1698 (272 tonneaux) jusqu'à 1792 (1617 tonneaux). Durant cette période, l'année 1713 présente le chiffre le plus élevé (2551 tonneaux); l'importation est le plus souvent de 400 à 800 tonneaux.

En 1669, il se consommait en Angleterre 20,000 tonneaux vins de France; les droits étaient peu élevés; en 1693, pour la première fois, nos vins furent frappés d'une surtaxe de 8 livres sterling par tonneau, surtaxe élevée à 25 livres en 1697.

Les droits sur les vins de France, doubles ou triples de ceux prélevés sur les produits de l'Espagne et du Portugal, ont subi de nombreux changements; ils furent fixés :

en 1697 à 4 sh.	» d. 1/2	en 1795 à 6 sh.	4 d.	»
1707 4	» 1/2	1796 8	9	1/2
1745 5	» 1/2	1803 10	5	1/2
1763 5	7 1/2	1804 11	5	1/2

en 1778 à 9 sh.	3 d. 1/2	en 1805 à 13 sh.	9 d. »
1779 6	8 »	1825 7	2 »
1780 7	3 1/2	1831 5	6 »
1782 7	10 »	1840 5	9 »
1786 4	» 1/2		

Le gallon égale 4 litres 454 millièmes.

En présence d'une taxe aussi élevée, on ne peut s'é-tonner si la consommation britannique, en fait de vins de France, est restée à 433 tonneaux (moyenne de 1805 à 1814), et à 745 tonneaux (moyenne de 1815 à 1819).

Grâce aux dégrèvements opérés en 1825 et en 1831, elle s'est augmentée d'une manière remarquable, bien qu'elle reste fort au-dessous du chiffre qu'on devrait en attendre.

Voici, d'ailleurs, d'après les documents officiels, publiés par ordre du Parlement, les quantités de vins admises au paiement des droits depuis le rétablissement des relations commerciales entre les deux peuples :

	Vins de France.	Vins de toute espèce.
1815.	200,918 gallons.	4,624,105
1816.	123,567	4,057,038
1817.	145,902	5,142,829
1818.	259,178	5,636,216
1819.	213,616	4,615,212
1820.	164,292	4,586,495
1821.	159,462	4,686,885
1822.	168,732	4,606,999
1823.	171,681	4,845,060
1824.	187,447	5,030,091
1825.	525,579	8,009,542
1826.	343,707	6,058,443
1827.	311,289	6,826,361
1828.	421,469	7,162,376
1829.	365,336	6,217,652
1830.	308,294	6,434,445

	Vins de France.	Vins de toute espèce.
1831	254,366 gallons.	6,212,264
1832	228,627	5,965,542
1833	232,550	6,207,770
1834	260,630	6,480,544
1835	271,661	6,420,342
1836	552,063	6,809,212
1837	438,594	6,391,521
1838	417,281	6,990,271
1839	378,636	7,000,486
1840	341,841	6,553,922
1841	353,740	5,184,960
1842	269,692	4,815,222
1843	326,498	6,068,987
1844	473,789	6,838,684
1845	443,330	6,736,131
1846	409,506	6,740,316
1847	397,329	6,053,847
1848	355,802	6,136,547
1849	331,690	6,251,862
1850	340,758	6,437,222
1851	447,556	6,280,653
1852	503,898	6,614,231

La consommation des vins de France a augmenté sensiblement en 1852 comparativement à 1851, et les deux premiers mois de 1853 montrent une augmentation de 15 p. 100 dans la consommation des vins de France; comparée à 1852, celle des autres vins n'atteint pas 10 p. 100.

Les droits d'entrée sur les vins de France, tels qu'ils ont successivement été fixés, peuvent se calculer :

de 1819 à 1825, à 3 fr. 79 c. par litre.

de 1825 à 1832, à 1 fr. 96 c.

de 1832 à 1840, à 1 fr. 51 c.

de 1840 à 1852, à 1 fr. 59.

En d'autres termes, le droit par tonneau bordelais de 912 litres ressortait :

à 3,454 fr. 66 c., de 1819 à 1825.

à 1,820 fr. 44 c., de 1825 à 1832.

à 1,379 fr. 85 c., de 1832 à 1840.

Il est, à partir de 1840, de 1,450 fr. 10 c.

On sait qu'en ce moment même, une réduction du droit d'entrée à 1 shelling le gallon (soit 28 cent. par litre) est vivement réclamée en Angleterre. Une commission, choisie par la Chambre des Communes, s'est livrée à une longue et minutieuse enquête, qui a été livrée à l'impression et qui remplit deux gros volumes.

Le tableau que nous venons de transcrire démontre qu'à la suite des dégrèvements, les quantités consommées ont éprouvé des augmentations sensibles.

Pour les vins de France, en particulier, la consommation moyenne des trois années 1820-21-22 est de 164,162 gallons.

Après le dégrèvement opéré en 1825, elle s'élève, pour les années 1826-27-28, à une moyenne de 358,820 gallons : c'est un progrès de plus du double.

Enfin, pour les trois dernières années qui se sont écoulées, c'est-à-dire pour 1850-51-52, la moyenne se trouve de 430,717 gallons, soit 19,557 hectolitres.

Cette moyenne arrive ainsi à une quantité presque triple de celle qu'offrent les trois années antérieures au double dégrèvement.

Il ressort de ces chiffres incontestables, la preuve que, dans l'ensemble et depuis une trentaine d'années, la quantité des vins de France admis pour la consommation britannique, stimulée par d'importantes réductions de droits, a progressé d'une façon notable.

C'est un fait qu'il est important de constater, parce qu'il a été nié par des hommes qui n'avaient pas suffisamment étudié cette question.

Le marché anglais étant d'une haute importance pour notre département, puisque c'est lui qui emploie les plus précieux de nos vins, nous croyons que ces détails ne paraîtront point former une digression inexcusable.

Il nous reste, d'ailleurs, peu de chose à dire sur ce qu'étaient les exportations avant la Révolution. Pour les colonies françaises, les expéditions variaient sensiblement, suivant l'état de guerre ou de paix. En 1736, elles avaient été de] 11,098, et en 1737 de 9089 tonneaux; en 1741, elles arrivent à 17,516, et en 1749 à 10,368 tonneaux. Durant la guerre de sept ans, elles flottent autour de 2000; acquérant ensuite une nouvelle vigueur, elles s'é-lèvent à 32,421 en 1767, à 37,789 en 1768, à 27,632 en 1770, à 22,677 en 1772, à 20,035 en 1779.

Durant le peu d'années qui s'écoulèrent entre la paix de 1783 et la Révolution, lorsque le mouvement commercial de Bordeaux atteignit son apogée, les exportations de vins montèrent jusqu'à 100,000 tonneaux; en 1789, d'après un document transmis au Gouvernement, le 10 frimaire an VIII, par le bureau consultatif du commerce de Bordeaux, elle fut de 30,000 tonneaux, estimés 350 fr., pour les colonies, la côte d'Afrique, les pays au-delà du cap de Bonne-Espérance.

50,000 tonneaux petits vins blancs pour les Pays-Bas et le Nord (1), à 200 fr.

---

(1) A cette époque, la Hollande tirait de Bordeaux, année moyenne, 20,000 tonneaux de vin et 10 ou 12,000 pièces d'eau-de-vie (Peuchet, *Dict. de géogr. commerçante*).

2000 tonneaux vins fins pour l'Angleterre et l'Irlande, à 1,500 fr.

8000 tonneaux vins rouges pour le Nord, à 350 fr.

Il faut compter de plus 30,000 tonneaux expédiés dans les divers ports du royaume.

CHAPITRE XVIII.

DES EXPÉDITIONS DE VINS DE LA GIRONDE
DEPUIS 1815.

Une guerre universelle, un bouleversement complet dans les fortunes, arrêta le placement de nos vins; lorsque l'anarchie se fut dissipée, lorsque, dès 1795, quelques relations se furent de nouveau établies avec l'Allemagne et les Pays-Bas, il se fit, par la voie des neutres, des expéditions assez fortes, dont il serait malaisé de connaître aujourd'hui les chiffres exacts, devenus, d'ailleurs, sans intérêt. Les Américains enlevaient aussi d'assez fortes parties de vins; c'était par leur intermédiaire que la Grande-Bretagne recevait encore quelques faibles approvisionnements.

La paix d'Amiens rendit au commerce avec le Nord une activité nouvelle.

Les expéditions pour le nord de l'Europe, durant deux années, en comptant du 20 septembre 1802 au 20 septembre 1804, offrirent un total de 90,570 tonneaux de vins. Donnons-en le détail :

	1803		1804	
Hollande...............	12,877 tx. r.	3,113 tx. b.	2,851 tx. r.	262 b.
Oldembourg.........	907	1,904	1,298	706
Villes Anséatiques.	19,568	18,201	4,941	13,260
Prusse...............	9,149	9,541	2,008	7,533
Danemarck.........	2,755	3,862	2,869	993
Norwège.............	709	655	508	147
Suède...............	464	1,069	809	260
Russie.................	2,857	2,613	1,682	1,231
TOTAL...........	49,306	41,166	16,870	24,396

Cet instant de prospérité fut peu durable ; bientôt de nouvelles guerres avec les puissances du Nord et le blocus continental vinrent paralyser les expéditions ; plus tard , toutes nos colonies furent conquises ; les Américains entrèrent en lutte avec les Anglais ; le commerce ne trouva plus à employer un seul pavillon neutre. A la chute de l'Empire , les vins ne pouvaient atteindre aucun marché étranger ; le cabotage était presque impossible , les propriétés de vignobles étaient tombées à vil prix.

1814 ouvrit une ère nouvelle : sa récolte fut enlevée à des prix fort élevés ; et , malgré la guerre qui troubla l'Europe en 1815, les expéditions de cette année s'élevèrent à près de 70,000 tonneaux.

On trouvera dans les tableaux placés à la fin du volume le relevé des expéditions pour chacune des destinations principales. On remarquera qu'après un état de langueur prolongé , les exportations ont , dans l'ensemble, acquis depuis quelques années un accroissement sensible.

La consommation de nos vins serait bien plus importante dans les pays étrangers, sans les taxes fort onéreuses dont ils sont frappés presque partout et qui paralysent leur emploi.

Les droits sur les vins de France, en cercles , sont, en Russie, de 48 roubles argent (192 fr.) par *oxhoft* (barrique), et 35 roubles dans les ports de la Mer-Noire.

En bouteilles, vins de Champagne, de Bourgogne et autres mousseux, 90 copecs (3 fr. 60 c.), et 70 dans les ports de la Mer-Noire.

Autres que mousseux, 50 copecs, et 30 dans la Mer-Noire.

En Danemarck : en cercles, les 30 veltes, 15 riksdalers, soit 41 fr. 25 c.

En bouteilles, les 100 bouteilles, 12 1/2 riksdalers, soit 34 fr. 50 c.

En Suède, droits d'entrée, 24 shillings par kanna, ce qui revient à-peu-près à 90 fr. par barrique. Sur les vins en bouteilles, le droit est le double.

En Norwège, le droit équivaut, sur les vins en cercles, à 72 fr. la barrique; et sur les vins en bouteilles, 1 fr. le litre.

En Prusse et dans tous les états de l'Union douanière allemande, 8 thalers (30 fr. 40 c.) par quintal.

Voici ce qui concerne la Belgique :

Droits d'entrée d'une barrique vin, de la contenance de 220 litres..	1 fr.	28 c.
Droits d'accise de ladite barrique..	54	56
Droits d'octroi — d°.	53	20
	109 fr. 04 c.	

Droits d'entrée de 134 bouteilles, dites borde-laises, prises pour 100 litres.	2 fr.	32 c.
Droits d'accise desdites 134 bouteilles.	24	32
Droits d'octroi desdites 134 bouteilles, à 25 c. par bouteille.	33	50
	60 fr. 61 c.	

Les villes de Gand, Liège, Anvers et Bruxelles sont soumises aux mêmes taxes.

En Hollande, les vins ont obtenu, par suite du traité conclu en 1842, le plus illusoire des dégrèvements, puisqu'il a porté sur les droits de douane qui étaient déjà presque nuls, tandis que les autres taxes ont été maintenues ; un tonneau de vin paie à Amsterdam :

10 c. par hect. droit de douane, et 13 p. 100. .   1 fl. 09
11 flor. 25 par hect. droit d'accise, syndicat 13
p. 100, timbre 10 p. 100. 151   28
10 flor. par hect. octroi municipal, timbre 10
p. 100.. 87   42

                    TOTAL.. . . . . 239 fl. 90

Au change de 1 fr. 10 c. par florin, 505 fr.

Les droits sur les vins de France, aux États-Unis d'Amérique et en Californie, sont de 40 p. 100, *ad valorem,* sur facture visée au consulat.

Sur les vins en bouteilles, il y a 30 p. 100 en sus, *ad valorem,* sur le verre.

Au Mexique, les vins rouges, sans distinction de qualité, sont frappés d'un droit de 3 piastres 1/2 par quintal net, s'ils sont logés en bouteilles, et de 2 piastres 1/2, lorsqu'ils sont en barriques. Les vins blancs payent 4 piastres 1/2 par quintal net en bouteilles, et 3 piastres 1/2 en barriques.

Au Pérou, les vins de Bordeaux payent un droit de 50 p. 100, et les eaux-de-vie de 90 p. 100. D'après les institutions du pays, il est nommé, tous les deux ans, une commission, composée de plusieurs membres de la Chambre de Commerce et de divers chefs de la Direction des Douanes, chargée de réviser le tarif général et d'y introduire les modifications ou les augmentations qu'elle croit convenables.

Au Venezuela, les vins de Bourgogne, Champagne, en bouteilles, la douzaine. . . . . 3 fr. » c.
Vins rouges en bouteilles 1   »
Vins rouges en futailles, quelles que soient leurs dimensions, l'arroba.. . . . . »   50

Vins blancs en caisses, en bouteilles, la douzaine. . . . . 1 fr. 50 c.
Vins blancs en futailles, l'arroba. . . . . »   75

En outre, différents droits additionnels qu'on peut cal-
-culer à 1 piastre 30 cent. par douze bouteilles.

Cent centimes font la piastre du pays, qui vaut 4 fr. en
France.

L'arroba espagnole, en liquide, est basée sur 4 1/2 gallons
anglais, qui égalent 2 veltes 1/4, ou 20 veltes 46 cen-
tièmes.

Au Brésil, les vins de Bordeaux, en futailles, paient 280
rées par canada, pour les qualités supérieures, et 200 rées
pour les autres sortes ; en bouteilles, 600 rées. Au change
de 300 rées pour 1 fr., et le canada égalant 1 litre 395,
ces taxes équivalent à 65 c., 47 c. et 1 fr. 46 c. par litre.

Dans l'Uruguay, les droits de douane à l'entrée, sur les
vins et eaux-de-vie, sont calculés à 31 1/2 p. 100 sur la
valeur estimée, d'accord par la douane et le commerce.

Il ne serait pas sans intérêt de connaître quelles sont les
quantités de vins de France consommées chez les diverses
nations étrangères ; mais il serait difficile de se procurer à
cet égard des renseignements bien complets. Voici ce que
nous avons trouvé dans les *Avis relatifs au commerce extérieur*, publiés par le ministre :

A Odessa, il a été importé en 1850, 28,094 hectolitres,
plus de la moitié venant directement de France.

A San-Francisco (Californie), il a été importé en 1851,
442,967 gallons cognac, et 1,139,424 gallons vins de Bordeaux (51,728 hectolitres).

Il convient, pour les expéditions vers la Californie, de
charger les vins en barriques de 60 et de 30 gallons (le
gallon égale 4 litres 1/2), et en barils de 18 gallons ; n'en-

voyer que de bons vins, *couleur foncée, très-corsés*, des barriques bien conditionnées, à quatre cercles de fer, fonds plâtrés.

État des importations en vins à l'île Maurice, pendant les années ci-après :

Bordeaux.	Provence.	Totaux.
1850, 21,999 bques	6,913 bques	28,912
1851, 28,904 —	7,253 —	35,347
1852, 22,251 —	3,137 —	25,388

De 1840 à 1849, les importations avaient été de 18,000 barriques de Bordeaux, et de 14,000 barriques de Provence, en moyenne.

Les *Avis*, que nous avons déjà cités, font savoir qu'il a été importé à Calcutta, sous pavillon anglais, en fait de boissons d'origine française :

> 1845-46, pour 3,255,000 fr.
> 46-47, — 2,793,000
> 47-48, — 2,309,000
> 48-49, — 2,496,000
> 49-50, — 3,603,000

Ces relevés vont du 1er juillet au 30 juin de chaque année.

Une note, jointe à ce relevé, mérite d'être reproduite :

« La science n'a pas suffisamment éclairci la question
» si intéressante de l'exportation des vins, et l'on peut
» dire que l'on rencontre autant d'avis que l'on interroge
» de personnes, pour savoir quels sont les vins qui suppor-
» tent le mieux une longue traversée et le séjour des cli-
» mats tropicaux. Il serait digne des Chambres de Com-
» merce de nos contrées viticoles de porter la lumière sur
» une question qui touche si intimement aux premiers in-
» térêts de commerce français, et il est à désirer, qu'au

» moyen d'une série d'expériences bien combinées, elles
» se concertent pour formuler une sorte de *Manuel de l'ex-*
» *portation des vins.*

» Le mouvement incessant des navires, les changements
» les plus radicaux de température, toutes les influences
» indispensables d'un long voyage sur mer, sont des points
» qu'il s'agit de déterminer. »

L'impossibilité de conserver les vins sans détérioration
plus de deux ans, par suite de l'humidité et de la chaleur
du climat du Bengale, le goût peu éclairé et changeant du
consommateur, qu'un instinct involontaire ramène aux
vins alcoolisés, plus familiers à son goût et à son estomac,
et qui ont, en outre, l'avantage, très-séduisant à ses yeux, de
porter l'étiquette *english-claret* ou *english-champaign*,
voilà les motifs qui paralysent au Bengale la consommation des vins de Bordeaux.

La valeur de ceux importés sous tout pavillon, roule, depuis une dizaine d'années, entre 195,000 et 150,000 roupies (à 2 fr. 50 la roupie).

La moyenne annuelle des douzaines de vins de Bordeaux, importés à Calcutta pendant la période de 1845-50,
a été de 10,458, à l'évaluation moyenne de 11 à 12 roupies par douzaine. Ce sont des prix très-inférieurs et auxquels la consommation ne saurait avoir de bonnes qualités.
Les prix de 16 à 20 roupies s'obtiennent assez facilement
dans le détail; mais ce dernier est rarement dépassé, et le
débouché des vins qui atteignent 30 roupies est très-res-
treint.

Nous avons maintenant à faire connaître quelles ont été, par la voie de mer, les quantités de vins en cercles expédiés de la Gironde; les publications officielles de l'Administration des Douanes nous fournissent un relevé qui comprend une période de trente années :

1823	435,657	1833	516,694	1843	423,125 hectol.
24	337,185	34	495,485	44	424,785
25	392,202	35	426,703	45	504,475
26	414,948	36	362,270	46	387,009
27	460,728	37	347,974	47	495,818
28	455,574	38	427,532	48	521,025
29	416,286	39	337,812	49	621,362
30	269,131	40	454,620	50	635,906
31	226,130	41	474,264	51	751,834
32	482,484	42	442,905	52	683,374

Les publications de l'Administration des Douanes nous mettent aussi à même de dresser, pour une période de trente ans, le relevé des exportations de vins de Bordeaux, en bouteilles :

1823	28,104	1833	24,877	1843	21,579 hectol.
24	19,441	34	24,140	44	20,353
25	24,629	35	32,685	45	20,113
26	28,184	36	39,408	46	13,282
27	27,362	37	26,758	47	24,651
28	34,491	38	33,633	48	27,477
29	28,053	39	34,026	49	40,899
30	17,024	40	28,555	50	40,462
31	18,809	41	27,062	51	48,648
32	27,909	42	23,833	52	53,904

Voici ce qui concerne, pour les trois dernières années de nous connues, les destinations principales :

	1849.	1850.	1851.
Russie................	1,097 h.	1,131 h.	1,116 h.
Villes Anséatiques.........	1,129	588	757
Pays-Bas...............	502	364	280
Belgique...............	494	413	765
Angleterre...............	4,130	4,903	5,655
Indes anglaises..........	1,626	1,522	1,297
Maurice................	»	»	645
États-Unis.............	9,054	13,684	18,505
Cuba et Porto-Rico........	1,019	896	1,629
Mexique................	4,279	5,847	1,432

Voici, d'ailleurs, le tableau des quantités de vins exportées de Bordeaux dans l'année 1852 :

Vins en cercles ordinaires.
- Étranger. 605,150 hect
- Colonies et provisions de bord... 78,224
- } 683,374 hect.

Vins en bouteilles..........
- Étranger. 52,208
- Colonies et provisions de bord... 1,696
- } 53,904

Vins de Champagne en bouteilles.................
- Étranger. 1,707
- Colonies.. 114
- } 1,821

Vins de liqueur en futailles ou en bouteilles....... 129

Après avoir donné séparément les chiffres de l'exportation girondine, pour les vins en cercles et pour ceux en bouteilles, nous en ferons connaître le montant réuni durant une période de trente années, et nous placerons en chiffres ronds les exportations totales de la France en regard de celles de la Gironde :

	Exportations totales de la France.	Exportations de la Gironde.
1815	1,345,000 hectol.	664,000 hectol.
16	1,151,000	429,000
17	619,000	207,000
18	974.000	519,000
19	1,183,000	498,000
1820	1,195,000	568,000
21	1,007,000	596,000
22	1,035,000	369,000
23	1,227,000	463,000
24	906,000	356,000
25	1,053,000	416,000
26	1,190,000	443,000
27	1,070,000	488,000
28	1,244,000	490,000
29	1,114,000	448,000
1830	874,000	286,000
31	805,000	245,000
32	1,307,000	510,000
33	1,337,000	541,000
34	1,393,000	519,000
35	1,300,000	459,000
36	1,305,000	401,000
37	1,114,000	374,000
38	1,454,000	461,000
39	1,193,000	371,000
1840	1,333,000	481,000
41	1,478,000	502,000
42	1,367,000	466,000
43	1,449,000	444,000
44	1,417,000	445,000
45	1,494,000	524,000
46	1,384,000	400,000
47	1,488,000	520,000

	Exportations totales de la France.	Exportations de la Gironde.
1848	1,548,000 hectol.	548,000 hectol.
49	1,872,000	662,000
50	1,910,000	670,000
51	2,260,000	800,000

Les tableaux placés à la fin du volume indiqueront, pour chaque destination, le mouvement des expéditions depuis trente ans; nous n'avons pas cru devoir accorder mention spéciale à des pays qui, tels que la Cochinchine, les Philippines, le Texas, n'ont reçu que des quantités complètement insignifiantes.

L'Administration des Douanes ne se borne pas à constater les quantités de vins embarqués, elle en calcule la valeur; elle estime les vins en cercles, partant de Bordeaux, d'après la destination : pour l'Angleterre, 3 fr. 30 cent. le litre; les Pays-Bas et la Belgique, 65 c.; la Suède, la Norwège et l'Union-Allemande, 55 c.; la Russie, 44 c.; les villes Anséatiques et le Mecklembourg, 27 c.; les pays au-delà du Cap de Bonne-Espérance, 38 c.; l'Amérique, 33 c.; les vins en bouteilles, 2 fr. le litre; vins d'ailleurs que de la Gironde, 20 c. en cercles, 1 fr. en bouteilles; vin de liqueur, 1 fr. 50 c. le litre, en bouteilles comme en cercles.

Ces chiffres ne représentent point, ce qui échappe à tout calcul rigoureux, c'est-à-dire la valeur réelle des expéditions; mais ils offrent un moyen de comparaison entre le mouvement des années successives.

Nous donnerons, pour douze années, cette indication des valeurs de la Douane :

19

	Exportations totales de la France.	Exportations de la Gironde.
1840	49,309,000 fr.	26,469,000 fr.
41	54,577,000	27,146,000
42	48,050,000	24,684,000
43	47,807,000	22,547,000
44	51,831,000	26,263,000
45	54,501,000	28,507,000
46	46,538,000	19,862,000
47	55,362,000	29,484,000
48	54,478,000	29,009,000
49	67,045,000	35,551,000
1850	70,972,000	36,512,000
51	79,745,000	41,735,000

Les vins de la Gironde entrent donc, depuis plusieurs années, pour plus de moitié sur la valeur totale des vins qu'exporte la France.

Après avoir retracé ce qui a rapport à l'exportation, il nous reste à envisager les expéditions de la Gironde, dirigées, par la voie du cabotage, sur les divers ports de l'Empire.

L'Administration des Douanes énonce, dans ses relevés officiels, les quantités par quintaux métriques; en calculant à raison de 10 quintaux métriques au tonneau, nous voyons qu'il a été expédié :

	Bordeaux.	Blaye.	Libourne.
En 1838	81,146 tx.	15,716 tx.	12,447 tx.
1839	76,512	7,544	13,791
1840	71,890	11,079	16,542
1841	77,827	12,352	14,726
1842	65,464	9,186	17,186
1843	89,832	13,142	14,408
1844	76,647	10,056	16,727

	Bordeaux.	Blaye.	Libourne.
En 1845	85,535 tx.	11,572 tx.	22,497 tx.
1846	93,034	6,228	19,861
1847	76,567	6,255	19,004
1848	51,274	7,170	15,549
1849	69,788	18,186	24,557
1850	65,078	10,377	22,413
1851	86,430	10,008	25,331

Quant à la manière dont se sont réparties ces expéditions, les tableaux de l'Administration n'entrent pas dans
des explications assez précises pour que nous puissions
dresser un état détaillé des destinations des vins expédiés
de Bordeaux, par cabotage, hors de notre département;
mais ils spécifient ce que chaque port a reçu en fait de vins,
et c'est de la Gironde qu'arrive la majeure partie de ce
qui se débarque en ce genre dans les diverses rades de
l'Océan; aussi, le tableau suivant ne paraîtra-t-il pas
dépourvu d'intérêt :

	1849.	1850.	1851.
Dunkerque.	9,685 tx.	9,865 tx.	13,726 tx.
Calais.	423	348	1,599
Boulogne.	1,423	1,166	1,122
Abbeville.	5,140	2,816	2,566
St-Valéry.	1,745	1,386	1,143
Rouen.	41,059	40,021	43,394
Le Havre.	18,009	21,369	19,667
Caen.	3,866	2,103	3,518
Cherbourg.	1,522	1,376	1,261
Granville.	2,074	1,550	1,850
St-Malo.	1,081	1,150	2,275
Morlaix.	1,018	811	1,321
Brest.	4,607	3,677	4,309
Lorient.	998	1,268	840
Redon.	2,891	2,669	2,166

Des droits multipliés et souvent exorbitants frappent les vins aux barrières de presque toutes les grandes villes, de celles surtout placées au nord de la Loire : droits au profit du Trésor, droits d'octroi, surtaxes, rien n'a été omis pour élever le chiffre de ces charges à un taux à-peu-près prohibitif.

Un ancien député de la Gironde, M. le marquis de La Grange, aujourd'hui membre du Sénat, a mis au grand jour les abus de ces déplorables douanes intérieures; il a débrouillé dans plusieurs écrits remarquables, publiés il y a plusieurs années, le chaos de leur législation vexatoire et incohérente.

Nous nous bornerons à répéter ici, qu'en réunissant les diverses taxes établies sur les vins, on trouve qu'elles sont, par hectolitre, de 20 fr. 35 c. à Paris, de 20 fr. à Valenciennes, de 18 fr. à Douay et à Armentières, de 12 fr. à Maubeuge, de 14 fr. à Cambray, de 12 fr. à Saint-Quentin, etc.

Nous avons sous les yeux les relevés des produits de l'octroi dans diverses villes, durant plusieurs années; il en résulte que la consommation moyenne a été par an :

		Par habitant.
Toulon.	76,000 hectolitres.	280 litres.
Toulouse.	151,000	222
Montpellier. . . .	64,000	180
Lyon.	252,000	157
Angers.	48,000	166
Nîmes.	68,000	166
Nantes.	119,000	163
Marseille.	196,000	152
Orléans.	47,000	134
St-Étienne. . . .	63,000	128
Versailles.	34,900	127

			Par habitant.
Metz..........	43,500	hectolitres.	101 litres.
Reims.........	38,000		101
Brest.........	29,000		83
Strasbourg.....	32,500		46
Rouen.........	23,000		24 1/2
Rennes. :......	7,700		22
Lille.........	8,600		12
Amiens........	8,100		18 1/2
Caen.........	3,600		8 1/2

La consommation de vins, à Paris, a été :

En 1851......	1,163,104	hectolitres.
1850......	1,164,345	»
1849......	1,035,129	»
1848......	993,977	»
1847......	989,570	»
1846......	1,029,549	»
1845......	1,048,850	»
1844......	945,849	»
1843......	1,021,127	»

Ce n'est guère, en tenant compte de l'accroissement de la population, que la moitié de ce qu'elle était sous l'Empire (1). Il faut à Bordeaux 250,000 hectolitres environ par an pour une population qui est à-peu-près le dixième de celle de Paris ; il s'ensuit, que la consommation individuelle de notre ville est à celle de la capitale comme deux et demi est à un. Une réduction sensible sur des taxes qui équivalent à plus de 186 fr. par tonneau, élèverait bien vite le chiffre de la consommation parisienne.

---

(1) Voir l'ouvrage de M. David Macaire (*Origine, causes et résultats de la Perturbation vinicole*, 1842, p. 17.)

D'après un document officiel relatif à 1850, on trouve pour cette année un total de 1436 octrois, portant sur une population de 7,665,203 habitants, et produisant brut 95,176,602 fr., dont 32,952,597 fr. pour les vins, cidres et alcools. Peu de villes importantes se dispensent de ce genre de revenu ; on ne peut citer d'autres chefs-lieux d'arrondissement exempts d'octrois, que les villes de Nogent-sur-Seine, Baumes et Montmedy.

Il y avait en 1850 dix-neuf villes dans lesquelles l'octroi produisit plus de 500,000 fr.; les chiffres les plus élevés étaient les suivants :

Paris.	37,293,826 fr.
Marseille.	4,049,046
Lyon.	3,331,465
Bordeaux.	2,251,073
Rouen.	2,027,349
Toulouse.	1,339,152

Mais il se trouvait aussi une centaine de communes dans lesquelles l'octroi ne rapportait pas 500 fr.; et il y en a quelques-unes dans lesquelles il ne donne qu'une recette inférieure à 100 fr. (par exemple 52 fr., commune de Lœbrevalaire, Finistère; 82 fr., commune de Fontanil, Isère).

La répartition des octrois sur la surface du territoire est très-inégale : vingt départements en comptent à eux seuls 832, c'est-à-dire plus que tout le reste de la France. Le Finistère en a 153; et dans un grand nombre d'entre eux, la taxe frappant seulement les liquides est perçue par les agents des contributions indirectes; le Var compte 55 octrois; les Bouches-du-Rhône, 54; Vaucluse, 51; Lot-et-Garonne, 47; Isère, 45; Nord, 44.

Le décret du 17 mars 1852 a supprimé, sur les droits

d'octroi, le dixième perçu au profit du Trésor, et a amené quelques changements dans ce régime financier. Voici, pour ce qui concerne les deux dernières années, des faits relatifs aux principales villes de France :

Villes.	Population.	Quantités de vin consommé.	Droits perçus par le Trésor.	Octroi.
Lyon........	161,763			
En 1851....		275,145 hect.	6ᶠ 17ᶜ	5ᶠ 50ᶜ
En 1852....		270,291 »	4 45	5 05
Marseille...	195,138			
En 1851....		270,116 »	3 68	2 40
En 1852....		299,302 »	2 94	2 22
Lille........	75,795			
En 1851....		12,898 »	8 91	4 80
En 1852....		14,610 »	8 14	4 38
Nantes.......	82,993			
En 1851....		181,288 »	6 52	3 20
En 1852....		191,646 »	2 40	2 93
Rouen.......	91,512			
En 1851....		24,100 »	11 14	4 80
En 1852....		26,041 »	3 60	4 41

Il en résulte que, terme moyen des deux années, 1851 et 1852, la consommation individuelle a été :

A Lyon. . . . . 176 litres par habitant.
A Marseille. 146   »   »
A Lille. 18   »   »
A Nantes. 219   »   »
A Rouen. 27   »   »

Une portion considérable des petits vins du département étant livrée à l'alambic (1), et Bordeaux étant le cen-

(1) 190,000 Hectolitres environ, terme moyen, donnant 21,000 hecto-litres d'eau-de-vie, huit barriques de vin produisent communément 380 litres eau-de-vie, preuve ordinaire ; dans de mauvaises années, il faut jusqu'à dix et onze barriques. Ces eaux-de-vie, dites de Pays, valent un peu moins que celles d'Armagnac et de Marmande.

tre d'opérations majeures sur les spiritueux qui y arrivent des provinces voisines, les expéditions par la voie du cabotage se sont élevées :

En 1844, à 237,213 quintaux métriques.
En 1845, à 257,171 » »
En 1846, à 270,216 » »
En 1847, à 299,169 » »
En 1848, à 304,041 » »
En 1849, à 335.434 » »
En 1850, à 243,034 » »
En 1851, à 269,676 » »

La fabrication du vinaigre absorbe, par an, environ 40,000 hectolitres de vin.

CHAPITRE XIX.

DU PRIX DES VINS DE LA GIRONDE.

L'indication des prix payés depuis une longue période, pour les vins du Bordelais, est un renseignement essentiel qui doit trouver place dans cet ouvrage.

Reportons-nous de deux siècles en arrière, nous trouverons un document officiel qui établit quel degré d'estime proportionnelle on attachait alors aux diverses provenances des vins de la province. Ce document a pour titre : EXTRAIT du résultat et délibération prise dans l'assemblée tenue dans l'Hôtel-de-Ville, le 29 octobre 1647, touchant les prix mis aux vins de la sénéchaussée et pays bordelais, pour l'année présente :

Le tonneau.

Graves et Médoc.	26	écus à	100 liv.
Entre-deux-Mers.	20	—	25 écus.
Côtes.	24	—	28 »
Palus.	30	—	35 »
Libourne, Fronsadais, Guîtres et			
Coutras.	18	—	22 »
Bourg.	22	—	26 »
Blaye.	18	—	24 »
St-Macaire et juridiction d'icelle. .	24	—	30 »
Langon, Bommes et Sauternes. . . .	28	—	35 »
Barsac, Preignac, Pujols et Fargues	28	—	100 liv.
Cérons et Podensac.	24	—	30 écus.
Castres et Portets.	20	—	25 »
Saint-Émilion.	22	—	26 »
Castillon.	20	—	22 »
Rioms et Cadillac.	24	—	28 »
Sainte-Croix-du-Mont	24	—	30 »
Benauges.	18	—	20 »

Ouï le procureur-syndic, est ordonné que lesdits prix des vins seront observés et suivis, tant par les vendeurs que par les acheteurs, avec inhibition et défense d'y contrevenir, sous peine, contre les acheteurs, soit courtiers, commissaires flamands et anglais, ou autres marchands achetants des vins, d'être tenus de parfournir le juste prix, et condamnés en amende arbitraire, applicable : le tiers au dénonciateur et les deux tiers à la subvention des hôpitaux; et sera, la présente ordonnance, lue et publiée par les cantons et carrefours et lieux accoutumés, afin que nul n'en prétende cause d'ignorance. Fait et extrait par moy jurat-commis.

Signé : Le Barrière, jurat-commis.

Un siècle plus tard, le Médoc était monté au rang qui lui était dû, ainsi que le démontrent les relevés suivants, puisés aux sources les plus dignes de foi.

PRIX DES VINS ROUGES
DANS LES BONNES ANNÉES, DE 1745, ETC.

MARGAUX ET CANTENAC.

Premier cru, de 1,500 à 1,800 liv. *le tonneau :* le Château.

Seconds crus, de 1,000 à 1,300 liv. : Rosan aîné, Rosan, officier, Mme Gassie, Durfort, Lascombe, Candaille, Dessenard, Gorse.

Troisièmes crus, de 600 à 1,000 liv. : Mercier, Malescot, Darche, Joyeux, Bretonneau, La Colonie, Plassan, Bernard, Prieur de Cantenac, Le Doux, Ducasse, De Gasc.

Quatrièmes crus, de 400 à 600 liv. : Mercadier, Latour-Dumon, Barbot, Arnebody, Desmirail, Cornes, demoiselles Dengludet, Roux, Benoît.

LABARDE.

Premier cru, de 400 à 600 liv. : Giscour.

Second cru, de 300 à 400 liv. : Duboscq.

Troisièmes crus, de 200 à 400 liv. : Droillard, Faget, Gallibert, Desplats, Luquins, Renac, Bellegarde.

MACAU.

Premier cru, à 300 liv. : Villeneuve.

Seconds crus, 150 à 250 liv. : Cambon, Lalane, Laronde, Lassus, Guilhem, Bastares, Guitard, Roquette.

SAINT—JULIEN.

Premier cru, de 800 à 1,000 liv. : Léoville.

Seconds crus, de 400 à 600 liv. : Gruau frères , Bergeron, Brassier.

Troisièmes crus, de 300 à 400 liv. : Pontet , Delage, Clauzange, Tenat, Duluc.

SAINT-LAMBERT.

Premier cru, de 1,500 à 1,800 liv. : Latour.

Second cru, de 400 à 500 liv. : Pichon–Longueville.

PAUILLAC.

Premier cru, de 1,500 à 1,800 liv. : Laffitte.

Second cru, de 400 à 600 liv. : Branne-Mouton.

Les autres, de 200 à 300 liv.

SAINT-ESTÈPHE.

Premier cru, de 800 à 1,000 liv. : Segur-Callon.

Seconds crus, 300 à 500 liv. : Tronquoy, Joffret , Peze, Lacoste, Feuillans, Daste et Basterot.

Troisièmes crus, de 200 à 300 liv. : Mercier, Lagrane, Superville, Ducasse, Laffon, Capdeville.

SAINT-SEURIN DE CADOURNE.

Premiers crus, de 300 à 500 liv. : Bardis , Charmail , Ademar, Labat.

Les autres, de 300 à 350 liv.

QUEYRIES, MONTFERRAND ET PALUS.

De 200 à 350 liv.

PRIX DES VINS ROUGES DE GRAVES,
EN 1745, ETC.

PESSAC.

Premier cru, de 1,500 à 1,800 liv. : Haut-Brion

Seconds crus, de 1,200 à 1,300 liv. : La Mission, Savignac.

Troisièmes crus, Mme Sabourin, de 800 à 1,200 liv.; Giac, 500 à 800. liv.

Quatrièmes crus, de 600 à 700 liv. : Blansac, Cholet, Guilleragne.

MÉRIGNAC.

Premier cru, de 500 à 800 liv. : Bouran.

Seconds crus, de 500 à 650 liv. : C. Imbert, Labranche.

Troisièmes crus, de 400 à 600 liv. : Lemoine aîné, Lemoine cadet, Clark, l'abbé Pelle.

CAUDÉRAN.

Premiers crus, de 500 à 600 liv. : Roulleau, Monséjour.

Seconds crus, 300 à 350 liv. : Ravesie, veuve Claris.

Vins communs, 200 à 225 liv.

TAILLAN ET BLANQUEFORT.

Vins ordinaires, pleins, de 200 à 350 liv.

LÉOGNAN.

Vins moyens et moelleux, de 300 à 400 liv.

GRADIGNAN.

Petits vins, nets de goût, de 200 à 300 liv.

Voici, durant une période de trente années, à partir de 1782, quels furent les prix sur lie de trois classes importantes des vins du Bordelais. Il serait trop long de donner ici des prix-courants détaillés pour des époques si éloignées, et nous remarquerons en passant que les crises politiques empêchèrent qu'en 1793, 1794 et 1795, il ne s'établît des cours réguliers.

	Premiers crus du Médoc.		Bons bourgeois du Médoc.		Palus.	
1782	1400 à	1500	450 à	600	250 à	300
1783	1350		500	600	300	330
1784	1250		400	450	200	220
1785	1000 à	1100	350	450	180	200
1786	1300		480	500	300	350
1787	1200 à	1400	480	500	180	200
1788	1420		420	460	180	250
1789	1000 à	1200	450	480	220	250
1790	2200		700	900	350	450
1791	1750 à	1900	650	750	275	325
1792	1000	1100	400	475	250	300
1796	1500	1600	600	700	300	330
1797	1800		650	750	430	460
1798	1400 à	1500	600	700	260	300
1799	1200	1600	480	500	190	220
1800	1800	2000	530	580	250	300
1801	2400	2500	900	1000	425	475
1802	2000	2400	450	550	300	350
1803	1300	1400	500	650	230	260
1804	1500	1600	420	480	230	250
1805	1200	1300	300	400	180	190
1806	1000	1100	380	400	150	180
1807	2400		750	800	250	280
1808	1200 à	1500	300	350	160	200
1809	500	600	215	230	150	240
1810	»	»	240	270	180	200
1811	800		300	380	100	150
1812	»	»	360	400	170	180
1813	»	»	400	500	290	310

A partir de 1795, ces diverses années peuvent se classer dans l'ordre suivant, d'après leur mérite : 1795 (la meilleure), 1798, 1802, 1811, 1805, 1807, 1803, 1804, 1801,

1800, 1808, 1810, 1812, 1813, 1797, 1796, 1806, 1809, 1799 (la plus mauvaise).

A partir de 1814, des prix-courants se trouveront sur les tableaux placés à la fin du volume.

Il ne serait pas sans intérêt de donner un relevé des quantités de vins récoltées et des prix obtenus dans les principaux domaines ; mais l'étendue considérable que prendrait un pareil travail, la difficulté de ne donner que des renseignements d'une scrupuleuse exactitude, s'opposent à ce qu'on aborde un pareil sujet avec les développements dont il serait susceptible.

Nous signalerons du moins, et comme échantillon d'un semblable relevé, les ventes effectuées pour la récolte de 1844 :

Margaux. Rauzan-Segla et Lascombe-Hue, 2,500 fr. ; Durefort de Vivens, 2,650 ; Dubignon-Talbot et Becker, 2,200 ; St-Exupéry, 2,000 ; Ferrière, 1,800 ; Seguinaud-Deyrie, 1,500 ; Lapeyruche-Mac-Daniel, 1,400. (Les récoltes de Château-Margaux ont été vendues par abonnement, pour neuf ans, à partir de celle de 1844, au prix de 2,100 fr. le tonneau).

Cantenac. Fruitier, ci-devant Brown, et baron de Brane, 2,500 fr.; Kirwan et Pouget-Chevaille, 1,850 ; Desmirail, 1,750 ; Château-d'Issan, 1,800.

Labarde. Giscours, 1,800 fr. ; Lynch, 1,300.

St-Julien. Léoville-Lascaze, Bergeron-Ducru, 2,500 fr.; Léoville-d'Abadie, Gruau-Larose, 1,200 ; Lagrange-Duchâtel, 1,900 ; Saint-Pierre-Bontemps et Duluc, 1,800 ; Delage-d'Aux, 1,700 ; Langoa-Barton et St-Pierre-Roulet, 1,600.

Pauillac. Laffitte, 4,500 fr. ; Mouton, 2,650 ; Duhart,

1,500 ; Pontet-Canet, Lacoste-Grandpuy, Ducasse et d'Ar-
mailhac, 1,300 ; Pédesclaux, 1,200.

St–Estèphe. Merman, 1,050 fr.

Pessac. Haut–Brion, Larrieu, 3,000 fr.

Sauternes. (Vins blancs), Yquem, 1,200 fr.

Un des tableaux placés à la fin du volume fait connaître
les prix des vins rouges depuis longues années ; nous
ajouterons, quant aux vins blancs, les cours établis à l'é-
gard de quatre récoltes, dont la comparaison pourra être
utile :

	1822.	1831.	1834.	1847.
Yquem, Sauternes............	800	750	1250	850
Haut-Sauternes, Bommes, 1ers crus...................	800	750	950	450 à 550
Id. id., 2mes crus.	500 à 600	500 à 600	600 à 700	300 à 350
Bas-Sauternes, bourgeois...	400 à 500	350 à 400	400 à 500	240 à 250
Id. paysans....	400 à 500	350 à 400	400 à 500	220
Cérons, Podensac, bourgeois	350 à 500	300 à 400	350 à 400	200 à 210
Cérons, Podensac, paysans.	280 à 300	280 à 300	300 à 325	160 à 180
St-Pey, Langon, Fargues, Pujols......................	280 à 325	260 à 280	250 à 280	130 à 140
Sainte-Croix-du-Mont......	300 à 350	260 à 280	300 à 350	150
Langoiran, 1res côtes........	280 à 325	250 à 280	240 à 260	130 à 150
2mes id..........	230 à 250	200 à 223	225 à 250	» »
Graves, 1ers crus.............	800	500	400 à 450	» »
2mes et 3mes crus........	300 à 350	280 à 300	250 à 300	» »
Entre-deux-Mers............	200 à 220	150 à 190	150 à 170	110

Les premiers crus de Barsac et Preignac avaient valu
350 fr. en 1836, 400 à 500 en 1837, 400 à 500 en 1838,
475 en 1839, 400 en 1841. Les bourgeois de Cérons et
Podensac, 230 fr. en 1836, 200 en 1837, 210 à 220 en
1839.

On trouvera sur les prix des vins des détails étendus
dans un recueil in-folio, lithographié, intitulé : *Tableau*

analytique et synoptique des prix des vins rouges et blancs dans le département de la Gironde, depuis 1808 jusqu'à 1850, par A.-M. Moquet (1). Afin de donner une idée de ce travail utile, mais trop étendu pour être inséré ici, nous reproduisons les prix au commencement de janvier 1850, par les cinq années antérieures. (Voir le Tableau ci-contre.)

Dès les premiers mois de l'année 1852, quelques maisons de cette ville achetèrent tous les deuxièmes et troisièmes crus du Médoc, qu'on était disposé de vendre, aux prix de 900 à 1,100 fr. Château-Laffitte vendit quelques mois plus tard à 2,800 fr.; Gruau-Larose a vendu une partie de sa récolte à 2,200 fr.; Palmar, troisième cru à Margaux, a vendu récemment à 1,250 fr. Généralement, les troisièmes crus sont tenus de 1,300 à 1,600 fr. Château-Laffitte est tenu, dit-on, à 3,300 fr.

Le même cru, de 1852, a été payé 1,200 fr.; mais les autres grands crus sont invendus.

(1) Ces tableaux sont en vente à la librairie Chaumas. Prix : 3 fr. 50 c.

Extrait du Tableau analytique et synoptique des prix des vins, etc., par A.-M. Moquet.

ANNÉE 1850. — 20 JANVIER.

VARIATIONS MENSUELLES.

VINS ROUGES. — Récoltes de….	1844.	1846.	1847-1848.	1849.
Premiers crus : Château-Margaux, Latour et Laffite	5500 à 6500 / 4400 4500	3500 à 4000 / 2400 3000	2800 à 3000 / 1800 2000	— à — / — —
Deuxièmes crus (Médoc) : Rauzan, Léoville, Durefort, Hue, etc..	4000	2100	1100 1800	—
Troisièmes crus.	3000	1800	800 1200	—
Quatrièmes et cinquièmes crus, ou bourgeois supérieurs de Margaux, Saint-Julien, Pauillac, etc.	2500	1500	700 1000	—
Bons bourgeois des mêmes paroisses.	1800	1300	550 800	—
Bourgeois ordinaires des mêmes paroisses.	1000	1000	430 500	—
Paysans des bonnes paroisses.	800	800	400 450	250 300
Médoc ordinaires, bourgeois.	700	500	350 400	—
Petits-Médoc ou paysans.	650	550	320 350	—
Graves, première qualité.	900	400	230 250	—
Graves, deuxième qualité.	650	500	220 240	—
Graves, troisième qualité.	—	—	—	—
Saint-Émilion et Canon, première qualité.	700	—	—	—
Saint-Émilion et Canon, deuxième et troisième qualités.	450	550	350 400	—
Queyries.	500	400	220 250	—
Montferrand et Bassens.	425	415	220 240	160 170
Bonnes Côtes et Palus.	450	350	210 220	160 190
Côtes et Palus ordinaires, petites Côtes et Palus.	400	300	200 210	160 170
Blaye et Saint-Macaire.	—	280	180 210	150 180
Bourg.	370	260	190 210	150 170

Suite du Tableau analytique et synoptique des prix des vins , etc.

ANNÉE 1850.

20 JANVIER.

VARIATIONS MENSUELLES.

Suite des VINS ROUGES. — Récoltes de	1844.	1846.	1847–1848.	1849.
Cahors, Grand-Constant et autres premières marques..	— à —	260 à 300	— à —	130 à 180
Cahors, Grand-Constant, premières secondes marques..	—	210 240	125 à 150	125 150
Cahors, Grand-Constant, deuxièmes secondes marques.	—	—	—	—
Cahors, Grand-Constant, troisièmes secondes marques.	—	—	—	—
Cahors, Grand-Constant, ordinaires.	—	—	—	—
Gaillac, en barriques..	—	—	—	—
Rogomme de Cahors..	600	—	—	—
Vins rouges du Haut-Pays..	—	—	—	—

VINS BLANCS. — Récoltes de....	1844.	1847.	1848.	1849.
Petits vins..	Néant.	140 à 150	120 à 130	110 à 120
Entre-deux-Mers..		160 170	140 150	125 140
Côtes et Rions..		170 210	140 160	130 150
Langoiran et Cadillac..		200 210	133 150	125 135
Illats, Virelade, Landiras..		210 260	150 180	140 160
Saint-Pey, Langon, Fargues, Pujos.		220 250	150 180	130 160
Sainte-Croix-du-Mont, Loupiac..		275 300	170 200	150 180
Cérons et Podensac..		325 400	200 240	180 220
Bas-Preignac, Bas-Barsac..		500 900	320 400	300 350
Haut-Preignac, Haut-Barsac, Haut-Bommes, Ht-Sauternes.		1800 2000	530 600	430 500
Château d'Yquem..				
Graves, premières qualités..		350 400	225 250	200 225
Graves, deuxièmes et troisièmes qualités..		240 280	170 210	160 180

Il ne sera pas hors de propos de mentionner ici à quelles conditions certains domaines du Médoc ont changé de propriétaires :

Château-Margaux, acheté en 1802, par M. de Lacolonilla, 651,000 fr., et en 1836, par M. Aguado, 1,300,000 fr.

Malescot (Margaux), 80,000 fr. en 1830, par M. de St-Exupéry.

Gruau-Larose (Saint–Julien), 350,000 fr. en 1814, par MM. Balguerie, Sarget et Ce.

Langoa (id.), 650,000 en 1821, par M. Barton.

Beychevelle (id.), 650,000 fr. en 1825, par M. Guestier junior.

La Grange (id.), 650,000 fr. en 1832, par M. Brown, et 775,000 en 1842, par M. le comte Duchâtel.

Laffitte (Pauillac), 1,200,000 fr. en 1803, par M. Vandemere à une compagnie hollandaise qui l'avait acquis de la Nation; vendu depuis à M. Scott.

Mouton (id.), 1,200,000 fr. en 1830, par M. Thuret; acheté en 1853, 1,125,000 fr., par M. de Rothschild.

Bage (id.), 300,000 fr. en 1825, par M. Jurine.

Batailley (id.), 150,000 fr. en 1819, par M. Daniel Guestier.

Calon (Saint-Estèphe), 600,000 fr. en 1825, par M. Lestapis.

Du Bosq (id.), 190,000 fr. en 1831, par M. de Carle.

Château-d'Issan (Cantenac), 255,000 fr. en 1825, par M. J. Duluc; 350,000 fr. en 1851, par M. Blanchy.

Lacheney (Cussac), 150,000 fr. en 1819, par M. Phelan.

Laujac (Bégadan), 400,000 fr. en 1851, par M. Cruse.

Haut-Brion (Pessac), 525,000 fr. en 1824, par M. Beyermann.

En 1837, Haut-Brion fut adjugé, aux enchères publiques, à M. Eugène Larrieu, de Paris, pour le prix de 277,000 fr. Sur cette somme, 250,000 fr. restèrent entre les mains de l'acheteur, pour faire face à une rente viagère de 25,000 fr. sur une seule tête, rente qui ne fut servie que dix-huit mois; les frais montant à 30,000 fr. environ, à la charge de l'adjudicataire.

Giscours (Labarde), 500,000 fr. en 1845, par M. Pescatore.

Cos-d'Estournel (Saint-Estèphe), 1,150,000 fr. en 1852, par M. Martyns, de Londres.

Palmer (Cantenac), 425,000 fr. en 1853, par M. Emile Pereire.

Château-d'Agassac (Ludon), 891,000 fr. en 1853, par M. Richier.

CHAPITRE XX.

DES MESURES PRISES,

EN VUE DE POSER DES LIMITES DE LA CULTURE DE LA VIGNE,

Durant les xvie et xviie siècles (1).

Le produit de la vigne a toujours présenté cela de particulier, qu'à la rigueur il a été possible, sinon facile, de s'en passer, et que sa libre circulation a toujours été éga-

---

(1) Nous devons ce nouveau chapitre à la bienveillance de M. Petit-La- fitte, qui a bien voulu l'extraire de l'ouvrage sur la vigne dont il s'occupe, et qui sera précédé de l'histoire de cette plante, principalement en Guienne.

lement une condition essentielle de son écoulement. On sait que ce produit, autrefois comme aujourd'hui du reste, était loin d'être général; qu'il constituait un monopole en quelque sorte, pour les contrées en possession de le fournir, et que celles qu'il s'agissait d'en approvisionner se trouvaient souvent à des distances considérables, séparées par des routes difficiles et dangereuses, quelquefois par de vastes mers.

Ces considérations, la dernière surtout, beaucoup plus réelles autrefois qu'aujourd'hui, font parfaitement comprendre comment il arriva que maintes fois, durant les siècles passés, le placement du produit de la vigne dût offrir de grandes difficultés.

La misère publique, déterminée par une foule de causes que fait connaître l'histoire, ne pouvait manquer de restreindre, de suspendre même complètement la consommation du vin; quand elle atteignait quelqu'un de ces hauts degrés, qui ne sont plus heureusement le partage de nos jours.

Les émotions, les troubles, les guerres, si communs aux siècles passés, étaient également de nature à produire de semblables résultats; car le commerce ne peut se passer de la paix, et c'est la paix aussi qui a le merveilleux privilége, au dire du poète, de nourrir les vignes et de faire prospérer le suc de ses grappes :

Pax aluit vites et succos condidit uvæ (1).

Quand donc arrivaient ces suspensions de consommation; quand le commerce se voyait contraint d'interrom-

---

(1) Tibulle : *Élégies*, livre 1er.

pre ses relations : alors le propriétaire de vigne se trouvait
placé dans la condition la plus fâcheuse, et son premier
mouvement était de s'adresser au Pouvoir, protecteur de
tous les intérêts ; de lui exposer ses maux, de le prier d'y
apporter remède. Mais celui-ci, que d'autres vues préoc-
cupaient presque toujours, qui ne savait, ou qui ne pouvait pas faire droit à de telles réclamations, préférait s'en
prendre au produit lui-même, accuser son excessive abondance et adopter des mesures dans le but de réduire cette
abondance.

Souvent aussi, quand le blé devenait cher, quand le
peuple souffrait de la rareté de cette denrée, on croyait
lui donner une preuve de haute sollicitude, en proclamant
que les plantations excessives de vignes étaient causes de
de cette situation fatale, et en adoptant des mesures destinées à restreindre ces plantations.

Le fait est, qu'il devient extrêmement facile, l'histoire
à la main, de prouver que toutes les fois qu'en France on
a cru devoir, ou entraver les plantations des vignes, ou
même les faire arracher, cela a toujours été, ou sous l'influence d'événements qui avaient appauvri les pays et détruit le commerce, ou sous celle de disettes plus ou moins
intenses dont il avait à souffrir, souvent même sous l'influence de toutes ces causes à la fois.

Nous avons recherché avec soin tous les actes ayant eu
pour but de réglementer la plantation ou la conservation
des vignes, durant les XVIe et XVIIe siècles ; nous les avons
rapprochés des événements divers qui avaient dû les déterminer, et nous résumons dans le tableau ci-dessous le
résultat de ces recherches et de ce rapprochement.

Mesures administratives, prises en France, en vue de restreindre la culture de la vigne.

NATURE DES MESURES.	DATES.	PRIX du Setier de Blé (1)	PRINCIPAUX ÉVÉNEMENTS POLITIQUES DU TEMPS.
Réglement du C - d'État..........	4 Fév. 1567.	8ᶠ 82	Charles ix; guerres de religion.
	1578.		Henry iii; guerres de religion; troubles en Guienne.
Déclaration.......	16 Nov. 1627.	13 65	Louis xiii; Richelieu; siége de La Rochelle.
Arrêt du Conseil.	27 Fév. 1725.	20 30	Louis xv, après les désordres de la Régence ; administration honnête mais faible du cardinal de Fleury; paix d'Aix-la-Chapelle; guerre avec l'Angleterre, etc.; vieillesse du roi; Pompadour; Terroi, etc.
Id........ ..	5 Juin 1731.	25 38	
Id...........	2 Nov. 1751.	19 07	

La première des mesures relatées dans le tableau ci-dessus, statuait en ces termes (chap. 4, art. 4) : « Il sera pourvu par les officiers, qu'en leur territoire le labour des semences des terres ne soit délaissé pour faire plant excessif de vignes ; ainsi soient toujours les deux tiers des terres pour le moins tenues en blairie, et ce qui est propre et commode pour prairie ne soit appliqué à vignoble. »

Nous n'avons trouvé, ni dans nos chroniques, ni ailleurs, aucun renseignement sur l'application qui put être faite en Guienne de cette mesure ; mais tout nous porte à penser cependant que c'est en s'appuyant sur ses dispositions, que plus tard, onze ans après, des ordres étaient donnés, dans cette province, pour l'arrachement des vignes.

Voici en quels termes un des historiens de Bordeaux re-

(1) Mesure qui valait 1 hectol. 56.

late cette dernière circonstance : « Il est dit, dans la *Chronique bordelaise*, de Tillet, page 92, qu'en l'année 1578, régnant Henry III, « que patentes furent expédiées pour » l'arrachement des vignes autour de Bordeaux, avec la » commission de M. de Lavalette, lesquelles furent exécu- » tées non sans plainte des intéressés ». Puis le même historien continue : « Il n'y a point à douter que cet ordre du roi, si exactement exécuté, ne fût pour le bien de ses sujets ; peut-être ne le serait-il pas moins dans le temps présent (il écrivait en 1760), si ces lettres patentes étaient renouvelées et pareillement exécutées, sans quoi les habitants de la province tomberont certainement dans l'indigence et la pauvreté, pour avoir mis toutes leurs possessions en vignes (1). »

On vient de voir, par notre tableau, quelle était la situation politique de la France en 1567 : les guerres de religion y exerçaient leurs ravages ; et quant à la Guienne en particulier, le même motif la remplissait de troubles.

En 1760, époque où écrivait l'historien bordelais que nous citons, des faits non moins hostiles à la vigne et au placement de ses produits s'accomplissaient : la France soutenait contre l'Angleterre une guerre qui devint désastreuse et qui ruina complètement le commerce maritime.

La déclaration de Louis XIII, du 16 novembre 1627, était une défense générale de planter et d'édifier davantage de vignes (2). L'arrêt du Conseil-d'État, du 27 février

---

(1) Lacolonie : *Hist. curieuse et remarquable de la ville et province de Bordeaux*, t. II, p. 20.

(2) Au sujet de cette déclaration, il n'est pas mal de faire un rapprochement qui paraîtra singulier. Effectivement, c'était dans le même temps, en 1629, que Prosper Rendella faisait paraître à Venise son livre, intitulé de *Vinea, vindemia et vino*, et qu'il disait que les Français dé-

1725, avait un but analogue; mais en ce qui avait rapport seulement à plusieurs provinces du royaume, plus spécialement vinicoles et non au royaume tout entier.

Voici un passage d'un arrêté pris par M. de Boucher, intendant de Guienne, le 22 mars 1730, prescrivant les formalités à remplir en matière de plantation ou d'arrachement de vignes :

« Nous ordonnons que ceux qui voudront faire planter de nouvelles vignes, seront tenus de nous rapporter des attestations des officiers des justices des lieux, des maires, consuls et jurats, par lesquelles il paraîtra que lesdits officiers, sur la réquisition de ceux qui veulent planter, se sont transportés sur les pièces de terre, dont ils désigneront la situation, la contenance, l'état et la qualité du terroir; si c'est une terre labourable, terre en friche, champs froid, terre abandonnée ou autre dénomination; si ledit terrain a été déjà planté en vigne et s'il en reste des vestiges; et en ce dernier cas, ils recevront l'affirmation des habitants de la paroisse, en nombre de six au moins, desquels ils prendront le serment pour savoir depuis quel temps l'ancienne vigne aura été arrachée ou abandonnée. Comme aussi, s'il est de leur connaissance, que lors de l'arrachement ou abandonnement, celui qui demande à planter les a remplacées dans quelqu'autre endroit, pour, sur lesdites attestations, être par nous donné les permissions qui nous paraîtront convenables.

---

pensaient beaucoup à cultiver des vignes, qu'ils avaient besoin d'un empereur Domitien pour les faire extirper, etc... Enfin, il ajoutait que cette appréciation lui avait été fournie par l'auteur d'un commentaire sur la Coutume de Bordeaux.

On voit par là quelles étaient alors, et dans notre propre cité, les idées d'administration et d'économie politique.

« Ceux qui voudront faire arracher des vignes existantes, pour les replanter d'un autre cépage, ou qui voudront changer la nature du terrain en une culture différente, pour mettre en vignes un autre terrain de qualité plus convenable, seront tenus de faire arracher la vigne existante ; et ce, nous en rapporter des attestations en la forme ci-dessus, pour obtenir notre permission (1). »

Mais la mesure qui paraît avoir été la plus complète et la plus rigoureusement appliquée, c'est celle qui résulta d'un autre arrêt du Conseil-d'État, du 5 juin 1731. En voici le texte :

« Sur les représentations qui avaient été faites au roi depuis longtemps, que la trop grande abondance des plants de vignes dans le royaume occupait une grande quantité de terres propres à porter des grains ou à former des pâturages, causait la cherté des bois, par rapport à ceux qui sont annuellement nécessaires pour cette espèce de fruit, et multipliait tellement la quantité des vins, qu'ils en détruisaient la valeur et la réputation dans beaucoup d'endroits, il aurait été rendu différents arrêts du Conseil, par lesquels toutes nouvelles plantations de vignes ont été défendues sans une permission expresse de Sa Majesté, dans les généralités de *Tours, Bordeaux, Auvergne, Châlons, Montauban*, et dans la province d'Alsace. Depuis ces défenses, plusieurs des sieurs intendants et commissaires, départis dans les autres provinces et généralités, ayant, par les mêmes raisons, demandé de semblables défenses, et représenté que si l'on ne prenait pas les mêmes précautions dans les généralités et provinces voisines, le remède ne procurerait qu'un bien médiocre, parce que dans quelques années les provinces et généralités de leurs départements

_____

(1) *Archives départementales.*

se trouveraient surchargées de celles limitrophes, qui ne se trouveraient pas comprises dans les défenses. Sa Majesté voulant faire cesser ces nouvelles plantations de vignes et remédier aux inconvénients qui en résultent....., a ordonné qu'à commencer du jour de la publication du présent arrêt, il ne sera fait aucune nouvelle plantation de vignes dans l'étendue des provinces et généralités du royaume, et que celles qui auront été deux ans sans être cultivées, ne pourront être rétablies sans une permission expresse de Sa Majesté, à peine de 3,000 liv. d'amende, et de plus grande s'il y échoit, contre les propriétaires et tous autres particuliers qui contreviendront à la présente disposition, laquelle permission ne sera néanmoins accordée qu'au préalable; le sieur intendant et commissaire départi dans les provinces ou généralités, n'ait fait vérifiés le terrain, pour connaître s'il n'est pas plutôt propre à une autre culture qu'à être planté en vignes. Ordonne, en outre, Sa Majesté, aux syndics de chaque paroisse, de veiller aux contraventions qui pourraient être faites à l'exécution du présent arrêt, et de dénoncer auxdits sieurs intendants les contrevenants, à peine de 200 liv. d'amende pour chacune des contraventions qui seront découvertes, dont ils n'auront pas donné avis..... »

C'est cet arrêt, renouvelé en 1751, et dont les termes sont extrêmement précis, qui paraît avoir été particulièrement appliqué en Guienne et y avoir donné lieu à des circonstances diverses qu'il ne sera pas sans intérêt de rapporter ici. Les intendants qui se trouvèrent successivement chargés de son exécution, MM. de Boucher, de Tourny père et fils, de Boutin, de Farges, etc., paraissent y avoir apporté beaucoup de zèle et y avoir tenu la main avec la plus grande sévérité.

Nous avons vu, ci-dessus, quelles étaient les formalités à remplir pour arriver seulement à remplacer par une nouvelle plantation une vigne que l'on voulait détruire.

Voici un exemple d'une permission accordée en pareil cas, par M. de Tourny, le 20 mars 1749, au nommé Verninet, bourgeois et marchand à Bordeaux :

« Nous, attendu la circonstance où se trouve le suppliant, d'avoir perdu par l'alignement du grand chemin de Médoc, la quantité de 195 brasses de long sur 6 de large de vigne avec plusieurs arbres qui y étaient plantés, et informés que nous sommes de la mauvaise qualité du terrain que le suppliant a commencé à faire planter en vigne, avons relevé ledit suppliant de la contravention où il pourrait être tombé en faisant ladite plantation de vigne, laquelle nous autorisons, avec permission à lui de faire planter ce qui reste.... (1). »

Indépendamment des autorités qui devaient, aux termes de l'arrêté du 22 mars 1730 ci-dessus relaté (officiers de justice, maires, consuls, jurats, etc.), fournir les attestations exigées pour planter des vignes, il paraît que l'on admettait aussi celles des ecclésiastique. Voici la preuve de ce fait :

« Je, soussigné, certifie à tous ceux à qui il appartiendra, que le sieur Bertrand de Dumas, négociant, qui possède dans la paroisse de Blanquefort un bien considérable, m'a payé la dîme du territoire de ma chapelle de Saint-Aon, située en ladite paroisse, de vignes plantées depuis huit à dix années dans des fonds qui n'étaient point

---

(1) *Archives départementales.*

propres pour faire venir du blé. En foi de quoi, etc., etc.
» A Bordeaux, le 11 novembre 1748.

> » De Secondat, *doyen de Saint-Seurin et*
> *chapelin de Saint-Aon* (1). »

Enfin, on ne sera pas étonné non plus, si l'on songe aux efforts que faisait alors l'administration pour propager la culture des mûriers, de voir imposer à ceux qui édifiaient de nouvelles vignes l'obligation de planter de ces arbres.

«..... La présente permission, sous la condition toutefois que le suppliant fera venir du Languedoc la quantité de...... pourettes de mûriers blancs de l'âge de dix-huit mois à deux ans, qu'il les plantera dans quelque endroit de bon fonds de ses possessions et les cultivera avec soin, pour, au bout de quatre à cinq ans, en avoir des mûriers propres à être replantés dans l'étendue de ses vignes. Nous justifiant, le suppliant, de l'arrivée et plantation de ses pourettes, sous peine de l'arrachement de la vigne qu'il aura plantée en vertu de la présente permission (2). »

Les archives départementales nous ont offert un très-grand nombre de pièces émanant de localités diverses du Bordelais, et ayant pour but de répondre aux demandes faites par les intendants, touchant l'état de la culture de la vigne et les changements qu'avait pu subir l'étendue de cette culture. Nous nous bornerons à en citer une : « Nous, soussignés, sindic, cultivateurs et principaux habitants de la paroisse de La Teste de Buch, certifions à tous ceux qu'il appartiendra, que nous ne reconnaissons aucun nouveaux complants de vigne faits depuis cinq années dans

---

(1) *Archives départementales.*
(2) *Idem.*

ladite paroisse. Excepté huit ou dix pauvres paysans qui ont arraché de vieilles souches de vigne pour en planter de nouvelles, et que le tout ne peut aller qu'à environ huit journeaux, en foi de quoi, etc...

« La Teste, le 22 juillet 1745.

« DÉJEAN, collecteur ; SILLAC, sindic ; BALESTE, collecteur ; NOUAUX, BALESTE-MARICHON, DETACHARD, N....., EYMERICQ, TAFFARD, RAUGEARD, LALANNE, LAGARDE (1). »

Cette sollicitude, de la part de l'administration, n'empêchait pas cependant, non plus que les amendes prononcées contre les délinquants et même les syndics des paroisses, que de nombreuses plantations de vignes ne s'effectuassent sans permission. C'est ainsi que dans le Médoc seulement, il avait pu être constaté cent quatre-vingt-neuf de ces plantations en une seule fois (2). Dans une justification que l'intendant avait adressée à l'autorité supérieure, le 4 avril 1738, à propos d'une lettre anonyme qui l'accusait vivement de donner facilement des permissions pour planter de la vigne, on lisait les paroles suivantes : « ...... Ce qu'il y a de vrai, c'est que dès l'année 1718 ou 1719, il se fit une quantité extraordinaire de vignes dans tout le Médoc, dans les Graves et dans tout le Bordelais, ce qui se communiqua du côté de Bergerac. C'est ce qui obligea de demander le premier arrêt en 1725, lequel n'arrêta pas le goût qu'on avait de planter des vignes, car l'on continua tant qu'on put, quelques ordonnances que j'aie pu prendre pour l'empêcher. L'exemple des provinces voisines contribua beaucoup à cela ; parce que dans le temps qu'il était défendu d'en planter en ce pays ci, la

---

(1) *Archives départementales.*
(2) *Idem.*

défense n'avait pas lieu dans les autres provinces où l'on plantait extraordinairement. Lorsque l'arrêt de 1731 fut rendu, le mal était fait... (1). »

Voici, au surplus, un exemple de condamnation prononcée contre un propriétaire de cette contrée : « Nous condamnons le sieur de La Chatenets à faire arracher incessamment la vigne qu'il a fait planter, en contravention aux ordonnances du roy dans les deux pièces de terre dont il s'agit, dépendant de son bien de Saint-Genès en Médoc, et en outre en 3,000 liv. d'amende. Condamnons aussi ledit sieur Jean Seguin, syndic et collecteur, en 200 liv. d'amende, faute par lui de nous avoir dénoncé ladite plantation.

» Fait à Bordeaux, ce 26 juin 1768. »

Nous terminerons ces détails, par deux faits curieux : Le premier est une découverte de plantations illicites faite par l'intendant lui-même, M. de Tourny, peu de jours après son arrivée à Bordeaux. Le second est la remise qui fut faite aux religieux dominicains de Bordeaux, par le même intendant, de l'amende et autres peines qu'ils avaient encorues pour une semblable contravention :

« L'an 1743 et le 2e du mois de septembre, Monseig. de Tourny, etc... étant parti de Bordeaux pour faire sa tournée à l'occasion du département des tailles de sa généralité et passant dans la paroisse de Saint-Eulalie, route de Lormont à Libourne, se serait aperçu, après avoir dépassé le bourg dudit Saint-Eulalie, et immédiatement après une grande pièce de vieille vigne qu'on dit appartenir à M. de Sainerit, demeurant aux Chartrons, qu'on y avait nouvellement et depuis environ un an,

_____

(1) *Archives départementales.*

planté une pièce de vigne dont le terrain est propre à faire venir du froment. Et, en continuant ladite route, étant entré dans la paroisse Saint-Loubès il se serait encore aperçu d'une autre pièce de vigne aussi nouvellement complantée, de la contenance d'environ 2 journaux et demi, laquelle est plantée en *joualles* de deux rangs de vignes chacune, y ayant entre lesdites joualles trois réges de terre labourable de distance en distance, laquelle pièce est pareillement dans toute son étendue propre au blé, et comme nous Étienne Buissière, maître architecte sous-signé, avions l'honneur d'être à la suite dudit intendant, Sa Grandeur nous aurait fait remarquer lesdites deux pièces de vigne nouvellement complantées, et nous aurait donné ses ordres verbalement, d'en dresser à notre retour à Bordeaux un procès-verbal pour lui être rapporté, à quoi satisfaisant, etc..... (1). »

Quant aux religieux dominicains, voici ce qui résulte d'une communication faite, par M. l'Intendant à M. le Contrôleur-général des finances, le 7 décembre 1753 :

· « Il y a deux ans que les religieux dominicains de Bordeaux sont dans la crainte que je ne fasse exécuter contr'eux à la rigueur un arrêt du Conseil du 22 novembre 1751, confirmatif d'une ordonnance du 6 mars précédent, par laquelle je les ai condamnés à un arrachement de vignes par eux plantées en contravention, et à l'amende encourue en pareil cas. C'est par vos mains, Monsieur, qu'a passé cet arrêt. J'eus lieu alors d'imaginer que le Conseil avait eu envie, ainsi que moi, que cette condamnation fît du bruit dans le public, et causât à ces religieux

_____

(1) *Archives départementales.*

plus de peur que de mal. Vous me l'avez même depuis assez donné à entendre, sur différentes sollicitations que vous avez eues d'eux, ou pour eux. Aujourd'hui, Monsieur, il me paraît qu'il est temps de ne les plus tenir dans une crainte qui, en leur présentant la punition sans cesse prête à s'exécuter, a presque formé sur eux l'équivalent de la réalité. En conséquence, si vous voulez bien m'y autoriser, je leur annoncerai qu'en ne retombant plus dans de pareilles fautes, le Conseil a la bonté de leur faire grâce de celle-là (1).

» DE TOURNY (2). »

Comme appréciation générale d'actes si éloignés des doctrines admises aujourd'hui, en fait de gouvernement et d'administration, nous croyons ne pouvoir mieux faire que de consigner ici quelques paroles d'un publiciste qui fut leur contemporain et qui se trouva parfaitement en mesure d'en apprécier la portée :

« On s'est aperçu, il y a déjà quelque temps, que le prix des vins tombait; et l'on a imaginé s'être aperçu qu'il y a trop de vignes en France.

» Jamais on n'a vu qu'il n'y a pas assez de liberté, et c'est ce qu'il fallait voir il y a longtemps. Il serait à désirer qu'il y eût eu, il y a longtemps, non une académie,

---

(1) Il s'agissait d'une plantation de 46 journaux 33 réges de vigne, faite dans la paroisse d'Ambarez, sur un fonds propre à recevoir des aubarèdes. La condamnation primitive avait été de 3,000 fr. et de 200 fr. pour chacun des syndics de la paroisse, au nombre de deux. Un arrêt du Conseil tenu à Fontainebleau, le 22 novembre 1751, avait réduit la première de ces sommes à 500 fr. et les secondes à 20 fr., tout en maintenant l'arrachement. Le contrôleur-général, M. Dormesson, par lettre du 14 septembre 1753, accorda la remise sollicitée par l'intendant.

(2) Archives départementales.

21

mais un bureau d'agriculture, où l'on admit des députés des campagnes des diverses provinces.

» Les gens de la campagne auraient été convaincus de l'intention qu'on a toujours de les soulager ; les autres en auraient mieux senti le besoin et mieux choisi les moyens.

» Je suppose qu'on eût proposé dans ce bureau d'arracher la moitié des vignes, ou de retrancher la moitié des droits ; quel avis aurait prévalu ? (1) ».

————

L'étendue donnée à ce volume nous oblige à laisser de côté l'énumération que nous voulions faire des ouvrages les plus intéressants au sujet de la production et du commerce des vins, surtout dans le département de la Gironde. Nous nous bornerons à rappeler le poème ingénieux de M. Biarnez, LES GRANDS VINS DE BORDEAUX, production spirituelle dont l'auteur a su triompher des difficultés multipliées que présentaient les détails techniques dans lesquels il a voulu entrer. Ce beau volume, grand in-8°, précédé d'une savante préface du docteur Babrius, intitulée *De l'Influence du Vin sur la Civilisation*, et orné de vignettes et de jolies gravures sur bois, est en vente à la Librairie de P. Chaumas, fossés du Chapeau-Rouge, n. 34, au prix de 5 fr.

————

(1) Le Ch. de Vivens : *Observations sur l'agriculture de la Guienne*, 1756, t. 1, ch. 45.

- 323 -

LISTE

COMMUNES CITÉES.

TABLE.

—

FIN DE LA TABLE.

LIVRES DE FONDS

QUI SE TROUVENT A LA LIBRAIRIE DE P. CHAUMAS.

— –~◊~–

	f	c
Traité de la Dot, par Tessier, 2 vol. in-8.	18	»
Questions sur la Dot, par Tessier, 1852, 1 vol. in-8.	5	»
Histoire de Bordeaux, par Bernadeau, 1 vol. in-8.	10	»
Histoire des Rues de Bordeaux, par Bernadeau, 1 vol. in-8. . . .	3	50
Histoire de Libourne et de ses Environs, par Laguinaudie, 3 vol. in-8.	10	»
Musée d'Aquitaine, par Lacour et Jouannet, avec figures et planches, 3 vol. in-8.	20	»
Statistique du département de la Gironde, par Jouannet, avec supplément et planches, 4 vol. in-4.	30	»
Guide de l'Étranger (nouveau) a Bordeaux, 4e édition, 1851, avec 3 figures, plan de la ville et carte du département de la Gironde, 1 vol. in-18.	1	50
Manuel d'agriculture, de Martinelli, 2e édition, 1 vol. in-18. . .	2	25
Guide du Propriétaire de Vigne, par Du Puits de Maconex, 1850, 1 vol. in-8.	2	50
Histoire des Juifs de Bordeaux, par Etchevery, 1 vol. in-8.. . .	1	25
Études sur les Landes, par le baron d'Haussez, 1 vol. in-8. . .	3	50
Guide du Voyageur a La Teste, 1 vol. in-18.	1	50
Guide aux Eaux des Pyrénées, par Verdo, 1851, avec figures, 1 vol. in-18.	2	50
Manuel des Poids et Mesures pour le département de la Gironde, par M. Gras, 1 vol. in-8	2	50
Grammaire espagnole à l'usage des Français, par Borraz (*ouvrage autorisé par l'Université*), 1 vol. in-8.	4	»
Cours de Thèmes espagnols, par Borraz (*ouvrage autorisé par l'Université*), 1 vol. in-8.	3	»
Proverbes basques, recueillis par Arnauld Oehenart, suivis des Poésies basques du même auteur, 2e édition, revue, corrigée; augmentée d'une traduction française des poésies, etc., 1 vol. grand in-12.	5	»
Grands (les) Vins de Bordeaux, poème par M. Biarnez, avec préface du docteur Babrius, intitulée *De l'Influence du Vin sur la Civilisation*, avec figures et vignettes, 1 vol. grand in-8.	5	»

Tableau N° 1.

PRIX DES VINS ROUGES SUR LIE.

VINS DE	1815.	1816.	1817.	1818.	1819.	1820.	1821.	1822.	1823.
Saint-Macaire et Blaye..	250 à 300		450 à 500	240 à 260	150 à 180	300 à 310	210 à 230	160 à 200	140 à 160
Côtes et Bourg............	300 350		510 550	300 400	200 270	310 320	230 270	220 320	150 200
Palus......................	320 350	300 à 350	500 550	330 350	220 250	350 400	250 300	200 300	180 200
Montferrand...............	350 400		600 620	380 400	300 325	380 400	320 330	300 400	200 225
Queyries..................	450 480		650 700	450 500	350 400	450 520	350 380	420 500	260 280
Saint-Émilion.............	350 450		600 650	350 450	380 500	380 450	380 450	400 500	200 320
Petits Médoc (bourgeois)	320 380		550 600	450 480	280 320	350 400	270 380	300 350	200 250
Médoc ord. (bourgeois).	430 480	300 350	630 630	500 650	350 400	500 850	400 450	380 450	270 320
— bons bourgeois...	500 600		700 1000	750 900	450 580	900 1000	500 550	500 660	400 500
3es et 4es crus...........	600 1000	380 400	1200 1500	1000 1500	600 800	1000 1400	600 750	800 1200	560 700
3es idem.................	— —	400 500	— —	1800 2100	— —	1500 1600	800 850	1300 1500	800 900
2es idem.................	— —	450 500	— —	2500 2650	— —	2100 2200	— —	2000 2100	1200 1300
1ers idem.................	— —	— —	— —	3350 —	— —	— —	— —	2400 2500	1500 —

PRIX DES VINS ROUGES D'APRÈS LES VENTES FAITES DE PREMIÈRE MAIN.

VINS DE	1824.	1825.	1826.	1827.	1828.	1829.	1830.	1831.	1832.	1833.
Saint-Macaire, Blaye et Bourg..........	120 à 280	200 à 350	110 à 180	120 à 250	110 à 280	100 à 180	250 à 350	160 à 300	180 à 250	120 à 200
Côtes.....................	200 350	300 380	150 180	140 210	140 250	120 250	240 350	220 300	160 300	150 180
Palus, Queyries et Montferrand.........	200 350	300 550	150 250	110 280	140 300	120 300	240 400	220 400	160 320	160 220
Saint-Émilion.................	300 500	500 800	200 300	230 350	200 350	180 400	400 600	300 450	230 400	220 300
Graves.....................	250 700	500 1200	210 500	220 600	220 600	130 450	250 500	280 500	200 700	210 500
Bas-Médoc...................	180 200	400 450	200 220	180 250	180 300	170 300	300 550	280 400	200 350	200 350
Bon Médoc...................										
Petits Bourgeois...............	250 350	500 600	250 280	230 350	250 400	200 350	350 400	360 500	300 450	250 450
Bons Bourgeois................										
Bourgeois supérieurs.............	500 550	700 800	320 400	350 500	350 500	300 420	400 500	450 700	400 650	400 600
5es crus...................	600 650	1000 1100	400 500	300 650	500 600	400 500	600 700	700 1000	600 850	500 800
4es id....................	700 800	1500 1800	600 700	700 900	700 800	450 550	700 900	1000 1400	750 900	650 900
3es id....................	1000 1200	2000 2400	700 800	900 1200	900 1200	550 700	1200 1400	1600 2000	1100 1300	800 1400
2es id....................	» »	3000 4200	1100 1300	1300 1600	1200 1700	700 900	1600 2000	2000 2400	1400 2000	1200 1700
1ers id....................	» »	3600 5000	1300 1600	1800 2000	1500 2000	800 1100	2000 2400	2100 2800	1700 2500	1500 2000

VINS DE	1834.	1835.	1836.	1837.	1838.	1839.	1840.	1841.	1842.	1843.	1844.
Saint-Macaire, Blaye et Bourg. . . .	130 à 250	110 à 180	110 à 180	110 à 160	120 à 200	120 à 180	110 à 150	110 à 150	110 à 150	220 à 260	160 à 250
Côtes.	180 250	130 180	150 180	140 170	180 220	170 200	125 180	125 180	125 180	240 280	200 260
Palus, Queyries et Montferrand. . . .	190 260	150 180	150 200	150 220	180 280	170 230	130 230	130 200	125 180	240 300	200 300
Saint-Émilion.	280 400	180 250	220 280	210 350	230 400	220 350	200 350	180 250	180 380	230 350	300 600
Graves.	330 800	180 430	220 550	200 500	230 550	220 500	200 400	200 350		250 450	300 700
Bas-Médoc.	330 400	180 200	200 240	180 230	200 250	200 220	160 180	150 180	150 170	250 270	300 350
Bon Médoc.					250 320	220 250	200 220	200 220	180 220	280 320	400 500
Petits Bourgeois.	450 500	230 280	280 400	250 350	350 400	280 330	230 280	230 230	230 260	320 360	500 600
Bons Bourgeois.					400 500	330 430	300 360	300 350	280 330	350 400	600 700
Bourgeois supérieurs.	600 700	280 350	350 450	380 450	500 600	450 600	380 450	380 400	380 400		800 900
5es crus.	800 1000	400 600	500 600	550 650	650 700	600 700	450 550	450 550	400 450		1100 1300
4es id.	1200 1500	600 800	600 800	600 800	700 900	750 1000	800 900	550 700	500 650		1500 1800
3es id.	1600 1900	800 1000	900 1000	1200 1400	1100 1300	1000 1500	750 850	800 900	750 850		2000 2400
2es id.	2100 2200	1100 1200	1500 1600	1600 1800	1500 1700	1500 1800	1000 1100	1200 1300	1000 1200		2500 2800
1ers id.	2400 2800	1400 1600	1800 2000	2000 2400	1800 2000	2500 2800	2000 2500 4500	1800 2400	1500 1800		3000 4500

Tableau N° 5.

VINS. PAYS DE DESTINATION.	1825.	1826.	1827.	1828.	1829.	1830.	1831.	1832.	1833.	1834.
	hectolitres.	hectolitres.	hectolitres.	hectolitres.	hectolitres.	hectolitres.	hectolitres.	hectolitres.	hectolitres.	hectolitres.
Russie......................	21,492	18,947	29,930	22,965	17,936	18,929	18,266	28,640	20,606	19,178
Suède et Norwège..............	7,491	7,574	5,762	6,089	7,285	5,155	3,285	6,198	6,369	5,992
Danemarck..................	7,121	12,186	8,880	13,386	13,140	7,048	6,176	13,449	11,883	12,378
Prusse et Allemagne............	18,585	33,991	20,311	29,550	30,582	35,095	25,336	69,561	33,954	30,577
Pays-Bas....................	82,244	107,331	142,559	109,959	119.966	33,711	17,891	66,043	58,663	129,696
Belgique....................							8,530	39,929	71,808	53,439
Villes Anséatiques..............	142,668	128,033	121,686	135,635	104,632	84,789	70,777	165,336	238,686	145,799
Angleterre..................	33,775	17,860	11,188	23,287	20,061	16,129	14,414	11,320	10,133	15,140
Portugal....................	4,200	2,833	3,222	3,307	2,682	2,869	3,707	2,617	2,596	2,780
Espagne....................	1,830	1,622	1,908	2,097	1,964	2,081	2,089	2,080	2,246	2,279
Côte occidentale d'Afrique.........								178	320	
Afrique, possessions anglaises (île Maurice)								8,811	3,998	5,092
Indes anglaises...............	2,471	2,922	7,480	18,638	9,417	3,065	3,825	9,435	4,934	2,530
Id. hollandaises...........								656	849	
Id. françaises.............									326	433
États-Unis...................	12,141	12,546	20,894	16,378	23,409	13,770	20,867	26,909	26,504	26,214
Haïti......................			7,847	4,375	7,261	4,322	2,105	4,048	4,050	2,659
Guyanne anglaise..............								161	132	32
Cuba et Puerto-Rico............	21,586	15,593	23,145	25,579	20,588	10,795	6,694	9,380	11,465	12,356
Saint-Thomas................			2,357	3,120	1,811	1,746	2,118	3,705	1,619	3,552
Brésil.....................	1,376	2,340	5,556	3,784	2,133	3,195	1,865	4,887	3,942	4,151
Mexique....................	5,547	5,637	5,051	5,671	3,128	3,893	2,945	1,683	3,784	6,362
Colombie...................	1,384	2,224	2,966	1,151	1,448	811	117	458	229	572
Pérou.....................	1,425	4,898	1,260	2,714	914	1,216	963	1,984	1,559	891
Chili......................								1,614	79	3,341
Rio-de-la-Plata...............	1,078	1,602	1,036	2,758	4,068	927	1,540	2,665	501	1,652
Guadeloupe..................	13,666	14,214	11,060	14,767	12,774	6,542	6,619	7,819	5,284	7,649
Martinique..................	9,907	14,711	9,619	11,977	9,038	4,422	5,243	4,629	3,409	7,770
Bourbon....................	7,888	19,611	13,395	12,737	9,234	12,342	8,007	13,635	9,041	12,273
Sénégal....................	4,218	6,769	7,289	6,443	6,446	6,655	2,707	3,099	3,196	3,331
Cayenne....................								1,745	2,841	4,842
Saint-Pierre et Pêche										189

Nota. — Nous laissons de côté quelques contrées, telles que l'Autriche et l'Italie, pour lesquelles les expéditions sont complètement insignifiantes. Antérieurement à 1831, les publications de l'Administration de la Douane ne distinguent pas les expéditions girondines de celles du reste de la France, quant à ce qui concerne Maurice, les Indes anglaises et hollandaises, Cayenne et la Pêche; elles réunissent les envois pour la Belgique et la Hollande.

Tableau N° 4.

VINS. PAYS DE DESTINATION.	1835.	1836.	1837.	1838.	1839.	1840.	1841.	1842.	1843.	1844.
	hectolitres.	hectolitres.	hectolitres.	hectolitres.	hectolitres.	hectolitres.	hectolitres.	hectolitres.	hectolitres.	hectolitres.
Russie.	26,080	23,696	13,133	22,792	19,281	26,019	15,168	19,139	16,721	16,569
Suède et Norwège.	9,048	9,152	8,276	4,468	7,136	4,985	7,281	6,869	7,434	3,733
Danemarck.	8,229	9,867	6,131	7,283	5,908	10,260	10,570	6,941	6,983	5,668
Association allemande.	41,352	29,686	40,145	27,011	30,257	29,984	21,981	29,201	29,399	28,767
Hanovre et Mecklembourg.										
Pays-Bas.	79,915	45,046	53,147	34,197	33,110	56,852	51,404	47,675	25,279	40,818
Belgique.	35,606	38,293	54,021	38,903	36,405	44,892	51,332	42,419	54,120	45,514
Villes Anséatiques.	92,266	74,952	68,246	114,482	74,536	125,891	117,762	89,640	77,504	73,295
Angleterre.	10,531	12,102	14,919	13,532	12,202	14,375	13,404	13,032	11,644	17,740
Algérie.						242	29	2	2,065	493
Côte occidentale d'Afrique.		47	118	242		306	427		66	
Ile Maurice.	15,236	22,755	17,714	23,170	18,938	39,604	32,312	33,234	39,152	45,420
Indes anglaises.	5,163	6,134	4,139	2,919	3,678	3,264	5,228	5,349	3,293	3,050
Id. hollandaises.	614	1,765	993	2,642	1,038	266	1,016	1,463	2,180	3,221
Id. françaises.	707	922	1,199	823	754	1,575	658	951	576	676
États-Unis.	50,495	50,166	25,963	64,103	71,878	40,125	62,709	34,657	38,803	52,658
Haïti.	3,920	1,848	1,593	2,796	637	846	665	470		
Guyanne anglaise.		147	228		306	187	65	521	211	
Cuba et Puerto-Rico.	12,912	14,733	10,498	9,360	9,793	5,374	6,451	6,093	5,483	4,089
Saint-Thomas.	1,818	1,409	1,795	2,127	1,825	1,391	2,124	2,336	551	1,606
Brésil.	7,074	1,028	6,726	4,511	2,329	4,441	6,598	4,057	6,995	2,201
Mexique.	4,226	3,925	3,883	3,090	2,047	2,748	4,227	2,921	5,681	2,130
Venezuela et Nouvelle-Grenade.	451	879	595	847	724	1,896	1,688	2,259	1,742	1,212
Pérou.	304	192	1,283	2,756	546		356	839	739	1,712
Chili.	3,792	5,380	2,352	5,402	5,437	6,003	3,856	11,724	11,736	8,610
Rio-de-la-Plata.	3,230	2,912	3,185	5,833	3,222			1,919	1,993	1,510
Uruguay.						8,157	11,513	39,233	23,797	13,037
Guadeloupe.	9,516	7,096	8,819	10,967	5,009	10,656	13,094	6,897	7,169	9,723
Martinique.	4,887	5,213	8,887	7,284	4,457	6,258	10,250	4,154	5,389	6,820
Bourbon.	23,054	16,683	12,650	14,098	8,534	16,363	28,068	26,716	17,264	26,603
Sénégal.	3,498	3,537	5,707	4,313	4,969	4,692	5,845	6,246	5,885	5,868
Cayenne.	2,744	3,711	4,369	7,055	2,208	5,267	3,848	4,740	2,696	3,053
Saint-Pierre et Pêche.	372	239	648	1,115	373	593	2,542	2,402	2,858	290

Tableau N° 5.

VINS. PAYS DE DESTINATION	1845.	1846.	1847.	1848.	1849.	1850.	1851.
	hectolitres.	hectolitres.	hectolitres.	hectolitres.	hectolitres.	hectolitres.	hectolitres.
Russie......................	15,430	15,661	18,905	24,488	26,137	19,056	18,358
Suède et Norwège...............	7,172	3,322	3,989	2,789	6,516	4,573	3,756
Danemarck.....................	10,787	4,531	8,471	9,384	9,800	8,574	7,411
Association allemande............	27,449	23,985	26,073	26,814	23,479	29,201	33,162
Hanovre et Mecklembourg.........	13,362	6,982	7,814	13,617	8,820	11,222	11,903
Pays-Bas.....................	79,351	23,867	49,809	37,576	46,365	53,549	56,364
Belgique..	64,276	42,096	58,216	39,258	75,695	85,682	60,001
Villes Anséatiques...............	106,036	83,210	94,758	124,425	137,645	116,967	126,968
Angleterre.....................	12,185	8,678	17,410	17,079	12,765	12,931	9,255
Algérie........................	1,036	2,009	1,523	1,107	1,318	1,942	2,428
Ile Maurice....................	41,954	37,005	45,275	48,215	42,964	43,458	60,396
Indes anglaises..	4,671	8,976	3,942	5,148	1,935	3,483	4,006
Id. hollandaises................	2,985	1,032	1,671	2,057	869	1,136	1,580
États-Unis.....................	52,612	65,946	66,003	102,419	106,567	135,103	162,301
Cuba et Puerto-Rico.............	4,602	2,833	7,229	5,117	3,097	4,107	4,347
Saint-Thomas..................	594	625	1,731	766	619	801	649
Brésil.........................	5,735	3,291	6,981	3,991	6,706	5,208	1,086
Mexique.......................	2,515	2,778	1,967	5,402	4,279	2,909	2,598
Venezuela et Nouvelle-Grenade.......	2,154	1,219	1,866	1,763	3,144	2,909	1,195
Pérou........................	2,191	1,325	1,714	1,587	2,066	2,307	1,788
Chili..........................	13,631	11,601	13,987	11,993	23,399	17,524	19,447
Rio-de-la-Plata.	5,928	602	1,107	1,284	19,084	38,068	49,998
Uruguay......................	6,986	4,291	19,005	25,558	16,322	12,591	25,861
Guadeloupe....................	8,864	8,101	12,734	4,192	6,607	7,258	10,852
Martinique....................	6,604	5,742	7,435	3,245	5,356	4,671	9,814
La Réunion....................	16,935	23,911	21,428	12,108	38,036	34,397	44,948
Sénégal.......................	8,568	8,405	11,733	9,847	11,978	12,128	11,246
Cayenne......................	2,195	3,226	2,765	1,651	1,927	2,089	1,858

Carte
du Département
DE LA GIRONDE

BORDEAUX
P. CHAUMAS-LIBRAIRE-ÉDITEUR

BORDEAUX

OCÉAN

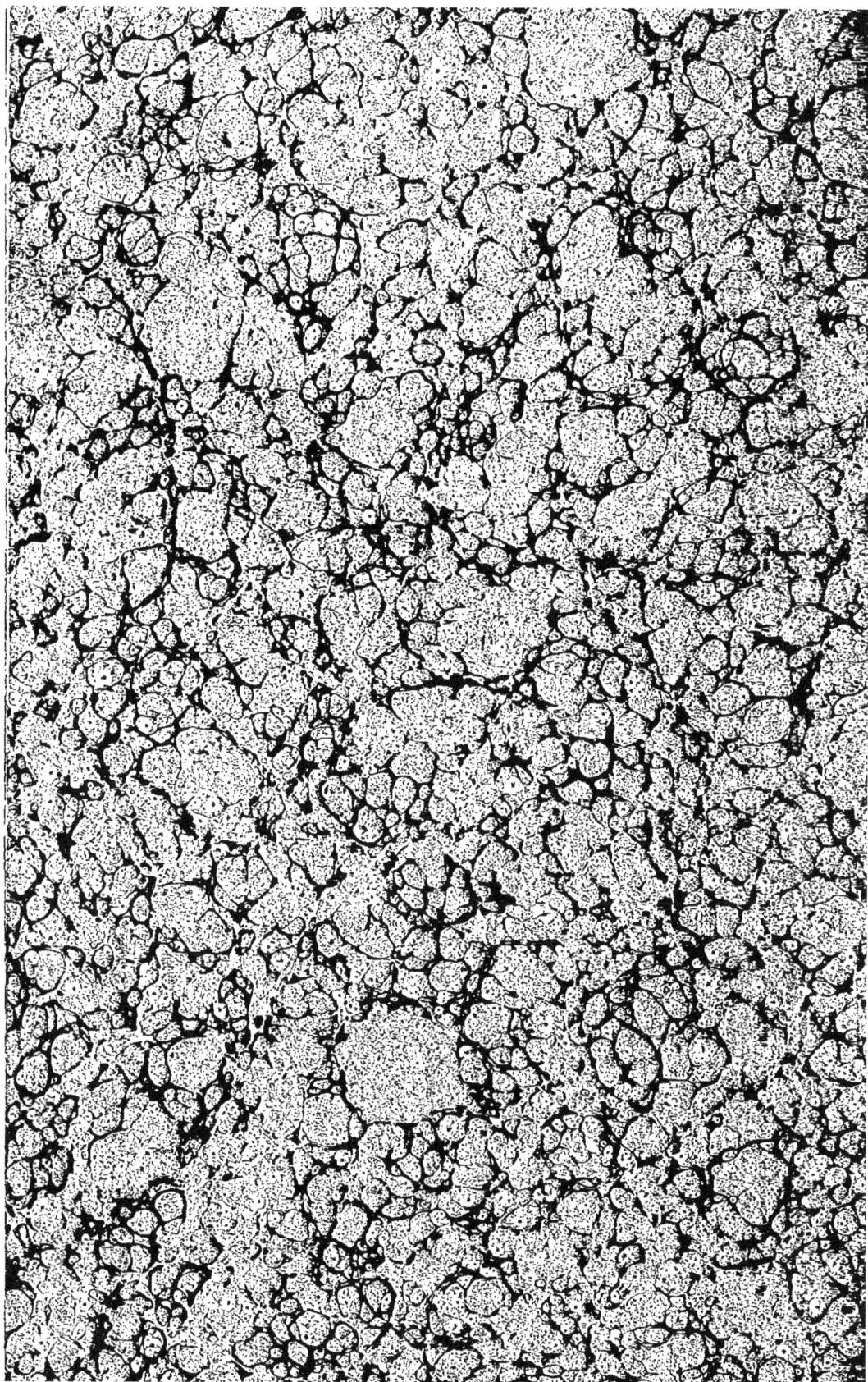

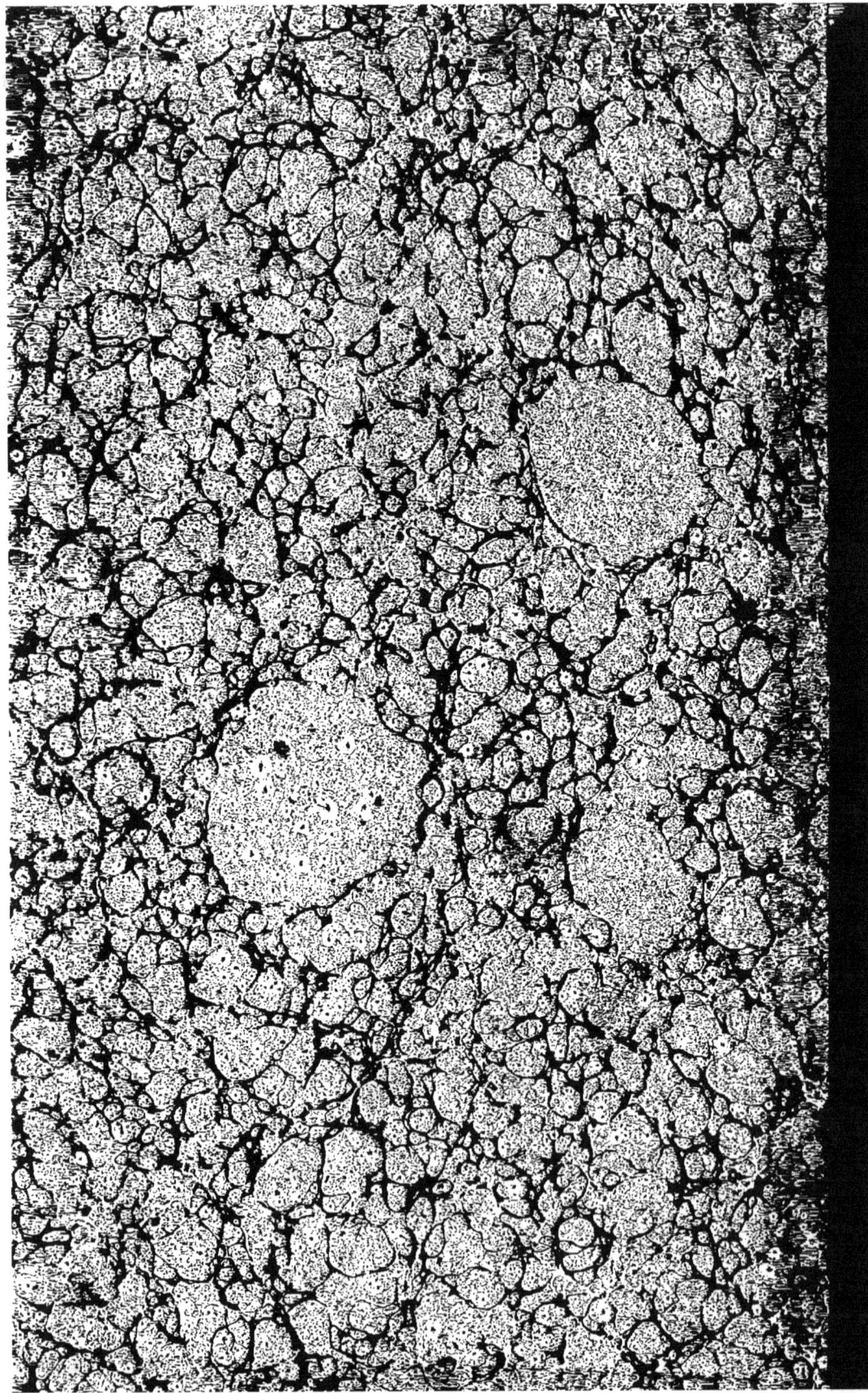

www.ingramcontent.com/pod-product-compliance
Lightning Source LLC
Chambersburg PA
CBHW061108220326
41599CB00024B/3957